U0184183

王玉皞 付世勇 毛宇菲 朱晓明 华 睿 蒋修国 储文昌 赵宇翔 张洪波◎编著

硬件十万个为什么

开发流程篇

内 容 简 介

硬件产品开发是一项复杂的工程，涉及产品定义、成本控制、质量管理、进度管理、研发管理、生产管控、供应链管理和售后服务等多个环节。合理的流程可以化繁为简，提升沟通及合作效率，降低风险，确保项目按计划交付。

本书分为10个章节，分别对硬件产品开发过程中的各个关键环节进行了详细的介绍。每个环节都有相应的模板和说明，并且通过实际案例来说明流程的重要性和使用方法，旨在帮助硬件工程师和初创团队更快地熟悉和掌握开发流程。

本书内容深入浅出、易学易懂，适合广大高校的师生、硬件工程师和初创团队的管理者参考使用。

图书在版编目(CIP)数据

硬件十万个为什么. 开发流程篇 / 王玉皞等编著. — 北京 : 北京大学出版社, 2022.6
ISBN 978-7-301-33015-9

Ⅰ. ①硬… Ⅱ. ①王… Ⅲ. ①硬件 – 系统设计 – 问题解答 Ⅳ. ①TP303-44

中国版本图书馆CIP数据核字(2022)第085213号

书　　名 硬件十万个为什么(开发流程篇)
YINGJIAN SHIWANGE WEISHENME (KAIFA LIUCHENG PIAN)
著作责任者 王玉皞　朱晓明　付世勇等　编著
责 任 编 辑 王继伟　吴秀川
标 准 书 号 ISBN 978-7-301-33015-9
出 版 发 行 北京大学出版社
地　　址 北京市海淀区成府路205号　100871
网　　址 http://www. pup. cn　　新浪微博: @ 北京大学出版社
电 子 邮 箱 编辑部 pup7@pup.cn　总编室 zpup@pup.cn
电　　话 邮购部 010-62752015　发行部 010-62750672　编辑部 010-62570390
印 刷 者 天津中印联印务有限公司
经 销 者 新华书店
787毫米×1092毫米　16开本　16.75印张　380千字
2022年6月第1版　2024年3月第4次印刷
印　　数 15001-18000册
定　　价 89.00元

推荐序

PREFACE

我和晓明是以技术会友，多年前我们在北京约见，一起探讨了软硬件技术生态、产业、开源、国产化等话题。晓明这些年一直勤勤恳恳、踏踏实实地在做技术分享，打造技术生态。他这些年出了《硬件十万个为什么》系列书籍，给很多知名企业讲了线下课，线上分享也做得有声有色，尤其是每年举办的“硬件开发者大会”，深受硬件从业人员的喜爱。《硬件十万个为什么》已经成为硬件工程师的网红“打卡书”，晓明的文章也成了很多业内人士的专业佳肴。软件有很多成功的开源项目，硬件则非常少，硬十在这方面是中国的先行者。

硬件产品开发非常复杂，涉及产品定义、成本控制、质量管理、进度控制、研发人员管理、物料管理、售后服务等诸多事项与环节。合理的流程是我们管理如此复杂研发活动的必要手段，是我们一次把事情做正确的重要保障。合理的流程可以积淀团队的经验，减少对工程师个人经验和能力的依赖。然而很多工程师，尤其是经验较浅的工程师或团队往往轻视流程的作用，甚至认为是流程影响了做事情的节奏。其实，如果没有严格的流程，开发产品的时候往往就会丢三落四、挂一漏万，表面上似乎可以把事情做得很快，但是一两轮迭代下来，往往欲速则不达。因此，越是有经验的团队，越重视流程的建设与执行。流程也是工程师之间的重要通信语言，大家都熟悉并遵循一样的流程，团队之间的交流就会顺畅很多，协作的效率也会大大提升。

项目管理能力是一个企业非常重要的能力，是产品开发流程能够被正确执行的保障，脱离项目管理能力谈流程是纸上谈兵。项目管理的重点工作之一是风险管理，在硬件产品开发中，风险管理尤其重要。硬件开发的风险是非常多的，项目延期、成本超预期、稳定性出问题、物料供应不上、生产良率低等不一而足。这些问题中的任何一个都有可能导致产品的商业价值归零。此外，硬件产品的返工往往是非常费时耗财的，如果管理不当，产品发货给客户后才发现有问题，其后果往往是灾难性的。今天中国硬件企业的产品越来越有竞争力，在全球化的背景下，产品的出货量也越来越大，这对硬件项目的风险管理能力提出了更高的要求。

喜逢盛世好创业，这是一个不断创造奇迹的时代，硬件产品开发是最具有创造力的工作之一。企业的产品开发不能以技术创新为目的，其根本目标应该是商业成功。在硬件开发流程中，要处处以商业成功为导向。例如：产品定义要以应用场景和客户需求为目标，不能是工程师自己想当然；成本控制要考虑产品在市场上的竞争力；产品质量还要考虑到产品的可制造性、产品良率和售后维修等许多细节。中国是电子产品制造大国，也是创新大国，合理的流程能够让我们的创意更快速、更顺利地转化为商业成功。晓明是非常优秀的工程师和创业者，在无数个晓明的共同努力下，中国的技术创新、技术创业氛围会更加浓厚，更加有质量。

在这本书里面有一章专门讲团队建设、组织氛围，由此可以看出晓明非常重视团队管理和团队协作。我想，正是因为对团队的重视，晓明才不遗余力地分享他的知识和经验，这也是他离开华为之后能够迅速组织起一个庞大的虚拟硬件技术团队的原因。非常高兴有机会第一时间拜读晓明的这本书，我个人从中受益良多，我的团队会从中受益更多，相信这本书也会带给相关企业和科研机构很大的参考价值。晓明希望用他掌握的知识与经验，提升整个行业的能力水平，其发心不可谓不大，感谢晓明的无私分享！

比特大陆董事长

前言

FOREWORD

每一次新工业革命都对人才需求提出新要求,促进教育新发展。为适应新一轮科技革命和产业变革迅猛发展趋势,以及我国产业链向价值链中高级升级改造的内在人才和智力支撑需求,教育部于2016年提出了“新工科教育”,之后相继形成了新工科建设三部曲“复旦共识”“天大行动”和“北京指南”。新工科建设序幕正式拉开。经过近几年全国高校的不断探索和实践,逐渐形成了天津大学“天大新工科建设方案”、电子科技大学“成电方案”、华南理工大学“新工科F计划”、哈尔滨工业大学“新工科‘Π型’方案”等。

新一轮科技革命和产业变革呈现以下特征:(1)前沿技术呈现多点突破态势,正在形成多技术群相互支撑、齐头并进的链式革命。(2)颠覆性创新呈现几何级渗透扩散,以革命性方式对传统产业产生“归零效应”。但是目前工科人才培养存在以下问题:(1)学生创新思维与创新方法训练不足。大学生创新性提出问题和解决问题的动力和能力不足,也没有掌握科学的创新思维与创新方法。(2)专业壁垒束缚创新人才培养。目前工程教育理念是传统工业化时代的产物,这与当前信息化尤其是人工智能时代下的跨界融合思维方式完全不适应。(3)工程实践能力与行业需求、职业要求之间不匹配。由于高校实践资源有限且“闭门造车”现象严重,学生在大学期间的工程实践非常有限,动手机会少,实验内容比较陈旧、碎片化和工程应用导向不足,工程人才培养与社会需要脱节、与企业需要脱节、与“新业态”需要脱节。(4)创新教育受益面窄。我国高等教育从精英化到普及化转变,而相应的创新实践资源有限,只有部分学生接触到创新思维、创新方法和创新能力训练,如只有部分学生参与学科竞赛、创新创业计划和大学生科研训练,没有实现全员覆盖。

针对地方综合性高校工科教育存在的学生创新思维训练不足、专业壁垒愈发明显、工程应用导向不够、创新教育受益面窄等困境,本教学团队在承担两项国家级新工科教学研究项目实践中,探索以“一体三融合”(“大信息类”全体学生创新素质培养为体,将专业课程与创新思维相融合、工程认知与创新方法相融合、实践体系与创新能力相融合)为核心的新工科人才培养模式改革,以“新材料、新器件、新系统和新领域应用”为主线,进行知识体系重构、实践体系重构并拓宽成果导向通道,重点培养学生的创新思维能力、自主学习能力、工程实践能力和合作交流能力。这里的“大信息类”口径范围为信息与通信技术领域的电子信息类、计算机科学类、自动化类本科等相关专业。

如果仅以软硬件系统开发能力提升为目标,还是把视野局限于“点”,如何快速形成“面”的能力(即系统结构化思维能力),可能是加速从“学知识”到“会做事”进程的关键。其核心在于系统结构化思维能力的养成,包含逻辑和对应的方法论。我们在经历项目开发之前,更多是“学习知识”,学习知识阶段这种做事情的逻辑关系往往不那么重要。而在做项目的时候，就需要“会做事”。用正确的方式、用正确的方法、用正确的节奏做事情，就是我们说的开发流程。我们在梳理一个项目流程的时候，往往需要运用这些逻辑对项目进行重新梳理，形成正确的因果、时间、空间、重要性逻辑关系，确定在复杂的项目开发过程中能够最正确、最高效地做事情，才能将工程技术人才培养模式向“工程科学”转变。发现、分析和解决问题的快速行动能力，创造力及跨领域、跨学科合作协同能力是未来工程人才最应该具备的三项关键能力。

上饶师范学院副院长
王玉皞

CONTENTS

第1章 硬件开发流程概述

20世纪80年代末，IBM是有史以来盈利最多的公司之一。但进入90年代后，IBM遇到了严重的危机，1993年亏损80亿美元，几乎解体。危难时刻，郭士纳出任IBM总裁，采用IPD（Integrated Product Development，集成产品开发）对IBM的产品开发模式进行了变革，并取得了巨大成功，IBM 5年销售额增长了100亿美元。

IPD的思想来源于PACE（Product And Cycle-time Excellence，产品及周期优化法）模型，但IBM更强调跨部门协作的重要性，关注市场驱动，由此形成了自身的IPD流程。

1997年末，任正非带队访美，参观了休斯、IBM、贝尔实验室和惠普等知名机构和企业，其中IBM给任正非留下了深刻的印象。在IBM听了整整一天的分享之后，任正非决定请IBM为华为建设IPD流程。2003年，华为在全公司推行IPD后，产品的研发周期缩短了一半，故障率减少了95%，客户满意度持续上升。华为体系化的流程对华为的产品成功有巨大指导作用，这也是国内很多公司喜欢研究和学习华为的原因。很多人做流程管理，也是将华为作为案例。

华为和IBM等公司的成功已经说明流程是有效的，IPD是有效的。不论是什么流程，其中三点是核心价值：

第一点，员工的动作被标准化了，对于每个节点的工作任务有了明确的输入输出条件、交付件质量要求。在这样的流程体系下，优秀员工或经验丰富的员工可能做到90分，而普通员工或者是一个新进团队的员工按照流程要求做，也能做到40分到60分，甚至是80分。通过流程，人和人之间的差异被弱化了，产品开发的结果变得有保障了。

第二点，项目任务结构化、工程师团队专业化，在宏大的流程体系中，工作任务被切割到很小的颗粒度，工作线程被分割到很精专的范畴。团队的组织结构和人才模型也必须是与这样的流程体系匹配的，公司用流程培养了一大批在特定产品的特定细分专业领域水平很高的工程师，他们经过长年打磨，技能高超，在特定体系中如鱼得水。

第三点，建立了“认可流程、按照流程执行”的组织文化，所有的员工都对流程价值高度认同，坚持按照流程做事。按照IPD流程描述的研发活动中，过一个审核节点是一项非常严肃的事，会有很多不同角色的意见碰撞。工程师按照流程去完成项目中的各项任务，管理者通过检查流程的每个环节去管理团队，长年反复训练，团队的执行力就会变得很强，团队擅长按照规则做事。

有一位资深的管理者曾这样说：“流程化管理的本质，就是一个去艺术化的过程。”艺术靠的是创作者的灵感，很难复制和推广，所以艺术品非常昂贵。但现代化的科技企业要的就是大规模的复制，标准化的交付，所以管理就是要借助流程实现“工程化”，一切基于步骤、数字、事实说话。流程把团队塑造成了纪律性极强的研发部队，一板一眼、持续改进业绩。

硬件产品开发涉及的知识域庞杂、开发周期长、犯错后修改的代价大，因此要通过硬件开发流程把完整的硬件开发活动结构化、标准化。清晰的流程能够帮助硬件工程师规范化地开展硬件设计、开发、验证、维护等各个阶段的工作，明确在硬件产品开发各阶段必须要完成的任务，制订各阶段必须要达成的质量目标。清晰的流程对硬件工程师掌控硬件项目帮助很大，硬件工程师理解了硬件开发流程，并坚决地执行流程里的标准动作，就能做到“有序工作、步步为营”，可以极大提高硬件项目的成功率，让硬件开发不仅仅是依靠工程师的个人经验。

硬件开发活动是需要流程化的，但在硬件开发实践中我们也体会到，学习和借用其他公司的成熟流程一定要有“就事论事”和“实事求是”的态度。所谓“就事论事”，就是要根据自己开发的产品形态和应对市场的特点制订适合自己的流程，而不是生搬硬套；所谓“实事求是”，就是要结合自己团队的组织形式和专业分工去做流程化的任务分解，而不是像有些大公司一样设置很多节点却没有对应的组织去实现，反而形成了现有人力和资源的耗散。总之，我们提倡深入理解硬件开发的本质，结合自己产品和团队特点做好量体裁衣。

各个公司对硬件流程的理解和构建不一样，所以对于不同的硬件开发阶段会使用不同的名词，特别是像华为这样的公司因为运用IPD流程，会使用一些社会上不常用的名词，如“概念阶段”，并且会使用一些专有名词，如“TR4”。如果没有在相应的环境里面长期进行开发活动，会产生阅读障碍。所以我们在撰写本书的过程中，使用更易于理解、更通用的叫法，把硬件开发活动分为立项、需求、计划、总体设计、详细设计、硬件测试、硬件维护这几个阶段，在每个阶段继续细化硬件开发、测试活动，整体结构化的逻辑如图1.1所示。

图1.1　硬件开发流程逻辑框图

1. 立项阶段

立项是硬件开发的开始，好的开始就是成功的一半，在这个阶段我们要写好项目计划书，做到“先胜后战”，把产品和项目的全景在脑子里勾勒清楚。立项阶段主要考虑产品形态、市场价值、投入与回报。这个阶段是比较容易被工程师忽略的，但是有些公司没有专职的产品经理负责立项，硬件工程师需要充分参与立项阶段的工作，避免项目开始之后，发现因供应问题、技术不可实现、市场变化等原因导致项目流产或者项目没有市场等情况出现。

2. 需求阶段

立项和需求阶段，在流程表述图中呈现出由粗变细的形状，像一个喇叭口，这个喇叭口表达的含义就是“需求收敛”。“做正确的事”比“正确地做事”更重要，需求阶段就是细化具体做什么事情，保障后续开发是在“做正确的事”。在立项和需求阶段，需求都是渐进明细的，这个阶段的投入也是为了保障后续阶段需求稳定。需求阶段是整个项目的关键工作阶段，团队要做好需求收集、需求整理、需求传递和需求度量的规则。通过点对点沟通、会议等方式进行需求分配，在项目中有组织机制保障有序开展需求增加或减少的动作。在需求分析阶段，要充分分析需求价值，保障在需求阶段之后，整个项目就进入“做正确的事”的阶段。需求管理贯穿整个项目开发阶段，其目的是确保需求稳定，保障后续的每一个需求变更可以带来更多价值。

3. 计划阶段

孙子兵法说“多算胜、少算不胜”，意为作战前计算周密，胜利条件多，可能胜敌；计算不周，胜利条件少，就不能胜敌。计划管理能体现出一个硬件项目经理把控全局的功力，制订一个合理的计划也要遵循分层计划、渐进明细的原则。硬件经理可以先定目标，做出整体计划，设置里程点，分层细化项目计划；然后跟随项目开展逐步明晰的项目计划，找到计划中的关键路径，集中精力管理；在项目开展过程中时刻关注计划执行中的依赖关系，关注计划执行的风险。制订合理计划的能力，也是项目经理对项目细节的把控度、对风险的把控度、人员管理能力、项目实施过程中的应变能力的综合体现。

计划阶段是一个逻辑概念，并不是一个独立的阶段，往往和总体设计阶段是耦合在一起的。计划在整个项目进行过程中是渐进明细的。本书之所以把计划阶段独立出来介绍，是因为计划的制订和管理是开发流程不可或缺的步骤，也是项目开发的重要技能。

4. 总体设计阶段

“总体设计”是连接需求到开发的关键环节，对于产品的规格定义、产品系列的档位区格要有一个系统性、全局化的设计过程。对于复杂的产品，我们要做好架构设计，对于海量发货的系列化产品，我们要做好档位区分、规格定义和成本核算等工作。同时我们还要进行硬件专项分析，完成器件选型，为下一阶段的“详细设计”打好基础。在总体设计阶段通过关键器件选型、预布局、热设计、结构设计等维度，基本确定产品的规格和形态。

5. 详细设计阶段

详细设计中要把硬件设计的细节文档化，形成详细设计方案，然后开展原理图和PCB的设计工作。为了保障产品的质量，需要通过原理图、PCB检视这样的活动提升产品的质量水平。硬件设计重在细节，归一化、检视这些工作有助于产品细节打磨，同时也避免犯错。

例如IPD主流程是针对各种产品的通用流程，对于硬件详细设计阶段的一些关键节点没有做明确定义，把流程的角色转换节点作为关键节点，如开发转测试、测试转生产等。但是硬件开发过程中，一些关键节点一定要严格把控，才可以进入下一个环节，如启动PCB设计、PCB投板、PCB回板、功能调试完成等，严格把控进入条件和完成自检可以非常有效地提升项目质量和项目进度。所以本书会详细讲述硬件相关的关键节点。

6. 硬件测试阶段

测试是为了发现错误而执行操作的过程，测试是为了证明设计有错，而不是证明设计无错误。测试中我们通过硬件调试、白盒测试、功能测试、专业实验、长期可靠性验证、量产可靠性验证，逐步完成硬件基础质量评估和产品一致性的评估。

硬件测试的关注点：信号质量、电源指标、时钟指标、产品规格功能的实现、性能指标、可靠性、可测试性、易用性等。

产品的零缺陷构筑于最底层的设计，源于每一个函数、每一行代码、每一部分单元电路及每一个电信号。测试就是要排除每一处故障和每一处隐患，从而构建一个零缺陷的产品。测试并不仅仅是为了要找出错误，通过分析错误产生的原因和错误的分布特征，可以帮助开发人员发现当前设计过程的缺陷，以便改进。同时，这种分析也能帮助我们设计出有针对性的检测方法，改善测试的有效性。

随着质量要求的不断提高，产品研发阶段的投入比重越来越多地向硬件测试倾斜。在许多知名的国际企业，硬件测试人员的数量大于等于硬件开发人员的数量，而且对于硬件测试人员的技术水平要求有时甚至高于硬件开发人员。

7. 硬件维护阶段

硬件维护工作在硬件产品生命周期内持续开展，在产品完成开发活动前，我们要再对产品的可维护性、可供应性验收一次。产品开始持续发货后，要时刻关注已发货产品的质量表现，还需要关注即将发货产品的生产质量，保障硬件质量水平平稳。

下面的章节，我们就从各个阶段的关键工作进行拆解，并深入分析。

2

第2章
立项

凡事预则立，不预则废。立项就是要在动手开发之前，先想好“值不值得做”“有没有价值”，然后决策“做不做”。一旦立项，就需要投入大量的人力、物力开展项目，如果最后没有带来商业价值，给公司、团队和个人都造成极大的浪费和损失。硬件项目周期长、投入大，如果立项阶段考虑不周，会导致硬件研发付出惨重的代价。立项的工作对于整个硬件研发周期都起到至关重要的作用。

2.1 工程师为什么要关注立项

“立项”是指“成立项目，执行实施”。立项对于利益相关者来说，投资者(老板、产品线总裁、部门经理、项目委托方)、开发者、生产、市场、销售、维护都是一种投入的决策。由于投资者是最大的利益相关者，所以有些企业的研发立项报告是由项目负责人撰写，由研发总监(或产品线总裁)直接审批或研发部门的层层审批后生效的。

那对于项目执行者的工程师来说，为什么也要关注立项呢?

2.1.1 知其然，更要知其所以然

很多硬件工程师认为自己的工作重点就是绘制原理图和PCB，以及进行电路调试。因为往往当硬件工程师开始投入一个项目的时候，需求已经相对比较明确和固定。硬件工程师往往从硬件经理或系统工程师那里获取需求，然后开始设计，做原理图、绘制PCB，组装整机，进行调试和测试，解决硬件问题，这些构成了我们硬件工程师的全部工作循环，我们在每日、每月、每年不断重复。

我们就是硬件行业的建筑工人，但是我们一定要知道当前建造的是商场还是住宅，是洋房还是别墅，里面将会居住什么人，这样我们在日常工作中就不会被细节所缠绕，就会做出更加符合项目整体目标的决策。

如果开发出一个成功的产品，获得良好的市场反馈，海量发货，取得巨大的市场成功，这对硬件工程师的成长和职业生涯有很大帮助。如果立项的方向和风险没有充分考虑导致项目失利，对于工程师本人的成长和成就感也是一种打击。

在一些大公司的组织结构中，通常包括产品管理、项目管理、资源管理三类角色，他们之间相互独立，分别负责产品价值的识别和定义、产品实现和项目交付、团队组织能力建设和资源保障；同时，他们又相互协同，互相支撑，最终共同确保项目成功和商业成功。因此，研发人员只站在技术实现和项目交付的视角看问题，是有一定局限性的，必须积极参与到立项活动中，用产品定义者的视角去思考商业价值，用资源配置者的视角去思考范围取舍。更宽阔的视野能帮助我们聚焦价值方向，并在前进的道路上减少阻力。

作为硬件工程师，在研发一款产品之前，一定要搞清楚这款产品所服务的市场环境、客户期待、成本可接受性，再去做技术选型，这样才能深刻地理解并不是越先进的技术越好。

2.1.2 从硬件工程师成长为硬件产品经理

想要成长为“项目灵魂”，硬件工程师就要参与到立项活动中，并且积极投入，不仅要从擅长的技术角度去考虑问题，还要从商业角度去思考，还要全流程地思考产品从出生到结束的过程，尽最大努力运用自己对产品全流程的认知去保障立项的成功。

只有这样，才能逐渐从执行层成长为规划层，直至成为决策层。

1. 硬件工程师在立项活动中起到的作用

怎样才能交出一份高质量的硬件立项文档？需要主导立项的角色具有全面的产品视野，富有竞争意识，数据引用客观，结论推理严密。一份高质量的硬件立项材料能干什么？一份高质量的立项材料能帮助项目在运行时方向正确，执行节奏紧凑，满足客户需求，产品具有竞争力，技术可实施。

研发项目经理在项目中始终要保障项目实现预计的商业目标，一是把商业目标转化为项目目标，分解给每个项目组成员；二是在项目进展过程中，不断反思项目目标与组织的商业目标是否对齐。

商业目标是项目的根本目的，其实每一个项目参与者都应该理解并努力达成商业目标。但是，工程师的职责视角往往看到的是被分解了的项目目标，工程师往往是从技术角度考虑问题。硬件工程师需要在项目商业目标达成的前提下，进行项目的可执行性、计划、关键路径、关键技术点、技术风险、物料成本、可供应性等维度的协助或者主导立项活动。

2. 硬件工程师在立项活动中要避免的问题

研发人员在立项时，往往站在交付的角度看问题，这是有一定局限性的，还需要多思考商业目标和商业价值。立项活动中要避免的常见问题如下。

（1）为了项目可以达成，从可实现性的角度反推项目需求。

（2）过度挑战技术断裂点，把技术断裂点作为商业目标。

（3）重视软硬件设计而忽略结构设计、工业设计、热设计的难度和周期。

（4）把精力放在可实现性上而忽略立项的一些根本问题，例如客户是谁，市场有多大……

所以，要解决立项形式化的问题，就要规范立项的过程。

2.2 技术先进≠商业成功

作为技术岗位的硬件工程师，肯定会以掌握先进的硬件技术为荣，而且大部分精力都在技术钻研上，这本身没有任何问题。但是在项目立项的过程中要牢记：技术先进不等于商业成功。

技术顶尖但是最终商业失败，最著名的例子莫过于摩托罗拉的“铱星计划”。

铱星移动通信系统于1996年开始试验发射，计划于1998年投入业务，预计总投资为34亿美元，卫星的设计使用寿命为5年。铱星移动通信系统为用户提供的主要业务是移动电话（手机）、寻呼和数据传输。从技术角度看,铱星移动通信系统已突破了星间链路等关键技术问题,系统基本结构与规程已初步建成,系统研究发展的各个方面都取得了重要进展,在此期间全世界有几十家公司都参与了铱星计划的实施,应该说铱星计划初期的确立、运筹和实施是非常成功的。

1998年11月1日,在进行了耗资1.8亿美元的广告宣传之后,铱星公司展开了它的通信卫星电话服务。电话机的价格是每部3000美元,每分钟话费3~8美元。结果却令人沮丧,到1999年破产之时,公司还只有1万个用户。

铱星计划之所以失败,是因为其商业模式在整个系统上都存在问题。

铱星计划虽然发现了通信卫星产业链上存在问题,并针对通信卫星产业链的缺陷制订了铱星计划,但是铱星计划还是没有充分分析潜在竞争的产业链:移动通信产业链。对移动通信发展潜力缺乏正确的判断,使铱星计划误入歧途。

不是所有的顾客需求都意味着商机,如果顾客需求规模较小,或者顾客需求得不到顾客购买能力的支撑,这样的顾客需求是不值得开发的。

大量商业实践表明,相对于高新技术来说,商业模式更加重要。并非任何一门高超的技术都具有商业价值,高超的技术作为科研目的永无止境,但是作为商业目的做成产品来说,是用来为顾客和企业创造价值的。正如前时代华纳首席技术官(CTO)迈克尔•邓恩所说:"相对于商业模式而言,高技术反倒是次要的。虽然我是一个倡导高技术的人,但在经营企业的过程当中,商业模式比高技术更重要,因为前者是企业能够立足的先决条件。"

历史上出现过产品本身有缺陷,商业却很成功的故事,如21世纪初中国的"小灵通"。从技术上来说,小灵通用的无线市话技术(PHS)的天然限制带来产品线缺陷:移动稍快就可能掉线、基站覆盖面积小等,但是由于小灵通单向收费、资费便宜且符合监管政策,因此在2000—2006年快速发展,顶峰时期达到了9341万个用户的规模,也因此成就了UT斯达康。

可能很多人会说,随着3G的普及与资费的降低,小灵通迅速没落(2011年正式退市)。确实如此,没有任何一款产品永不没落,小灵通只不过用一个肉眼可见的速度向我们展示了在迎合市场需求的前提下,一个本不被看好的技术如何取得商业成功,并且在市场环境发生变化的情况下,运用这项技术的产品如何退出历史舞台。

如果硬件工程师做出一个没有市场的硬件是一场悲剧,那么没有利润的硬件产品也是一场悲剧。我们想成为一个更成功的硬件工程师,想让自己在亲手打造的硬件产品上获得更多的成就感,我们必须在关心硬件设计和硬件实现的基础上,更多地去关注产品是否能够"卖得好",是否能够"赚到钱"。我们要让自己多一些商业意识,以"实现产品商业成功"的思想去牵引自己审视硬件产品。

硬件产品和软件产品是完全不一样的,软件产品可以小步快跑,可以试错迭代,可以控制投资;但硬件产品开发周期长,投入大,问题改进的周期长。因此,做硬件产品给我们犯错的空间是非常小的,硬件设计和开发方向选择的错误,会导致硬件开发付出惨重的代价。这也要求我们要逐步培养自己从技术思考模式转变为全流程思考模式,由一个工程师向一个项目灵魂转变。

2.3 硬件产品立项的核心内容

标准的立项工作，需要搞清楚五件事，第一件是看市场演进和技术发展的趋势，第二件是分析清楚竞争对手的情况，第三件是了解细分市场里的客户需要解决什么问题，第四件是完成针对目标客户的产品规格的定义，第五件是要明确可执行的交付计划和开发执行策略。具体参考图2.1和表2.1。

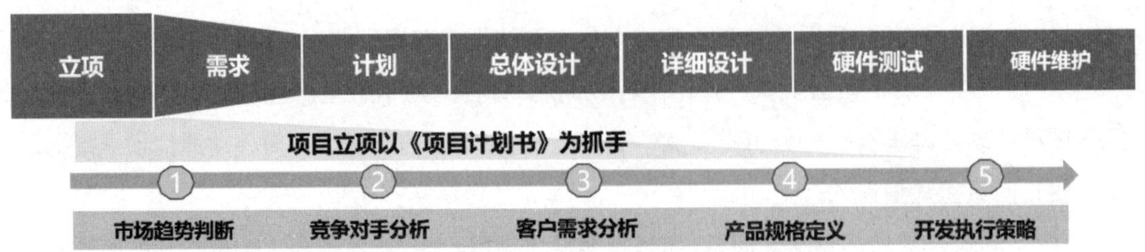

图2.1 《项目计划书》流程

表2.1 《项目计划书》关键工作详解

编号	项目	关键工作详解
1	市场趋势判断	分析产业的发展趋势（包括解决方案和客户应用的发展方向），分析产业上下游的关键技术发展方向、理论发展方向
2	竞争对手分析	研究竞争对手和芯片供应商的路标
3	客户需求分析	选择细分市场，针对细分市场分析客户痛点，选择切入这些细分市场的策略
4	产品规格定义	设计产品组合，划分产品档位，确定各档位关键特性，定义关键竞争力规格，明确定价策略
5	开发执行策略	根据市场要求明确交付时间，评估采购能力、制造能力是否匹配市场拓展要求，明确上市营销策略。明确产品的生命周期，明确单板演进的策略

2.3.1 第一步：市场趋势判断

市场趋势判断的主要动作有：

（1）产业的发展趋势，包括解决方案演进方向和客户应用的发展方向。

（2）产业上下游的关键技术发展方向。

不同的产业都有自己的发展规律，有的产业变化的周期慢，比如无线通信等，可能3年有一些小的变化，5~8年会有一轮大的变化；而可穿戴终端的产业，有些产品只能火热1~2年，很快就被新一代的产品取代淘汰。在做硬件立项规划的时候，要对这样的趋势保持敏感，避免刻舟求剑，避免把有限的资源投入开发那些已经注定会被时代和客户抛弃的产品，对产业趋势和客户应用趋势分析研判这个标准动作可以帮助你有效思考，做正确的事。产业趋势和客户应用趋势分析详解见表2.2。

表2.2　产业趋势和客户应用趋势分析详解

序号	活动	详解
1	解决方案演进方向	我们所处的产业的未来，比如3~5年的时间周期里，解决方案的发展趋势是什么样的？ 例如，如果我们是做汽车电子这个产品的，那么要去思考未来的3~5年应该是以油车使用为主，还是电车使用为主；如果你是做无人机这个行业的，那么要去想一想，未来的3~5年可以长距离飞行的民用无人机能否变为更多行业的主流应用无人机机型。 这些对于产业内大的趋势的理解，可以帮助你看清楚一个产品是否值得现在开发，如何对产品进行定义
2	客户应用发展方向	我们看发展方向时，要让自己多一些“客户应用”的视角，看这个长长的相关性链条的哪一段在发生哪些变化。我们的产品销售给了最终客户，最终客户使用我们的产品，那和我们这个产品发生关联的那些“应用”或是“产品”，它们在一定时间周期里，比如3~5年内，发展变化的方向是什么？ 例如，做无线通信的人，他们经常回忆2012—2016年这段时间发生的很多重大变化，智能手机是无线通信连接的最重要的终端，这个终端在那3~5年有很多应用都发生了剧烈变化，用户用智能手机替代了照相机，用户从用手机看网页逐步转向看视频，用户喜爱手机的屏幕越做越大、图像越来越清晰。 客户应用需求变化，是牵引我们思考很重要的一个线索，有的时候客户的变化节奏可能比我们预想中还快，也会拉着我们往前快跑

即使看清楚了趋势，我们还需要评估上下游产业的情况。产业上下游的关键技术发展方向和准备度可能制约产品方向。

例如人工智能，这个概念早在20世纪50年代就已经被提出来了，但为什么到近10年才有机会把人工智能变成普及的商业应用？60多年前获取算力的代价非常大，没有现在的芯片和硬件能力提供实惠的算力资源；同时这60多年里，我们的通信网络也在以惊人的速度快速发展，现在5G、400G城域网络、万兆园区接入等通信技术可以让我们直达云端。正因为有了这些技术的快速发展，才支撑了人工智能技术的完备，并逐步走出大学实验室、研究机构，转化有价值的商业应用，并开始了快速迭代。

从这个案例中，你可以看到技术基础以及产品相关的产业链对于“技术是否可以商用”的影响有多重要，有的时候技术还没有成熟，不论你对一个商业目标想得有多细致和完善，技术发展支撑不到那个阶段，就无法实现。同时，你也要特别敏感，就是有些技术可能忽然出现跨越式的发展，当它突破了某个天花板时就会把压抑已久的商业需求释放出来，这就是技术驱动商业进步。

作为硬件工程师，不仅要对应用技术有所理解，保持敏感，同时你也要对应用技术以下的基础技术的变化有所了解，技术是环环相扣、互相支撑、互相牵引的，你看到了基础技术变化方向，才能嗅到应用技术可能会发生的变化，避免涉足被新技术颠覆的夕阳产业。基础产业的发展方向见表2.3。

表2.3　基础技术发展方向

序号	活动	详解
1	关键技术发展方向	我们所处的产业里应用的关键技术目前已经发展到怎样的水平了，未来的3~5年里，这些关键技术可能会发展到什么样的水平，是否会有突破？ 例如，我们回到刚才讨论的智能手机的关键技术中，手机上摄像装置从"双摄"到"四摄"，又升级到"浴霸"，还能变得集成度更高吗？在摄像头这个关键技术上这两年还能有更让人惊讶的突破吗？手机越做越大，硬件散热的要求越来越高，手机也越来越重，我们还有散热能力更强，还特别轻薄的材料吗？ 这些对于产业内重大应用技术的理解和趋势判断，能帮助你分析一个产品现在开发是否有成功的可能性，可获得的技术能否支持你宏伟产品蓝图的实现，抑或是现在新技术已经很成熟了，你定义的产品规格已经落伍了
2	关键基础理论方向	硬件技术从顶端应用技术到根技术或基础技术理论有很长的链条，比如散热技术，从应用角度看散热是散热器、传导路径、风扇等硬件模块的选择，但在这些硬件技术方案背后有热传导理论、材料技术、人体舒适度理论等丰富的根技术支撑。如果你有宽广的视野，能看到某些关键根技术突破的时间节点，或者在自己产品关键根技术理论上实现突破，那就有机会用最新、最好的技术去武装自己的产品

2.3.2 第二步：竞争对手分析

看到产业和技术的趋势，你感觉自己胸有成竹，好像有无限宽阔的赛道等待你去纵横驰骋。你乐观得太早了，因为你肯定不是天下唯一的聪明人，还有和你一样聪明、一样有理想也一样努力的人，他们也和你一样看到了让人心动的机会，甚至他们已经先于你进入了这个赛道。总之，你要相信，大部分时候赛道总是拥挤的，你要和很多高手竞争。竞争对手可能选择快速开发一款新的产品，而这个产品通过他巧妙的设计，功能比你的齐全，而价格和你的差不多，能更好地满足客户的需求。在这种情况下，你就需要重新考虑原来的产品定义和开发计划是否合理了，是不是产品一出来就会陷于很被动的竞争局面，这时候你要警惕起来，迅速调整方向。总之，你要牢记，竞争无处不在，无时不在，做产品就是在资源有限的情况下获取竞争的胜利。我们需要充分了解竞争对手的战略和方向，包括竞争对手的芯片供应商的路标、竞争对手的产品路标。竞争分析如表2.4所示。

表2.4　竞争分析

序号	活动	详解
1	竞争对手产品路标	我们面对的竞争对手产品规划是什么，马上要推出什么新产品了，1~2年内可能会推出什么新产品？ 例如，你规划开发一款有防抖摄像头、WiFi回传数据的无人机，你分析一家无人机大厂，发现他已经开始为下个月准备销售的无人机进行预热了，并且这款无人机产品完全具备你正在规划的无人机的产品创意，甚至有些规格还比你定义的产品要高。如果按原来的规划开发，产品就做算出来也没有啥竞争力，在完成竞争分析后，你就需要立刻调整方向了。 竞争无处不在，最糟糕的是自己一腔热情进入战场，却还不知道竞争对手有多强，最后稀里糊涂吃了败仗。因此需要你去理解和揣摩对手

续表

序号	活动	详解
2	芯片供应商路标	在硬件设计高度集成化的今天,主芯片决定你产品的性能水平和成本竞争力,如果你的规划节奏和产品定义能够和一款主芯片的推出节奏定义对上点,那无疑会很好地帮助你提升产品在市场上成功的概率。 例如,你是做WiFi无线接入热点产品的,如果你规划的是性能竞争力领先的产品,就一定要紧跟欧美系大公司的芯片节奏;如果你想做一款极具成本竞争力的产品,你一定要看清楚那些台湾系厂家的芯片节奏。 如果开发节奏掌握得很好,你的产品会在市场占据先机,那你的产品将会在成本或者性能方面极具竞争力

市场竞争的三个要素如下。

(1)市场竞争是指在同一目标市场范围内,能对其他企业的营销活动发生影响的一种市场行为。

(2)竞争的基础是企业的产品相互具有替代性。

(3)市场竞争指所有参与方都在争取市场需求的变化朝有利于本企业的交换目标实现转化。即在同一个目标市场中,参与竞争的每一方都希望目标市场能为自己所有或所用,使本企业的产品能顺利交换出去。

比市场竞争更广义的是欲望竞争,欲望竞争就是用不同的方式满足同一种需要的竞争。最典型的一个案例:客户需要一种高质量的牙签,如果各个厂商都去设计和制造各种形态的牙签,这个竞争就是同质化的竞争。如果有厂家挖掘出了牙签背后的欲望是客户喜欢吃牛肉,而市面上的牛肉都容易卡牙,从而研发出一种不卡牙的牛肉,此时就是欲望竞争。而这种竞争往往是新兴产业对传统产业的降维打击,例如美团外卖的竞争对手不仅仅是饿了么,还有一些门店餐馆,甚至包括厨房用具。

零和游戏又被称为游戏理论或零和博弈,源于博弈论,是指一项游戏中,游戏者有输有赢,一方所赢正是另一方所输,而游戏的总成绩永远为零。该理论广泛用于有赢家必有输家的竞争与对抗。"零和游戏规则"越来越受到重视,因为人类社会中有许多与"零和游戏"相类似的局面。与"零和"对应,也常用"双赢"概念,即非零和。普通的品牌竞争是零和博弈,企业主要是将份额竞争者视为竞争对手。很显然,由于品牌竞争是完全相似产品间的竞争,竞争对手之间就只能为既定市场份额进行争夺,故竞争表现为大鱼吃小鱼的残酷竞争。所以市场的后入者,在进行产品定义的时候就需要避免品牌竞争,哪怕是大公司,例如一个公司决定进入监控安防市场,也需要避免与海康威视、大华等公司进行同质化的竞争。

运用欲望竞争的概念,就是指企业通过促使消费者在选择满足其需要的方式(欲望)时,能选择本行业的产品或服务,这样就可扩大市场对企业所在行业产品的需求。这是将蛋糕做大的方法,即通过争取到更多的消费者消费这种产品,使企业获得更多的营销成果。所以很多行业老大都号称是共同把市场做大,但是到一定时候,如市场进入瓶颈期之后,就进入零和游戏。

1. 竞争对手识别

狭义的竞争对手是指,在同一市场范围内生产和销售与本企业相同或可以替代产品及服务的其他组织与个人；广义的竞争对手是指，生产和销售与一个企业相同或可以替代的产品及服务的其他组织与个人。两者的区别在于是否限定市场范围。竞争对手的分类如图2.2所示。

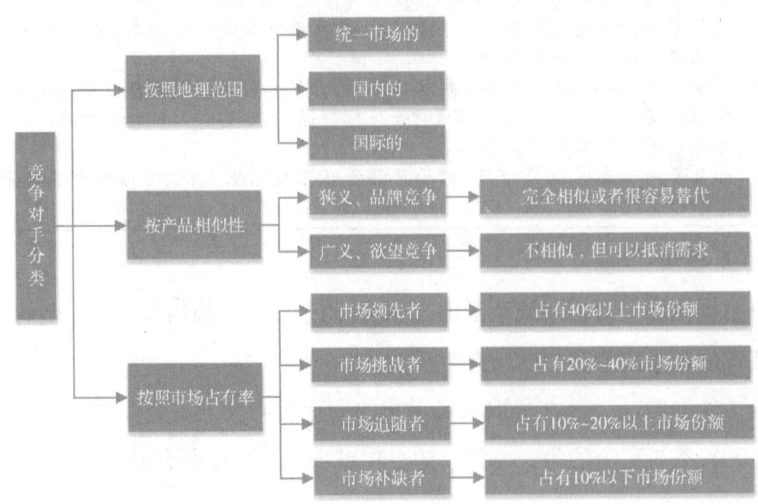

图2.2　竞争对手分类

我们需要在市场的地理范围对与自身产品更一致、产品相似性更贴近的狭义竞争对手进行竞争分析。我们一般先要分析市场领先者，同时需要根据自身的定位，分析其他市场份额的竞品。

例如，对于交换机产品来说，国际市场重点分析思科（Cisco）和瞻博网络（Juniper）；国内市场重点分析华三、星网锐捷、华为等。但是你如果是一个后入者、小公司，除分析市场领先者之外，还需要重点分析一些细分市场特殊场景的交换机，如工业交换机等。因为如果直接与寡头竞争，需要巨额的市场、渠道、产品、研发的投入。市场补缺者是为一个更小的细分市场或者是为一个细分市场中存在的空缺提供产品或服务。市场补缺者，在竞争中最关键的是寻找到一个或多个安全的和有利可图的补缺基点。这也能使这些小企业获得很好的生存空间。例如，做少儿编程硬件的狭义的竞争对手是乐高等一些做编程硬件器材的，扩大一点，包含纯编程的编程猫、网易卡搭、小码王、核桃编程等。但是广义竞争对手是数理化、语文、英语、琴棋书画、球类、武术、游泳、作业辅导……对孩子升学有诉求、有帮助的各种占用孩子时间的课程和活动都是广义的竞争对手。又如，在国内，可口可乐的竞争对手不只是百事可乐，还有王老吉、康师傅、农夫山泉，更广义的还有茅台、五粮液等。

一般我们先分析狭义竞争对手，后分析广义竞争对手。一般在立项或者在创业的时候，我们首先看市场的空间。一般总的市场空间不够大的时候，需要扩展到更大的市场空间，进一步扩展市场空间的时候，需要充分分析广义的竞争对手。

分析竞争对手的目的是了解对手，洞悉对手的市场策略等。通过竞争分析制定策略后能够引导对手的市场行为。确定了你的竞争对手并收集到足够数据后，我们就要对他们进行深度分析了。可按照图2.3的思路寻找竞争对手。

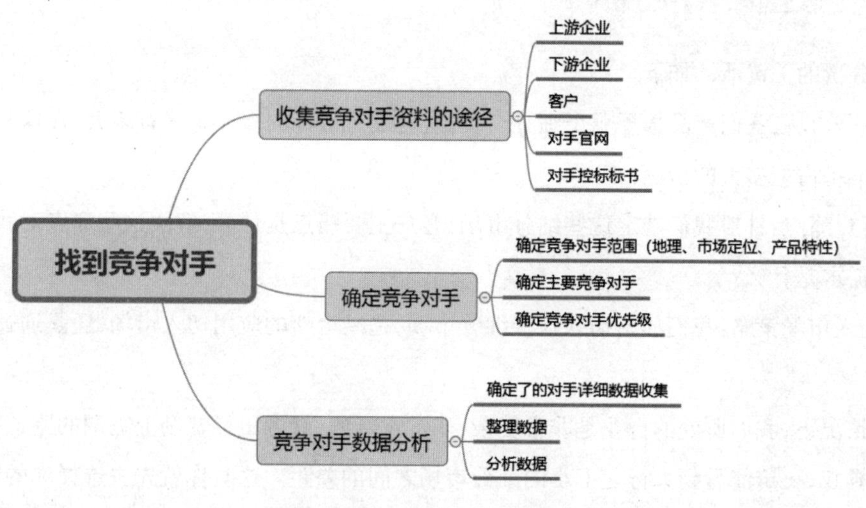

图2.3　寻找竞争对手思维导图

2. 根据竞争对手分析制定策略

分析竞争对手的目的是了解对手、洞悉对手的市场策略等。我们可以用竞争对手分析的五个层次来说明。

能准确地确定竞争对手，这是分析的最低层次，能分析出对手状况则是第二层次，最高层次是通过竞争分析制定策略后能够引导对手的市场行为。分析竞争对手的思维导图如图2.4所示。

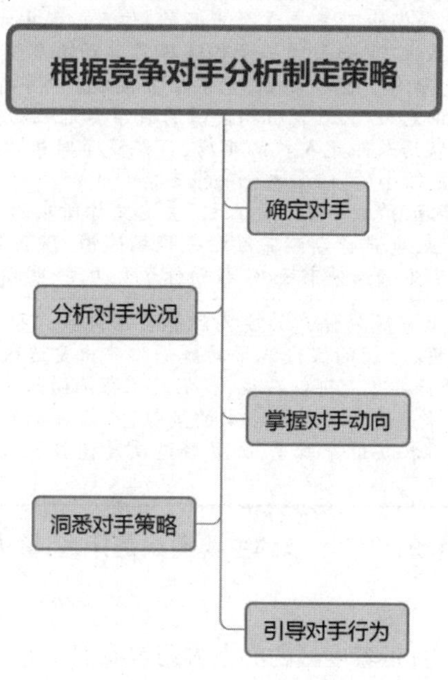

图2.4　分析竞争对手思维导图

2.3.3 第三步：客户分析

客户分析的关键活动如下。

（1）细分市场：我们产品选择哪个细分市场，这些细分市场的整体容量有多大，在这些细分市场中我们分别准备占据多大的份额？

（2）客户痛点：针对我们选定这些细分市场，客户主要痛点是什么，解决这些痛点对我们解决方案和产品的需求是什么？

（3）切入市场策略：我们如何切入这些细分市场，是结合新的应用切入市场，还是通过替代老设备切入市场？

通常情况下，我们所处的行业是非常复杂、非常宽阔的，就像田径赛场上宽阔的跑道一样，但你细心去发掘寻找，一定能看到大行业下小的细分市场之间的差距。这时你就先去选择你的赛道，要看清楚这个赛道是否足够长，能够让你完成起步、追赶、冲刺的动作，让你有充分施展的空间；接着你要去选择所在赛道上的跑法，你用什么样的姿势进场，是保持体力持续跟随大部队一起跑，还是去抢领跑的位置；最后你下定决心，开始不停地加速、加速，可能渐渐地只有几个对手和你在第一集团，再往后咬住牙，也许这些对手也渐渐被甩开了，你在这个赛道里的江湖地位也就稳固了。市场分析见表2.5。

表2.5　市场分析

序号	活动	详解
1	产品细分市场选择	我们所处的行业都是由一个个细分的子行业组成的，不同的细分市场，客户需求、交易模式、盈利能力、竞争对手又各有差别。 例如，如果我们是做电动汽车这个产品的，你可以做电动轿车、电动公交车、电动特种运输车等不同的产品种类，如果进一步你选择了电动轿车这个市场，它可能是个千万级发货量的大市场，但竞争对手也非常多，竞争非常激烈。再举个例子，如果你是做无人机的，你可以选择农用长距无人机、教育机构使用的教学类无人机、游戏类无人机等不同的产品种类，如果你选择了农用长距无人机的市场，可能竞争对手你一只手都可以数得清楚，但是这个市场的空间也是很小的，门槛也会高很多。 因此，不能简单地用“电动车”“无人机”去定义你所在的行业，要努力尝试去增加定语，定语不断明晰的过程，也是你渐渐完成细分市场选择、渐渐看清楚自己即将进入的细分市场的特点的过程。定义好细分市场，能帮助你聚焦力量，明晰竞争对手和竞争环境
2	市场空间目标设定	我们多次提醒大家做硬件产品要关注能否赚到钱，《孙子兵法》里教我们“多算胜，少算不胜”，客观的数据、合理的假设能帮助我们推导出要达成的收入目标和盈利诉求，需要做多少数量、款型的产品才有可能达成，我们的工程师团队有没有这样交付能力。 细分市场的选择是选定了要做多大的蛋糕，市场目标的制定是设计要分走多少蛋糕，这一步步推导工作都扎实地完成了，并且经过反复校验了，才能逐步把公司的商业目标的实现路径画出来

针对我们选定的这些细分市场，思考客户的主要痛点是什么，解决这些痛点对我们解决方案和产品的需求是什么。

赛道选定了，我们要继续努力，带着虔诚的心态去理解我们的客户。一个硬件产品从客户下单买入开始就持续和客户发生着千丝万缕的联系，产品发货→客户取货拆包装→客户安装→上电调试→

使用产品→修改产品配置→维护产品→报废产品，在硬件产品这个长长的生命周期链条上，客户在每一环节都能感知到这个设备是“好用”还是“不好用”，而所有“不好用”的地方都是让客户不爽的，那些最不爽的地方就是客户的痛点，而每一个“痛点”都有机会成为我们为客户服务的地方，成为我们产品吸引客户的地方。

寻找客户的痛点最关键的是要“虔诚”，客户是上帝，你不是上帝。你的产品是否有竞争力不是去强调你的产品用了规格多强大的芯片、你的原理图和PCB做得有多细致、你的结构设计有多精妙。产品竞争力的本质就是帮助客户解决别人解决不了的问题，客户的视角才是“上帝视角”。

在这里还要强调一下上文讨论的选择细分市场的重要意义，纵使我们硬件工程师有三头六臂，我们也没法服务很多很多的上帝，众多上帝一起给建议，你就没主意了。赛道的选择和服务客户的取舍就显得尤为关键。客户分析见表2.6。

表2.6　客户分析

序号	活动	详解
1	客户痛点分析	分析客户的痛点有几点要注意：一是要把客户和你的产品所有发生关系的节点都要拆开，越细化越好；二是要从客户的视角理解问题，体会客户“真实”想法。 例如，我们前文已经把客户和产品发生关系的行为拆分为：产品发货→客户取货拆包装→客户安装→上电调试→使用产品→修改产品配置→维护产品→报废产品。我们继续深入地往下分析，还能把有些环节拆得更细，比如“安装”这个环节，如果是一个挂在天花板上的设备，那么我们的客户拿到这个设备，他的安装件是挂在天花板的石膏板上还是挂在轻钢龙骨上？设备的重量要求是多少？安装的时候是单手操作还是双手操作？设备维修时是否需要把设备取下来？问题拆得越细，越能帮助你去理解客户，发现让客户“不爽”的地方，这个是产品定义中最关键的输入，最忌讳的是粗枝大叶，笼统地分析，那最后定义和推导出的产品也会是没有特点的产品。 同时，我们要时刻提醒从客户视角看问题，有的时候设计人员觉得“天经地义”的设计，实际用起来会让客户极不舒适。提升自己从客户视角看问题能力，一是要改变心态、换位思考；二是要多找机会和最终客户交流切磋，深入客户应用产品的现场，给客户疯狂吐槽的机会；三是要勇于把自己变成“客户”，自己去亲身体验自己的产品
2	解决客户痛点对产品的需求	完成前面的客户痛点分析，如果我们的工作卓有成效，我们能很幸运地收获一大堆“客户痛点”，这些问题我们都要解决吗？我们要对所有寻找到的痛点进行甄别和选择，哪些是“真的”、哪些是“假的”？哪些是对客户应用有重大影响的，不解决产品就无法使用？哪些是解决了会让客户感受到惊喜，会让你的产品比别的竞争对手领先，在客户心中的地位提升一大截？对这些关键信息甄别、筛选后，将其转化为对产品的需求，就能够使产品的定义更加准确，产品更有竞争力了

我们如何切入这些细分市场，是结合新的应用切入市场，还是通过替代老设备切入市场？

产品进入市场的姿势是不一样的，设计分析产品切入市场的方式是产品定义中的一环，这会影响规格定义、产品定价等，也会影响产品上市策略和推广方式。产品入市分析见表2.7。

表2.7　产品入市分析

序号	活动	详解
1	分析产品 如何切入市场	例如，你的产品是结合新的行业发展趋势推出的一个新物种，填补了市场空白，那么你的规格定义中最重要的是“新”的那部分，一定要足够惊艳，让客户有真正新鲜的感觉，你的上市和推广也着重在“标新立异”上。 而另一种情况，如果你产品的同类型产品在市场上已经有了，是成熟应用方案，你需要去替换或搬迁竞争对手的老产品。那么，在规格定义中最重要的是规格一定要能够“完全替换”，不能让客户觉得替换后少了些什么，避免过多改变客户使用习惯，出现不适感；同时，产品要有更强的易用性或更好性价比去让客户有动力去替换已经在使用的产品

2.3.4 第四步：产品定义

产品定义的关键活动包括：

（1）根据客户需求确定产品组合怎么设计，我们一次推出多少不同档位的产品，每个档位的产品关键特性和性能要求是什么？

（2）产品所有的关键特性中最重要的竞争力规格如何定义，这个规格能否帮助产品在一定周期形成独特的竞争优势？

（3）我们的产品在市场上定多高的价位，做怎样的成本才能有竞争力卖出去？

根据客户需求产品组合怎么设计，我们一次推出多少不同档位的产品，每个档位的产品关键特性和性能要求是什么？

我们在市场选择中已经把产品限定在一个或几个细分市场了，针对的这些细分市场中的客户是相对明确的，我们要满足服务的不同客户的需求，一款孤零零的硬件产品肯定是不够的，需要通过售价和覆盖规格等维度定义出要推出几款产品，这些产品有的是成本竞争力强，有的是规格竞争力强，但当它们形成一个系列，组合在一起时，就可以满足你需要服务的客户群中客户大部分的要求，并对竞争对手形成竞争优势。产品组合设计见表2.8。

表2.8　产品组合设计

序号	活动	详解
1	产品组合 设计	产品组合设计能够帮助我们在竞争中从单打独斗变成组合拳出击，大家都听过“田忌赛马”的故事，这个就是通过“错位”赢得竞争的一个优秀样本，我们在理解客户需求后，对一个系列的产品设计它的档位划分，在和对手的竞争中可以通过精准的对位和巧妙的错位形成竞争优势。

续表

序号	活动	详解
	产品组合设计	例如，如果客户需要功能强大的硬件产品，你要拿出来规格很牛、可以全面或在最重要一点压倒竞争对手的款型；如果客户需要一个便宜的，能正常使用的就行，那你要推荐的就是基本功能齐全的产品，和对手比拼的就是低成本能力；如果客户要的是性价比，那就需要你提供价格正好，规格让客户感觉正好，最好还能比竞争对手齐全一点，或者有点特色的产品。这样你可以把你的这个系列产品划分为高规格旗舰款、高性价比竞争款、只有基本功能的实用款。做到这些还没有结束，切记每个档位一定要标上成本范畴，比如通过售价反推出来，你的旗舰款型可以把成本定在2000元，而高性价比款型成本区间只能定在1400元~1100元，而实用款成本是最敏感的，绝对不能高于800元。 硬件工程师要时刻牢记成本这条线，不存在规格齐全、成本又低的硬件产品，硬件想做到价廉物美，就需要有精妙的定义和细致的设计
2	产品规格特性定义	如果你有买车的经历，回忆一下在4S店选车的经历，导购员给你一个彩页，你要的这个系列中有豪华版、运动版、经济版等，例如天窗、加宽轮胎、立体音响等配置又是不一样的。豪华型肯定是满配的，所有的规格选项都是打√的；但运动型只有制动系统的那些规格选项是打√的，而天窗、立体音响这些奢侈品就不用保留了；而经济型只保留最基本的配置。 做硬件产品规格定义和卖车一样，那我们怎么一步步去开展？首先把这个系列产品需要包含的所有规格都整理罗列出来，如业务处理性能、传输距离、环境适应性要求等；接着把我们准备划分的档位也整理罗列出来，如旗舰款、竞争款、实用款等；然后把每一个产品档位和规格做出一个映射对应关系，切记最后要用成本这条红线做一个初步校验。这样你就能清楚地看到旗舰款、竞争款、实用款分别的规格定义了

产品所有的关键特性中最重要的竞争力规格如何定义，这个规格能否帮助产品在一定周期内形成独特的竞争优势？

“选择”是一件困难的事，一个产品有很多规格，长长的规格列表中可能是数十条、数百条，但这长长的列表中所有规格都满足了，你的产品可能还只是一个平庸的产品，客户不一定会记住或喜欢你的产品，在众多的规格中能成为“撒手锏”的就只有这么几个规格，这就是竞争力规格，你需要通过竞争力规格去赢得客户、占领市场。产品关键竞争力构建见表2.9。

表2.9　产品关键竞争力构建

序号	活动	详解
1	产品关键规格竞争力选择	设想一下你拿着设计的硬件产品向客户展示，希望他们能购买使用你的产品，怎么告诉客户你的产品牛在哪里？ 例如，“在体积一样大小的交换设备中我的产品是容量最大的”“在重量一样的无人机中我的产品是续航能力最强的”“在功率15 W以下的摄像头里我的产品是能够取景最远的”“在500块钱售价的WiFi产品是唯一能覆盖两个房间的”。听起来这些规格都很牛，有这些竞争力规格，你的产品可能会比你竞争对手的更受欢迎。 特别提醒大家两点，第一点是每种硬件规格竞争力都是有一定的限定条件的，比如刚才我们举例的产品体积、产品重量、产品功率、硬件成本等限制条件，限制无处不在，我们要应对的挑战就是在诸多限制的情况下通过精妙的设计形成竞争优势；第二点是不要过分强调硬件技术优势，技术好不等于商业成功，只有能解决客户问题的技术优势才能实现产品商业成功

续表

序号	活动	详解
2	产品关键规格竞争力定义	对于我们选定的“撒手锏”规格，如何制定规格指标呢？要做到以下三步，一是去理解客户需求，看这些规格做到多厉害的时候就能帮客户解决他现在解决不了的问题了；二是看竞争，了解竞争对手这个规格已经做到了什么水平，并且预测他们下一步可能会做到什么水平；三是根据自己产品要卖的场景和竞争目标，确定我们要做到什么样的水平。 在制定竞争力规格的目标时不妨大胆一点，不要认为能超过别人10%就够了，为什么我们不设定一个超过竞争对手100%的目标？好的产品优点必须要足够突出，一个“让人吓一跳”的目标会驱动工程师去创新，改变设计方案，甚至改变产品架构。有一些天马行空的设计方案开始时看起来毫无现实可能，可当你一步步拆解，最后找到实现路径时，你能感到极大的成就感

我们的产品在市场上定多高的价位，控制怎样的成本才有竞争力卖出去？

很多时候，所有的竞争力最后在“低价”面前可能都难以抵抗，如果你有能力把硬件成本做得足够低，挥动价格屠刀，一定也能战无不胜。我们不推崇恶意的低价竞争，那是缺乏创意的竞争策略，但是坚持认为硬件一定要关注成本，成本是硬件的红线。

我们在立项中就要初步明确成本目标，在立项工作阶段还要把整个项目中成本设计的主要工作计划思考清楚。产品成本设计见表2.10。

表2.10 产品成本设计

序号	活动	详解
1	成本目标设定	成本目标设定要看产品定价和盈利诉求，定价高了，如果产品没有特别突出的竞争规格或品牌优势支持形成溢价，那产品最后很难卖出去，客户一做价格比较，就不会为高价格产品买单了；定价低了，自己花了力气做赔本买卖肯定也不行，毕竟辛苦开发出来就是为了赚钱。 成本目标设定是一个专业、严谨的工作，需要对盈利目标、成本构成有清晰的理解，在很多大公司里，每款产品的定价和成本目标设定都会由专门的组织负责，需要经过好几轮校验、评审。 成本目标在产品立项中会初步确定下来，一旦确定后，下一阶段的硬件设计开发工作中你都要问自己，成本目标是不是已经达成了？
2	低成本的设计	低成本的硬件设计是一个硬件工程师专业能力的展现，低成本的硬件是硬件工程师设计出来的，极致低成本的硬件是硬件工程师死磕出来的，做好成本设计，硬件工程师至少要做好以下几件事。 首先要让硬件工程师做成本的评估，预估一下成本水平，要对比与目标成本之间的差距，做到心里有数，并且分析出各个硬件模块的成本比例大致是怎样的，为设计阶段做模块级的专项降成本工作做好准备；其次要规划整体的降成本工作计划，比如在主芯片选型采购时要谈个好价格，设计阶段通过架构优化降成本，在开发阶段通过精简BOM降成本，在量产阶段就要通过采购谈判去降结构件的成本；最后，如果你觉得这个项目硬件降成本非常重要，还要请人帮你提问题，为啥这个模块要设计保护电路？为啥系统要做硬件冗余备份设计，不能用系统软件实现吗？正所谓旁观者清，多提些问题，能帮助你多找一些降成本点，也会促使你去思考之前定的规格是不是合理，规格太密集成本一定比较高。 立项活动中做到成本目标心里有数，降成本工作脑中有计划，最后成本结果一定能做好

2.3.5 第五步：开发执行策略

开发执行策略的关键活动：

(1)我们产品要在什么时间点按照规格和质量要求做出来才能满足市场要求？

(2)我们产品采购能力、制造能力是否能满足市场快速拓展的要求？

(3)我们产品上市的宣传策略是什么样的，通过什么样的活动、以什么样的节奏让客户了解我们？

通过前面立项工作的细致评估，对"要做什么"已经分析清晰了，在立项工作的下一阶段要和项目的执行团队一起去讨论"如何做成"的执行策略。项目管理的四要素是范围、进度、质量、费用，开发执行策略的讨论就是明晰"进度：项目计划""质量：满足规格的质量要求""费用：完成项目需要投资"这些问题。

立项工作中的这个活动也是和项目成员，特别是市场、采购、制造等成员去传递项目信息，保证目标对齐的关键举措。产品计划和质量策划见表2.11。

表2.11 产品计划和质量策划

序号	活动	详解
1	项目计划制订	在立项阶段的项目计划制订要分析明确两点： 一是要初步评估项目最终推向市场、上量销售的时间点，根据产品定义，结合已有的项目经验，评估出这个项目是要4~6个月就能快速交付，或者有时关键技术点需要先验证，整个项目需要10~12个月才能完成。硬件项目的特点是硬件设计、原理图/PCB开发、调试测试、生产验证这一系列活动是有固定周期的，是基于实物的串行开发模式。因此立项时交付时间的制订不可冒进，给市场的同事客观的传递时间点，避免几个月后市场上已经做好销售计划，硬件产品却还迟迟出不来。这就像大家在饭店点了一堆菜，但是迟迟不上菜一样，只能干着急。 二是要设定几个关键里程碑时间点，项目总是渐进明晰的，总会有意想不到的问题暴露出来，市场环境也是瞬息万变的，在开发过程中我们不能做鸵鸟，对市场的变化视而不见。基于这些设立关键里程碑节点就特别重要，在里程碑节点对立项时制订的计划、定义的规格、预估的项目投入是否合理进行阶段性审视，如果有很大的偏差就需要立刻纠偏。在立项阶段，我们会设定一个"计划审视"时间点，重点审核的是基于规格要求的总体设计是否已经完成，项目计划是否能给出承诺，项目投资要求是否能满足等关键要素
2	质量要求制定	质量是硬件要坚守的底线，产品规格定义明确就要给出质量判断标准和验收计划了，这个在立项时就要和团队达成一致。 首先要明确质量判断标准，要做到所有的规格可测；有清晰判断是否满足规格要求的标准，比如测量I2C信号质量就通过时序、幅度等标准，测量射频信号质量就通过EVM标准等。同时我们要有质量闭环的工具和质量状态度量的手段，比如有些公司就通过提"问题单"驱动问题的发现与解决，并根据问题单的多少度量项目的质量状态。

续表

序号	活动	详解
	质量要求制定	硬件在开发流程中有不同的质量阶段，关注的重点也不一样。在设计方案/原理图/PCB阶段需要看的是交付件的质量，比如原理图检视意见数和闭环情况；在调试和测试阶段主要看的是单元测试结果，比如信号质量测试结果和定位修改情况，判断是否需要进行改板、优化PCB；在环境测试和可靠性测试阶段，就要看高低温情况下的硬件稳定性；最后是生产验证阶段，关注的重点是生产直通率和各种前加工、产测问题的解决。正因为各个阶段需要关注的质量重点不一样，所以在立项时就要制订验收计划，把项目切分为几个节点，在各个节点里进行验收、审查工作，及时发现问题、及时纠偏，让项目"总是处于质量可控的状态"
3	开发费用估算	费用的估算常常是硬件工程师忽视的一点，所有硬件的项目都是很耗钱的，人工、PCB采购、芯片采购、单板加工、测试实验、结构件开模、产品认证、生产验证等都是需要花钱的，如果费用算少了，就会出现在关键时候因为费用导致项目开展不下去的问题，这就好像打仗子弹供不上一样，对项目交付影响巨大。 在立项阶段去做开发费用估算的事，就是要让自己做到心里有数，手上的子弹能不能支撑打完这场仗，同时我们还要结合项目的特点申请经费，如果你的项目追求进度，在项目过程中需要更多的人力、更充分的实验资源、更多的物料，那肯定要申请更多的经费。 特别强调一点，硬件工程师和硬件项目经理都要学会勤俭持家，减少浪费，把钱用在刀刃上，要牢记你花的每分钱都是利润

我们的产品采购能力、制造能力是否能满足市场快速拓展的要求？

硬件工程师单打独斗是不够的，还需要很多人帮助，负责采购和制造的同事都是好帮手，在立项阶段我们就要和他们形成统一战线。采购要努力保证研发开发阶段，产品交付后物料都能及时采购到；制造要能保证产能的准备可以跟得上产品快速上量，不能出现订单到了我们还来不及生产的情况。有了他们的帮助，项目在市场上才能成功。产品制造和采购评估见表2.12。

表2.12　产品制造和采购评估

序号	活动	详解
1	器件可采购性评估	一个无线接入设备BOM的器件种类数大概130个，器件总数大概2200个，少一个器件，我们就不能生产出硬件。器件可采购，可以快速到货，可以以好的价格采购，是产品的生命线，这些都需要采购同事运筹帷幄。 在项目立项阶段，就需要评估器件的可获得性，可以先审视核心器件，接着随着设计的深入开展，BOM清单逐步清晰，再去审核全BOM的可采购性。 当前市场上各种芯片都处于短缺状态，供货周期也特别长。因此，如果目标是产品一上市就大卖，硬件工程师就需要尽早稳定BOM清单，采购也要提早开始进行备料，让"弹药库"里堆满"子弹"
2	制造能力评估	产品设计交付了，采购备足了"弹药"，下一阶段就要比拼制造能力了，制造就是发射弹药的枪炮，是占领市场的重要工具。 在项目的立项阶段，我们就要按照市场给出的预测开始评估需要多少制造资源，有的时候产品的发货特点是有几个月发货特别多，而有几个月发货特别少，那制造资源的柔性就需要提前规划。制造的专业意见也能帮助你去评估产品是否有好的可制造性，好的可制造性就是产能柔性的保障

产品上市的宣传策略是什么样的，通过什么样的活动、以什么样的节奏让客户了解我们？好酒也怕巷子深，如果你想尽快吸引客户的眼球，必须找准机会秀出你产品的亮点，这时市场的同事要大展拳脚了，只要硬件工程师能给他提供素材，他就能把产品优势保障得鲜亮无比。产品上市策略见表2.13。

表2.13 产品上市策略

序号	活动	详解
1	上市策略制定	在立项阶段,我们和市场的同事已经多次交流了,特别是在前面的需求分析和竞争力规格确定等讨论中大家已经充分达成一致。根据产品交付的时间点,市场同事就要做好"热身造势"的计划了,提前多少时间开始向最重要的客户展示路标,是否要准备参加秋季的展会,要不要在门户网站上造势宣传,产品哪些亮点要重点展示,针对这些要准备什么样的宣传材料,这些点在立项阶段都要做到项目计划里,随着项目开展持续刷新。

2.4 如何进行立项评审?

研发项目不仅仅和研发相关,而且跟采购、工艺、制造、销售、市场都相关。如果相关人员未在立项环节参与,项目中存在的非技术类风险就无法提前识别、预防,等项目开展过程中再暴露问题,可能为时晚矣。这样的话,人力、时间、资金的投入可能会完全浪费,或者造成计划之外的极大投入。

前面章节我们讨论了一个立项材料包括市场趋势判断、客户需求分析、产品规格定义、开发执行策略四个步骤,每个步骤中研发工程师都要和市场、销售、采购、制造、财务等各个环节进行沟通,让信息及时传递,听取他们意见,充分讨论后优化立项内容。

2.4.1 立项沟通不充分会带来的问题

在项目中大家可能都经历过以下几个场景。

场景一:产品都要开发出来了,销售还对产品定义和量产时间不清楚

销售季度会邀请产品经理们来介绍产品,项目经理们慷慨激昂一番后,销售们炸开锅了:"怎么这个产品我都没听过?什么时候定的要开发的?怎么没有××功能?××产品别家公司早就推出了,我们的产品怎么这么晚?还卖得这么贵,让我们怎么去卖啊?"

场景二:项目开发了很久了,采购才告知研发工程师关键芯片很难采购

研发工程师跟项目经理抱怨:"采购一个物料都快一个月了,还回不来?天天要求设计降成本,同样的物料,怎么别的公司的采购人员买回来就便宜,我们家买回来就贵?"采购也跟项目经理抱怨:"研发选的物料太偏门了,独家供应,还是国外的厂家,采购周期预计得这么短,怎么催也买不回来。"

场景三:产品马上要卖了,技术验证的效果不符合预期

箱体的密封由密封圈换成了点胶,一体成型,结果密封测试总是通不过,测废了好几台机器,硬件项目经理直接找工艺主管:"点胶密封效果不好,项目的样机都没法进入下一阶段的测试,这些样机都是很贵的,研发费用要包不住了。点胶设备买回来一年多了,技术验证不是说已经好了吗,怎么到产品交付时就不能用了？”

类似的场景，大家在做硬件工程师和硬件项目经理时可能都遇到过。在项目中，硬件工程师和销售、采购、生产甚至硬件内部其他部门会产生误解和矛盾，而大多数误解和矛盾都是因为沟通不充分导致的，各个职能部门从自己的专业角度去思考问题，对项目目标没能达成一致意见。因此，立项评审这个动作不可缺少，在这个环节大家针对任务书内容做集体评审，对项目目标达成一致。任务书就是承诺书，一旦项目立起来了，后续的任务、计划都得跟着承诺书来，大家对目标理解一致，才可能走得快、走得顺，力往一处使。

2.4.2 让大家都参与到立项评审中发表意见

立项评审有序高效，依赖立项流程设计和组织设置。

首先，研发项目不仅仅和研发相关，销售、采购、制造、工艺都应该有代表参与，充分发表意见，如果相关部门未在立项环节参与，项目中存在的非硬件技术类的风险就无法提前识别、预防，等项目开展过程中再暴露问题，可能为时晚矣，人力、时间、资金的投入都可能会加倍。

其次，参与立项评审的工程师和最后的决策者需要有技术背景或具备专业知识，如果决策者不懂产品，也不懂技术，即使开再多的会，也评审不出来问题。虽然我们可以用流程优化管理，但是如果流程的应用者缺乏专业性，将无法胜任流程角色要求。

那么，到底应该由谁来决策是否立项呢？对于重大项目，如新产品和新平台，资源投入大，研发周期长，可以采用集体评审+核心团队决策的运作方式，这种运作需要有组织支撑，下面介绍一种组织运作方式。

(1)成立虚拟组织——“产品管理委员会”，即由相关部门的管理者组成团队，承担立项管理的职责。

(2)产品委员会的成员构成可参考图2.5。(规模不大的企业可以简化模型，减少参与的人数，但是思考维度需要包含以下角色，需要在公司内部针对这些维度进行讨论。)

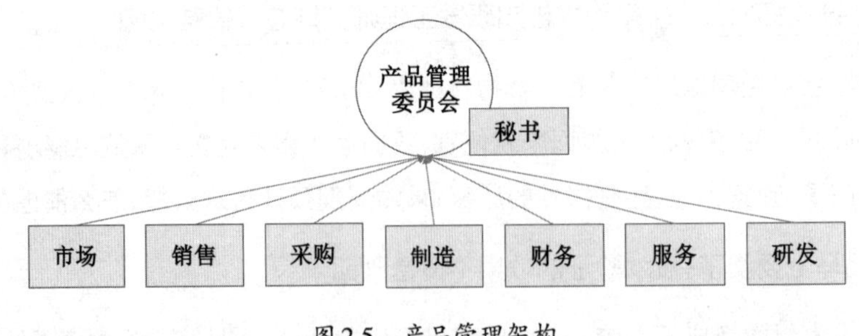

图2.5　产品管理架构

产品管理委员会主任是这个组织的最高决策者、最强利益相关者，如产品线总裁或企业总经理等，对产品立项进行最终决策；产品管理委员会成员由各领域代表组成，在立项评审的过程中代表各自领域充分发言，提供专业意见；秘书负责整个产品管理委员会的运作，包括议题的收集、材料的预审、会议的组织、遗留问题的跟踪等。特别注意，千万不能小看“秘书”这个角色，秘书是决定产品管理委员会运作好坏的关键人物，这里的秘书不是公司的行政秘书，而是这个委员会的“书记员”，必须由一个懂产品，执行力和推动力都相当强的人来担任。

产品管理委员会可根据企业的规模、产品的特点进行不同的设置。规模大、产品线多的企业，可以在产品线内部设置产品管理委员会，对本产品线的立项进行管理；如果涉及跨产品线的解决方案的立项，可以设置解决方案管理委员会，对解决方案的立项进行管理；如果企业规模小，产品单一，则整个公司设置一个产品管理委员会足以。总体原则：参与会议的各领域代表都能代表本领域对这一产品实现商业成功做出承诺，换句话说，如果立项过程中，代表们未能代表本领域提出有效意见，而又在项目开展的过程中出现了问题，代表们是要承担责任的。

为什么需要这么多角色参与呢？主要原因是需要从各个维度对项目是否能够取得商业成功进行思考。小公司如果没有这么多角色，则可以角色合并，但是思考维度不能裁剪。

硬件项目跟软件项目不同，硬件项目更依赖供应链，所以芯片、工艺、结构等维度的可行性需要充分分析，在立项阶段，对于硬件项目，硬件框图和数据流等系统设计需要在主项阶段基本明确。所以对于硬件项目来说，除了前面我们明确的“市场”维度的思考之外，还需要考虑采购、制造的维度，避免定义的产品无法批量生产出来。

2.5 立项的三重境界

我在职业生涯中多次参与项目立项：第一个阶段，是作为硬件工程师参与立项报告材料的撰写，汇报自己负责电路板的立项价值；第二阶段，是作为硬件经理主导几个项目的立项，并需要考虑项目组成员的工作安排；第三个阶段，在进入产品规划部门后，主导了一个大版本的立项报告，需要考虑市场需求的取舍，以及挖掘客户深层次需求。我把参与立项的经历分为三个阶段，这三个阶段的个人心态、看问题的视野完全不一样，在这三个阶段里我的敏感度、思维能力等都在逐步提升。

第一个阶段，机械式命题作文

当时我参加工作时间并不长，是以一种员工心态、工程师视角，习惯“接受任务”“完成任务”。其实那个阶段我并不理解为什么需要研发人员去参与立项，因为已经习惯了从“接受任务”到“挑战目标”的过程。这个时候写立项报告就是应付，为了立项而立项，没有更多的思考。领导下达任务，我按照模板格式套，查阅之前所有的立项文档，照葫芦画瓢。当时的思路就是，我的目标是成功立项，那么我要证明这个命题是正确的，所以开始找各种论据去证明这个结论的正确性。不管是大公司还是小公司，一些战略制定往往并没有经过严格的推理，甚至可能只是老板或领导的一个idea，命题作文的命题很可能就是拍脑袋拍出来的。

其实很多硬件项目经理做过很多次立项报告，但是一直停留在罗列证据去证明领导是正确的这个层次。这就是因为打工人在大公司被僵化成执行者，缺乏自我思考，缺乏变化意愿，总是站在“执行任务”的角度思考问题。

第二个阶段，思考式命题作文

我在这个阶段，最大的变化就是开始理解并发掘产品的商业价值。这时候工作目的不仅限于把立项这个工作给完成了，同时需要思考，这个产品做出来是否能够卖得好。因为我在开发和维护的过程中，感受到如果硬件不能大规模发货，不但不能产生商业价值，还会导致因为数量太少，成本上升，直通率下降等KPI问题。

当时我经常和市场部门的同事讨论立项的相关问题，有一位资深市场人员定义了一款产品，并准备立项。他说这个产品上市之后肯定是一个爆款，预测一年能有数万台的发货需求，所以要求硬件按照这个数量去预测成本。我并没有直接开始进行成本分析，而是收集历史发货数据，根据历史发货数据，我开始挑战他们的预测。首先我整理了已有产品的历史发货数据质疑他们，我们前一代同类产品每年发货不到1万台，新产品上市后发货量立刻增加好几倍我觉得不太可能。市场的兄弟反驳说，我们定义的新产品可以抢行业里其他友商的市场空间，这样发货量就能涨上去了。我还是表示怀疑，于是我就找了专业统计机构的市场分析报告，对市场容量做了一个统计校验，如果我们要达到预测的发货目标，那我们要占据市场容量的60%，这种市场比例的大幅度提升我觉得困难太大了。市场部门的同事表示，他们定义的这款产品能够在性能大幅度提升的情况下不增加成本，可以通过性价比优势大量抢占市场。我作为硬件经理马上组织大家进行细化的成本评估，最后结论是，达成规格定义的性能目标成本优势并不明显，靠这个去抢占市场可能性不大。我拿着这个技术结论再次去挑战市场的同事，他们最终承认之前的分析结论过于理想化了。后来，这个款型的优先级就放低了，过了半年，我们找到了合适的技术，能达成成本目标了，这个款型上市后卖得很好。

作为一个硬件项目经理，你在立项时，思考的就不完全是“立项通过”，还有未来部门和所有同事要依托这个产品生存等情况。所以，要通过自己的思考分析，加上准确的数据支撑去核验产品开发是否有价值，避免立项要开发的产品成为一个没有市场潜力的产品。立项分析的目的就是最大化项目的商业价值。

第三个阶段，开放式作文

当你要指引一个产品团队几十号甚至几百号人的开发任务时，你承担的责任是非常重大的，面临的压力也是很大的，当时我主导了一个大版本的立项报告，对此深有体会，就像完成一篇开放式作文一样，自定命题，自建逻辑。

有可能你的产品组合里缺的产品还有很多，客户各种需求蜂拥而至，你不知道怎么去排优先级了，你为排序选择感到痛苦？也有可能你竞争对手的产品已经很丰富了，你必须创造出一个很有特点的产品，需要你绞尽脑汁找到你和竞争对手的差异点。也有可能你在市场已经占据了领先的地位，客户已经不能告诉你做什么的时候，你需要创造出新的产品概念引领市场。不管你做什么样的取舍，选择做什么样的产品，都会有很多声音质疑你的决定。一方面市场要特性，另一方面销售要低价；你感觉处处是红海，竞争对手都很强，如何实现夹缝生存？

总结我自己的三段经历，如果一个硬件工程师只有研发背景，机械地按命题作文的方法去做立项，没有通过自己的独立思考从市场角度审视商业目标，那么很难把控立项这个关键工作。因此只有自我成长，让商业意识和全局视野不断完备，并善用工具和组织力量，才能做好立项工作。

3

第3章

需求

产品开发的需求阶段是指立项完成之后，根据立项计划书的任务内容，对任务进行目标分解，形成需求文档，确认项目需求分解到相关责任人或部门。在需求阶段，需要一名具备专业技能和项目经验的工程师来把控整体需求和需求细节。

从整个需求管理的流程角度来看，一般遵循需求收集→需求分析→需求分配→需求实现→需求验证这个过程。需求管理阶段的流程如图3.1所示。

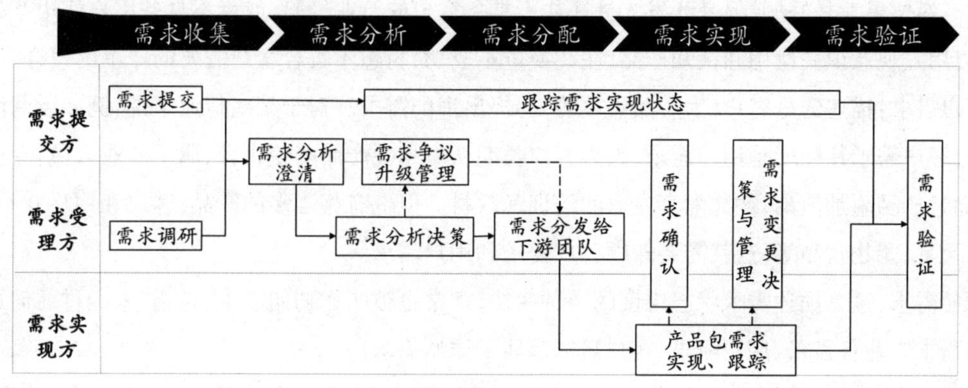

图3.1　需求管理阶段的流程

3.1 需求的概念

需求，也就是用户对需求的描述。这里有两点需要注意，一是要收集来自用户的客观需求，所谓客观，就是产品经理不能引导用户说出自己的需求。二是确保需求描述的完整性，这种需求发生在什么场景，用户的具体需要是什么。需求一定是和场景结合的，脱离了具体场景的需求也就丧失了其价值。

下面介绍一些常见的需求概念。

业务需求表示组织或客户高层次的目标。业务需求通常来自项目投资人、购买产品的客户、实际用户的管理者、市场营销部门或产品策划部门。业务需求描述了组织为什么要开发一个系统，即组织希望达到的目标。使用前景和范围文档来记录业务需求，这份文档有时也被称作项目轮廓图或市场需求文档。业务需求通常代表的是产品方向，而不是具体的需求。有的企业讲的战略需求，是业务需求的另外一个说法。

笔者在华为做监控安防产品的时候，海康威视、大华已经占得先机，如何实现突破？当时项目的指导思想是“在品质方面胜出，要做监控安防领域的苹果”，占领技术制高点、产品制高点，避免同质化，避免陷入价格战。那么在这款产品的市场定位上，定义为“高端园区”，所以在特殊功能、性能指标方面，追求极致；而在成本、复杂度上面做出妥协。这款产品因为避开同质化产品，可以通过高价获得更高利润率，并且可以在很多项目中实现控标。

用户需求描述的是用户的目标，用户对产品的要求。用例、场景描述和事件、响应表都是表达用户需求的有效途径，也就是说用户需求描述了用户能使用系统来做些什么。用户需求也不能直接变成产品需求，这中间需要对用户需求做进一步的分析、判断。对于用户需求，千万不要臆想，把自己当作用户。换位思考是好的，但是开发人员往往不具备客户的行业经验，或者不具备用户使用产品的场景，所以用主观意识去使用和认知产品，往往换位不成功，臆想不符合客户需要的原本的模样。

客户需求：描述的是客户（为产品买单的人）提出来的需求。对于某些行业来说，例如运营商核心侧设备，客户需求往往就是用户需求，因为客户长期从事相关产品的使用者，属于专业人员，专业能力较强，而且产品附加值高，往往配套专业的培训和教材。但也有相当多的产品，客户和用户并不同，例如儿童玩具、宠物食品等，这就需要兼顾客户需求和用户需求。

原始需求：这是描述需求状态维度的一种叫法，常常也被叫作初始需求，是指“未经过任何加工和修改的需求”，业务需求、用户需求、客户需求都属于原始需求。

产品需求：产品需要实现的需求，是业务需求、用户需求、客户需求等原始需求的打碎、重组，并不是简单的翻译转换，而是了解全局后的一种重新定义和升华。用户需求到产品需求的转换，一般由产品经理或者系统工程师牵头完成输出。

系统需求：用于描述包含多个子系统的产品（系统）的顶级需求。系统可以只包含软件系统，也可以既包含软件又包含硬件子系统。人也可以是系统的一部分。因此某些系统功能可能要由人来承担，最终决定市场对产品的综合评价是否满意。

功能需求：必须在产品中实现的功能，用户利用这些功能来完成任务，满足业务需求。功能需求有时也被称作行为需求，因为习惯上总是用“应该”对其进行描述：“系统应该发送电子邮件来通知用户已接受其预定。”

非功能需求：除了功能需求外，我们还常听到一些非功能需求，例如可制造性需求、可服务性需求等跟需求相关的概念，这些都是从不同维度对需求的描述。因此不论是什么需求，我们都应该关注隐藏在这些需求背后的原因，才更容易去权衡各个需求的优先级，更好地进行取舍和排序，使产品在整体上达到最优。

性能需求：在实现产品功能的基础上，系统需要达到的性能。可简单地理解为响应速度要快，容量要大等。

需求分类如图3.2所示。

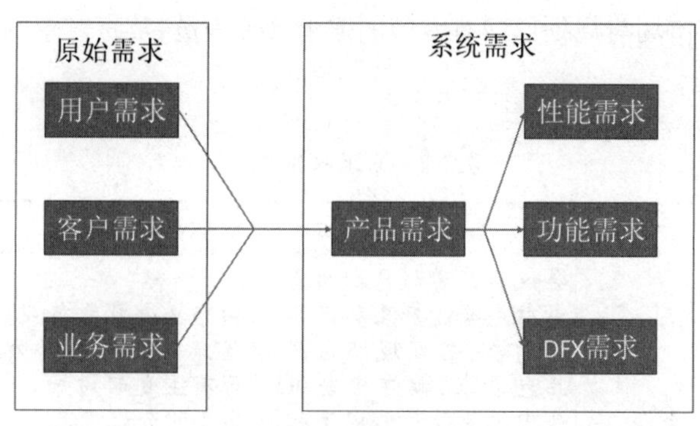

图3.2　需求分类

硬件需求管理就是通过需求采集、需求分析、需求筛选及需求管理的一系列过程，挖掘客户所描述需求背后的真实诉求和需要解决的问题，经过需求的转化，把原始需求变成产品的功能需求后，才能得到产品的实现目标。

3.2 需求的收集

收集需求的方法非常多，如客户访谈、问卷调查、现场观察、实验等。我们需要根据实际情况，选择适当的方法收集需求。

前面我们提到过的需求，对于开发团队而言，很多都需要从外部获取，我们可以根据这几种需求的来源识别需求干系人。表3.1简单列举几类需求的干系人及收集方式供参考。

表3.1　产品需求收集

需求类型	需求干系人	需求获得方式
业务需求(战略需求)	企业高层	访谈，查阅领导讲话，公司战略文件
用户需求、功能需求、性能需求	直接使用产品的用户； 服务热线	用户观察，调查问卷，访谈，产品投诉记录
客户需求	客户(企业用户需求分析决策链)； 客户的其他供应商	客户拜访，行业会议，调查问卷
可制造性需求	工艺人员、生产线员工	观察，访谈

需要注意的是，企业自身规模和客户结构(客户集中度、客户规模)不同，需求收集的难易度，耗费的时间、人力、方法也不同，最终需要大家根据自己企业的情况定制。另外，一开始就识别足够全面的干系人，往往是有困难的，能识别出大部分的干系人就可以开始收集需求了。剩下的可以在需求收集、分析的过程中再补足。

对于一般公司来说，市场人员和规划部门人员是需求收集的核心责任人，研发人员根据研发后端反馈以及维护反馈作为补充内容。但是硬件工程师有机会一定要积极参与需求的收集和管理工作。

对于很多大公司来说，其市场与规划部门有专门的需求管理人员，负责需求的导入和管理。需求收集会议见表3.2。

表3.2　需求收集会议

方法	介绍	执行方法	职责角色分工	注意点
行业会议	定期参与行业会议、展会，与友商、客户进行交流，收集业界、竞品及客户的最新动向	会议参加者与会期间需考虑是否能产生新产品的需求，若发现潜在产品包需求，需在出差报告中记录并获取以下相关信息：需求及其详细情况、重要程度、时间范围、用于什么产品/产品线/其他范畴、需求来源的客户类型（公司类别、岗位类别）、需求所能带来的利益等	1. 由市场部收集行业会议信息（时间、参会方、是否有主题研讨等），形成当年的会议清单。 2. 市场部、研发部根据会议清单，安排相应的参会人员。 3. 会议前确定参会人员分工，会后分别输出需求记录	
市场调研	主要目的是找到跨不同用户群和产品的共同需求并找到汇聚点	通过调研问卷的方式安排大量用户参与会议	销售部（客户经理）策划并组织会议	可以请专业的市场调研公司开展此活动
重点客户会议	从所选目标客户收集高价值需求的一种方法。其主要目的是： 1. 与主要客户建立关系，获得高价值需求。 2. 使客户与开发流程之间紧密联系。 3. 保证未来计划满足客户需求。 4. 验证当前的开发计划	利用市场管理信息来选择合适的细分市场，关注所选细分市场中具有类似需求的一组客户并创建客户候选人名单（其中，公司重要客户及愿意出动资源的客户是很好的候选者）。通过定期会议，引导、整合及过滤候选人客户的主要需求获得未来需求	1. 销售部（客户经理）策划并组织会议。 2. 研发高层领导参会。 3. 会议秘书输出纪要，并落实需求的后续跟踪任务	与客户建立良好关系是开展这项活动的前提。应该邀请高层决策者（业务与技术领域）参加
研发高层交流	研发高层交流要求客户方高层参与，交流主要关注技术，双方共享当前与未来的需要和计划，主要目的是获得未来产品计划的输入信息		1. 由研发部策划并组织会议。 2. 研发高层领导参会。 3. 会议秘书输出纪要，并落实需求的后续跟踪任务	与客户建立良好关系是开展这项活动的前提。研发高层最直接地代表客户需求
生态伙伴定期会议	越来越多的公司注重构建生态伙伴关系，一起为客户提供解决方案，定期与主要业务伙伴探讨、关注客户需求，更能够全方位地了解客户	利用与其他公司的业务伙伴关系来收集更多的客户需求、行业动向，并且能前瞻性地规划未来的生态解决方案	1. 生态负责部门策划并组织会议（相关部门可参与会议主题策划）。 2. 研发高层、产品经理、技术骨干均可参会，多方面与生态活动进行交流。 3. 记录交流中获取到的需求	对于收集需求而言，建立战略生态伙伴关系、提升合作开发能力是生态会议更重要的方面

续表

方法	介绍	执行方法	职责角色分工	注意点
标杆研究	标杆研究(对比测试)的主要目的是判断产品是否满足必须满足的性能要求,判断产品所处的竞争位置	按照业界/客户认可的性能标准评估产品性能,与竞争对手进行对比,判断产品是否符合客户的基本需求,以及判断产品竞争定位情况	1. 由市场部牵头收集标杆产品信息并购买产品。 2. 由测试组织比拼测试,并输出测试结果。 3. 研发组织会议讨论产品性能,讨论改进措施	产品性能和定位息息相关,首先要判断产品定位,再做相关的测试……一些主打低价的产品,就没必要比拼性能
试验局	试验局的目的是从关系客户处获得对于产品的反馈,以验证需求及需求执行情况,并确保关系客户从该活动中受益	通过让客户在各自的操作环境下使用产品早期版本,提供反馈,以在产品正式发布之前识别出问题,并据此确定补救措施(在当前版本或未来版本)		
客户售后服务部门高层交流	从客户售后服务部门的角度建立与客户的关系。通过向最大/最好的客户提供支持服务,避免和预防支持问题,获得对当前版本,以及对未来版本潜在的支持需求	双方客户售后服务部门高层领导参与,确定一个单一的接口人以保证提供高水平服务。通过提供主动的技术支援和提高客户满意度,从技术支持角度建立公司与客户的关系,确保客户获得所期望的支持水平、公司技术支持能定义客户期望并按客户要求和付出进行交付		
服务热线	作为处理客户查询和问题汇报的支持产品包,通过分析客户来电获得客户需求	客服部门跟踪客户来电,确定可能出现的新需求或导致需求变化的问题较为集中的领域。语音服务菜单系统可作为快速归类支持热线电话的支撑工具,通过选择预设语音提示确定客户问题,每周(月)对问题进行分析,以确定需要关注的问题高发领域		
客户满意度	客户调查从公司层面提供宏观输入。产品层面具体需求的反馈收集后输送至客户团队及产品线,采取进一步的行动	客户满意度调查负责人(第三方或公司内部部门,如技术支援部)派发调查表、收集客户反馈(对公司及对竞争对手),并对反馈进行分析和汇报,向市场管理提供调查结果。市场管理参考调查结果,在产品包需求数据库中输入新需求、修改已有需求,确定行动计划与未来计划		

上面这些方法能够指导大家通过与行业、客户交流的方式把需求收集落实到行动中，但实际在交流的过程我们还要注意下面这几个要点。

(1)客户往往只从自己的痛点出发，不会考虑自己以外的人的感受和代价，这也意味着他可能放大他的问题，放大他的痛点；个别客户所谈的问题并不具有代表性和普遍意义，这就需要我们做深入鉴别，甚至要通过实验去获取数据后才能有答案。

(2)客户往往与产品的提供者之间是隔行如隔山，客户希望手机信号时时刻刻非常好，然而既不想自己家门口有基站，又不想受到手机辐射……这显然是矛盾的，只听客户的，往往在专业问题上得不到答案，只是无休止地转圈圈。

(3)客户太发散，经验不足的我们又无法控制场面。结果成本花了，听客户带着我们天南海北神游一圈，然后需求一条也没收集到。准备好问题列表，什么问题用开放式发问，什么问题用封闭式发问，什么时候拉客户，什么时候让客户发散，这都需要专业的嗅觉，以及提前做好准备。

除了通过交流的方式收集需求，我们还可以通过现场观察的方式收集需求。现场观察，跑到客户现场，看看客户是怎么操作使用的。了解产品在客户的业务中充当什么角色，都和谁发生了关系，做了什么样的交换。说白了，就是把产品看作黑盒子，客户的输入是什么，又想得到什么输出。搞明白这些，至于怎么从输入加工到输出，事后可以慢慢分析。对于现场观察，要注意以下情况。

(1)详细记录客户的操作、耗时。不要试图教育客户怎么用系统，而是从第三者的角度去观察客户怎么用，客户需要的是能解决他问题的产品。这些观察往往是提升交互、优化体验的关键点。

(2)遇到违反常规的地方，要及时弄清楚客户的意图，往往这里隐藏着大的问题。分享我遇到的一个案例：做充电设备的时候，看到有些客户想把电池反着充电。我们不解，因为电路上设计了防反接，电极接反了充不进去任何电。但是客户就这么做，问了客户的意图后，原来客户想做安全测试，希望电池即使被反着充电，也不会发生安全事故。那么设备上就要设计关闭防反接电路的功能，让电池反接后也能充进去电，不破坏电池。如果不问客户的意图，主观臆断，怕是设备就要“长歪”了。

(3)从体系的角度观察，才有效率。首先明白产品在客户那里充当的角色，到底是解决客户什么问题的。现在的很多机器人，特别是迎宾机器人，从功能上看“鸡肋”得不行，然而很多银行、机场却乐此不疲地购买。钱多吗？显然不是。往往是银行买机器人做广告，机场使用它提升“档次”，而坐飞机的孩子想看个新鲜，拖着大人不停地戏耍。大人被迫记住了银行的名字、理财产品……等飞机的时间有时候真的很无聊，尤其是晚点，手机又没电。虽然是个“鸡肋”的产品，但让孩子不再折腾大人，有了兴趣点；大人也通过这个，吸收了广告内容，只要注意广告的精准性，还是非常有费效比的。从体系的角度观察，往往能识别一些前期没有观察到的干系人。再由这些干系人出发，往往能推出新的需求和业务……这些都可能蕴含着潜在的商机。

3.3 需求的有效传递与度量

收集需求是需要投入很多工作量的，同时需求必须有效传递到产品端才能最终发挥价值。而需求的有效传递却是一个容易被忽视的环节。现实中存在各种需求传递方式，如口头传递、邮件传递、会议传递等，但这些需求都未被统一记录和跟踪，更谈不上追溯，最终导致需求的遗漏。即使是大公司，很可能这个事情也不被重视。

那该如何保证需求能够有效传递呢？首先，需要一个统一的需求管理平台，有条件的公司可以建立专门的需求管理电子流程，也可以用一些项目管理的工具。对于小公司来说都不需要专门的管理工具，可以用共享的Excel表格。在需求管理平台上清楚地展示每一条需求的状态，包括需求描述、来源、是否接受、责任人、交付时间等。确保需求无遗漏，且需求的状态清晰。

统一管理需求的好处不只是防止需求遗漏，也能提高需求的管理效率，同时能够对需求进行数据分析，改进需求管理过程并建立基线。需求的状态一目了然，信息透明，不需要重复沟通，多方询问。同一项需求如果已经受理，可避免重复提交，重复分析。

需求的数据分析如图3.3所示。

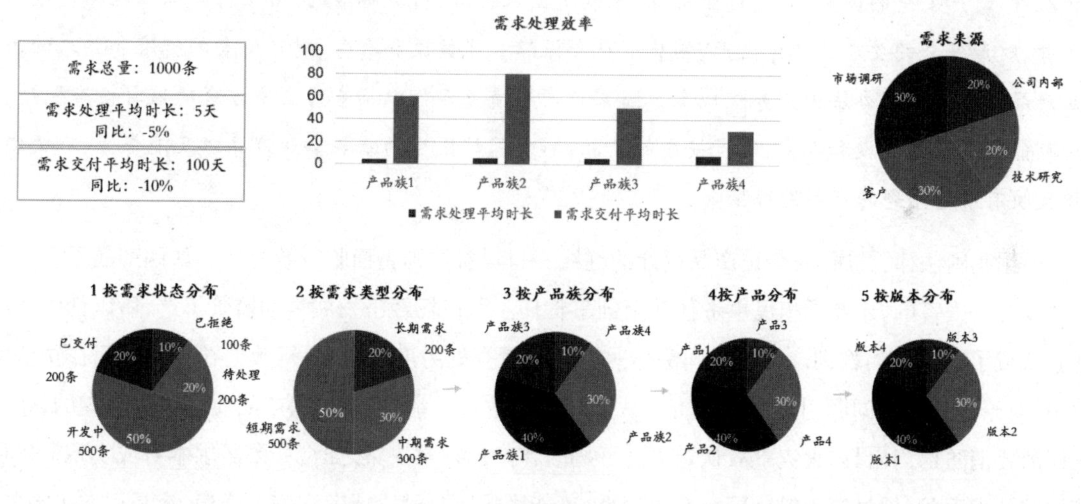

图3.3　需求数据分析

建立基线：在需求足够多，数据分析有效的情况下，可以建立需求的管理基线，例如某一类产品的需求平均交付时间。

3.4 需求的合法合规性审查

近年来随着依法治国的深度开展，企业合规的概念越来越多地出现在大众眼前，也越来越受到重视。技术密集型企业在经营过程中，一方面要注意加强对研发成果的知识产权保护，在受到侵权时积极主动维权；另一方面要注意遵纪守法，不仅管理层要遵守法律和市场规则，普通员工、外包等商业合作伙伴也应依法依规进行经营活动，否则有可能造成违法违规经营，导致公司承担行政责任、刑事责任，受到商誉损害或经济损失。

关于公司经营层面合法合规问题，本书不作展开，仅就硬件开发需求与决策过程中可能涉及的合规性问题进行讨论。

3.4.1 项目需求的合法性审查

需求决策时，产品的设计参数需要符合国家有关标准、规定。我国的《民法典》《产品质量法》等对此均有明确规定。

> 《产品质量法》规定：可能危及人体健康和人身、财产安全的工业产品，必须符合保障人体健康和人身、财产安全的国家标准、行业标准；未制定国家标准、行业标准的，必须符合保障人体健康和人身、财产安全的要求。禁止生产、销售不符合保障人体健康和人身、财产安全的标准和要求的工业产品。具体管理办法由国务院规定。国家对产品质量实行以抽查为主要方式的监督检查制度，对可能危及人体健康和人身、财产安全的产品，影响国计民生的重要工业产品以及消费者、有关组织反映有质量问题的产品进行抽查。

根据我国法律，健康、安全是产品设计的红线，一旦越过，则将面临行政处罚。如因产品不合格对消费者造成损害的，还要承担民事责任甚至刑事责任。因市场经济发展早期监管不严，所以伪劣产品泛滥造成了很多惨痛教训。当前我国法律对产品质量查处力度非常大，行政处罚很重。而在司法实践中，对于产品质量问题引发的事故责任认定标准非常低。举例来说，因产品质量引发火灾的认定，仅仅需要消防部门出具《火灾事故认定书》。因此，在产品需求决策之时，如果需求本身或实现需求所使用的技术手段、辅材等不符合国家有关标准，可能影响人身健康或存在安全隐患，容易引起事故的，一定要坚决予以替换，这是我们项目需求决策不可逾越的红线。

3.4.2 委托研发项目的法律问题

在当前市场环境下，软件、硬件等技术领域，外包现象十分普遍，可以说绝大多数技术开发项目都是外包项目。外包项目除了受自家公司技术能力约束外，还要受到与甲方之间签订的合同条款约束，一旦达不到合同所要求的交付标准、交付期限，则可能会承担严重的违约责任。

根据我们的经验，外包项目由于乙方急于承揽业务，往往对甲方提出的需求内容审查不严，对实现需求的困难程度估计不足。而在接单后乙方才发现自身技术力量难以实现或无法在合同期限内实现需求，导致开发工作失败或延误的违约后果。对此种情形，《民法典》有明确的规定：

《民法典》规定：委托开发合同的当事人违反约定造成研究开发工作停滞、延误或者失败的，应当承担违约责任。技术开发合同履行过程中，因出现无法克服的技术困难，致使研究开发失败或者部分失败的，该风险由当事人约定；没有约定或者约定不明确，依据本法第五百一十条的规定仍不能确定的，风险由当事人合理分担。当事人一方发现前款规定的可能致使研究开发失败或者部分失败的情形时，应当及时通知另一方并采取适当措施减少损失；没有及时通知并采取适当措施，致使损失扩大的，应当就扩大的损失承担责任。

由此可见，为最大限度规避法律风险，需求分析与决策工作应当放在正式签约之前。工程师应当在对甲方的需求可行性研究的基础上，制定技术路径图和开发工作进度计划，以正确地评估必要的开发周期。而在磋商合同条款之时，除了在此评估基础上预留一定的容错区间外，还应在合同中约定如出现签约时无法预见的、可能致使开发延误或失败的情况时，责任的分担方式及免责条款。乙方在开发过程中也应有敏锐的时间观，及时掌握开发进度，随时倒排工期检验履约情况。如发现可能发生无法按期完成风险之时，不要回避问题，要立即想办法与甲方沟通，争取获得宽限期。

另外，合同签订之时，工程师应当与甲方尽可能沟通开发需求的细节。举例来说，有的项目甲方仅仅需要PCB设计，而有的项目甲方除PCB设计外，还需要一定数量的样品验证，甚至需要一定的技术服务期。这些区别将导致合同交付内容大相径庭，也会影响开发成本和开发进度，必须予以注意。

3.4.3 项目实施过程中的知识产权问题

1. 开发成果的知识产权保护

技术开发工作是一项“无中生有”的创造价值的活动，开发成果具有发明创造的特性。随着我国专利权保护力度的加大，对专利权侵权的惩处力度也在加大。

《集成电路布图设计保护条例》有如下规定。

第三十条　除本条例另有规定的外，未经布图设计权利人许可，有下列行为之一的，行为人必须立即停止侵权行为，并承担赔偿责任：

（一）复制受保护的布图设计的全部或者其中任何具有独创性的部分的；

（二）为商业目的进口、销售或者以其他方式提供受保护的布图设计、含有该布图设计的集成电路或者含有该集成电路的物品的。

侵犯布图设计专有权的赔偿数额，为侵权人所获得的利益或者被侵权人所受到的损失，包括被侵权人为制止侵权行为所支付的合理开支。

工程师在开发过程中，首先要注意审查甲方的需求是否合理。如果甲方直接提出复制一项产品的需求，那么乙方应当提示甲方有可能引发专利权侵权行为。

反之，工程师也应当注意对自己开发成果的知识产权保护，在项目完成后，及时申请专利。如果是外包项目，则应当审慎审查合同中有关专利权归属的约定，正确评估专利价值后，再决定权利归属和合同价款。以下为有关法律规定。

《民法典》规定：委托开发完成的发明创造，除法律另有规定或者当事人另有约定外，申请专利的权利属于研究开发人。研究开发人取得专利权的，委托人可以依法实施该专利。

2. 开发过程中的侵权风险防控

工程师在开发过程中，应注意使用正版软件。很多工程师不明白：我并没有对软件实施破解，也没有在未经授权的情形下非法售卖、非法传播软件，仅仅下载和使用软件，怎么就侵权了呢？

请注意，因开发工作需要使用软件，一般均属于商业性使用。在司法实践中，商业性使用盗版软件构成对软件著作权的"直接侵权"，对此最高院司法解释有明确规定。

《最高人民法院关于审理著作权民事纠纷案件适用法律若干问题的解释》规定：计算机软件用户未经许可或者超过许可范围商业使用计算机软件的，依据著作权法第四十七条第（一）项、《计算机软件保护条例》第二十四条第（一）项的规定承担民事责任。

根据以上法律规定，工程师应当注意，如果明知一款商用收费开发软件，网上提供的破解版是盗版，却故意下载并在办公计算机上用于商业开发的，属于侵权行为，须承担法律责任。

3.5 需求技术评审

在确定产品包需求、选定产品概念以后，要组织一次需求的技术评审了。此时需求相关的技术评审的重点是保证需求的完整性，以及选择出合适的备选产品概念来满足这些需求。完成需求技术评审之后，应该对包需求基线和设计需求进行更改控制。技术评审模板见表3.4。

表3.4　技术评审模板

评审类目		评审检查项
财务	1	产品目标成本是否已经设定？
质量	1	是否确认认证要求？
	2	是否已经完成认证需求分析？
市场	1	市场需求与产品包需求是否匹配？
	2	产品需求是否与产品成本目标相符？

续表

评审类目		评审检查项
	3	客户需求是否得到验证?
研发(SE)	1	产品包需求是否清晰?
	2	选择的产品概念中的关键设计点是否可行?
	3	产品的主要卖点是否能与竞争对手产品竞争?
	4	产品包概念是否能满足成本要求?
研发(硬件)	1	产品概念使用新的PCB和芯片技术及成熟度是否满足开发和交付的需要?
	2	PCBA核价早期BOM是否已经经过内部审核?能否满足成本要求?
研发(软件)	1	软件需求分析是否完成?
	2	产品卖点的软件部分评审是否完成?
	3	方案的可行性是否评估完成?
研发(结构)	1	客户外观需求中是否有特殊的工艺需求?如果有,是否已经经过初步的内部评审?
	2	是否有同类竞品机型作为设计参考?
研发(测试)	1	产品包包含的需求或者新技术,评估现在资源及用例是否满足当前硬件可测试性需求及风险?
	2	产品包包含的需求或者新技术,评估现有资源及用例是否满足当前可靠性、可测试性需求及风险?
	3	竞品机性能指标是否满足产品规划需求?
	4	可测试性需求分析是否完成?
采购	1	关键物料的供应商/物料选择策略是否已经确定?
	2	新器件是否符合器件路标库要求?
	3	是否已确定物料可采购性需求?
	4	sourcing team的行动计划是否明确?风险分析是否完成?
制造	1	是否已确定可制造性需求?
	2	是否已完成生产工具需求分析?
	3	产品概念中可制造性需求是否落地?
技术支持	1	是否确定可服务性需求?
	2	可服务性需求是否在产品概念中得到体现?

需求评审决策活动的目的是保证市场与开发部门对产品需求达成共识,确定该产品是否能够实现公司的策略,并且对产品级合作进行初步决策,以便及时启动对外合作相关工作。

4

第4章

计划

两次世界大战德国都战败，但德军的作战形象却是令人生畏的，素质优秀，战斗力强大。德军的大脑总参谋部发挥着核心作用，他们有一项特长，就是在战前制订周密的计划，比如一战时的施里芬计划，二战时对波兰、法国的闪击战计划，对苏联的巴巴罗萨计划。德国人制订作战计划时的详细和刻板是让人难以想象的，甚至每一支部队有多少人力、匹配多少武器装备、补给的运输计划等都非常详尽。

一位著名的德国将领曾经坦率地说："战前必须制订作战计划，但战争一旦开始，所有计划必须作废，听炮火的声音指挥部队方向。"他想说计划没有用？当然不是。计划的目的是统筹复杂的事务，事先制订计划有重大价值。

第一点，制订计划的过程就是明确战略方向，统一上上下下的意志和决心，盘点资源家底的过程；第二点，通过细化执行计划可以形成小型的执行模块，在计划执行过程中虽然整体计划调整，但各个小型执行单元仍然能够高效推动；第三点，如果事先有计划，应变者就有一个资源框架可以利用，制订计划、执行计划、调整计划这一系列动作中，资源是最重大的约束和限制条件。

德国军队以善于做计划闻名，制订计划也造就了德国基层指挥官的高素质，一方面他们被强有力的计划约束着目标和行为，另一方面他们根据战地瞬息万变的局势发展，做出有针对性的调整和部署。

德国军队的战斗力构建经验告诉我们，没有计划是万万不行的，有计划不执行、不应变也是不行的。

项目计划阶段就是制订完整的产品开发项目计划，并最后确定项目的目标和范围，指导下一阶段的项目执行，它是项目成功的重要保证。对于复杂的项目，在各领域、各层次都需要进行全面细致的计划工作。

制订计划的流程如图4.1所示，项目计划制订工作详解见表4.1。

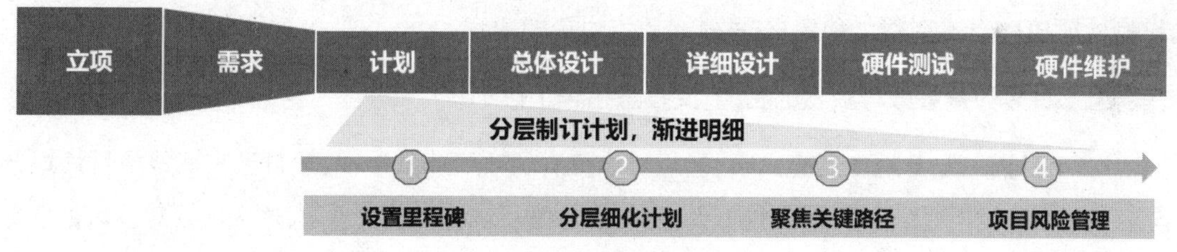

图4.1　计划流程图

表4.1　项目计划制订工作详解

编号	项目	项目计划制订工作详解
1	设置里程碑	制订整体计划，明确项目的"起点"和"终点"；拆分项目，定里程碑点，每个里程碑点设置可考察、可量化的目标
2	分层细化计划	项目计划通过集体讨论、分层/分模块进行细化，随着项目的开展逐步明晰
3	聚焦关键路径	寻找关键路径，项目计划中标定出来，特别关注，做到"特事特办"
4	项目风险管理	梳理耦合关系，避免项目在等待中消耗时间，要通过风险管理表格等工具进行风险管理

4.1 计划是项目执行的节拍器

在产品开发过程中大家或许都经历过以下几个场景。

案例一：销售和客户签好了合同，产品迟迟没法交付，销售抱怨硬件研发团队太不靠谱

大家去饭店吃饭，点了菜等了良久，却迟迟不上菜，心里急得好像热锅上的蚂蚁。产品交付延期给客户的感受就是如此，销售催你“赶紧供货啊”。如果项目正常进行，时间是来得及的。可是，由于碰到了不少技术难关，需要花时间才能攻克。你还有好多问题没有解决完，这时后悔当初不应该把计划排得这么理想化，没有考虑到一些可能碰到的技术难题，没有给技术攻关预留时间。项目中一个难解的技术问题就导致这个计划无法达成。客户催，销售着急，可你也没办法。项目延期导致公司违约，导致丢客户甚至赔偿。

案例二：硬件已经回板，软件没有准备好，调试工作迟迟开展不了

项目进度紧张，等着设备抢占市场，硬件工程师加班加点，提前完成了PCB投板工作，还加速完成了单板加工，第一批单板产出时间比原计划早了两周。单板回来了，发现负责底层软件开发的同事还没有完成调试软件的准备，基础模块调通花了整整一周时间，大家都在等待中，这一周测试活动都没法开展。硬件工程师心里急，那些省出来的时间都是团队成员辛苦努力的成果，可在单板调试这里阻塞延误了一周，太可惜了。究其原因，硬件和软件的计划没拉齐。

后来，我们的团队在制订计划时，重点对产品开发中的耦合关系进行核对，什么时候原理图完成开展PCB设计工作，什么时候加工好的电路板能够回板，软件什么时候能提供可以用于测试的软件包，试制验证BOM什么时候能稳定，这些都是重点讨论的内容。

案例三：计划过度细致导致费时费力，又没法指导工作

由于5个月内一定要把产品交出来，老板对你负责的项目非常重视，他自己来审核项目计划，你把准备好的计划拿出来给他看，他觉得不太满意，给你提了新的要求：“小明，这个项目对公司很重要，提前一天都是有价值的，你这个计划还是太粗了，尽快拉大家再讨论一下，我们的计划一定要细化到‘每一天做什么’，要以‘天’为颗粒度制订计划，并坚决执行。”对这个任务你直挠头，不过老板的命令一定要执行，于是你连夜拉着团队成员把计划进行拆解，终于排出了细化到150天每天干啥的工作计划。可项目一开始就发现问题了，计划颗粒度太细了，绑住了工程师的手脚，很难执行。项目开始的时候内外部环境条件变化很大，项目计划需要修正的地方很多，一个过分细化的计划，每次调整耗时耗力。最后这个“精细”的计划被束之高阁，大家都觉得之前排的计划好用，时间颗粒度合适，利于指导小团队执行，可以在周例会上对齐刷新。有些任务大家一致认为特别关键，就在关键任务开始前针对性地细化拆解。

总结以上几个案例，项目有序开展就是靠项目计划指引，计划是项目的节拍器。计划首先要可执

行、可达成，可以按照承诺的时间点交付；要在各团队耦合节点上充分进行讨论，执行时预先做好准备，避免因为互相之间的等待消耗时间；制订计划一定要分层分级，逐步明晰，不要追求项目一开始就能设计一个完美精细的计划，我们要在保证方向正确的前提下，逐步调整计划，以利于团队执行。做一个好的计划有很多技巧，后面的章节我们会详细讨论。

4.2 里程碑点、分层计划、关键路径

我们以“物联网智能电源”开发项目作为例子，一起看看如何分层管理，逐步明晰一个项目计划。

1. 先定目标，做出整体计划，设置里程碑点

项目开始阶段，硬件项目经理为了统一全团队目标，设定了整体计划，这个计划除了定好项目的起点和终点以外，最重要的是定义项目中的里程碑点。这就好像长跑中我们把20公里的跑步总长度分为若干个几公里长度的小目标，一个个阶段性目标达成，每达成一个目标计算一下和跑步开始时制订的目标差距有多大，再根据体力情况进行调整。

在做物联网智能电源这个项目的时候，我们设立了“立项通过”“总体设计、计划细化”“单板回板”“研发验收”“客户验收”这5个里程碑点，每个里程碑点都有一个可考察、可量化的目标。在项目执行的过程中，如果在某个里程碑点进度或质量差距很大，那就要对项目亮红灯预警了。项目关键路径如图4.2所示，项目整体计划见表4.2。

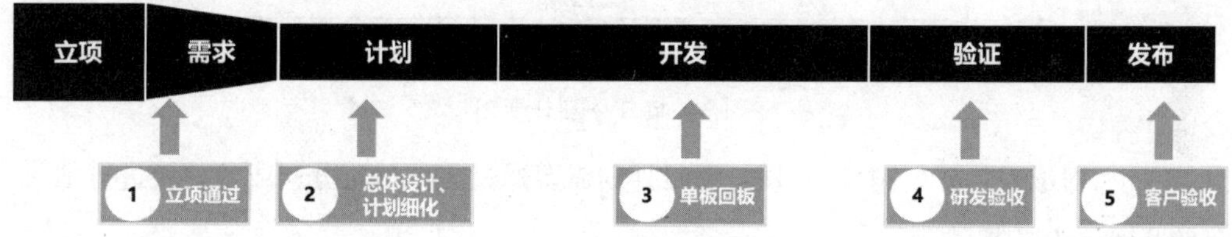

图4.2　项目关键路径图

表4.2　项目整体计划表

序号	里程碑点	里程碑点时间	阶段性目标
1	立项通过	2月10日	项目立项通过，确定项目的交付范围、整体计划、质量目标、资源要求等
2	总体设计、计划细化	3月15日	1. 硬件总体设计完成，确定设计方案； 2. 项目计划细化
3	单板回板	4月7日	硬件详细设计完成，单板加工回板，整机结构件和其他配套件回样
4	研发验收	6月15日	产品研发阶段测试验证活动完成，质量问题全部解决
5	客户验收	7月15日	设备小批量交付，在客户现场试用验收，软件功能优化

2. 分层细化项目计划，跟随项目开展逐步明晰项目计划

立项完成后，整体目标已经明确，随着项目总体设计逐步深入，对项目难度、关键风险也更加清楚了，这时候项目经理把硬件、整机、软件三个团队召集在一起，分单板硬件开发计划、整机结构开发计划、产品软件开发计划三个部分，共同讨论，细化项目计划。

例如在单板硬件开发计划制订时，大家一起讨论细化电源盒里3块PCB单板的投板回板时间、单元测试完成时间、功能测试完成时间、硬件改板时间等。制订的计划是否合理依赖三点：首先是项目经理和工程师通过参与设计，结合自己的经验，深入理解这个项目难度；其次要评估团队执行能力，达成计划目标是否很吃力；最后，和别的团队依赖关系要琢磨透了，比如这个项目中强电控制板试装和整机验证结果就影响5月中旬单板改板能否投出去，单板硬件责任人就要把什么时间必须完成试装和测试的要求提明确，从整机工程师那里拿一个能按要求完成的承诺。项目分层计划如图4.3所示。

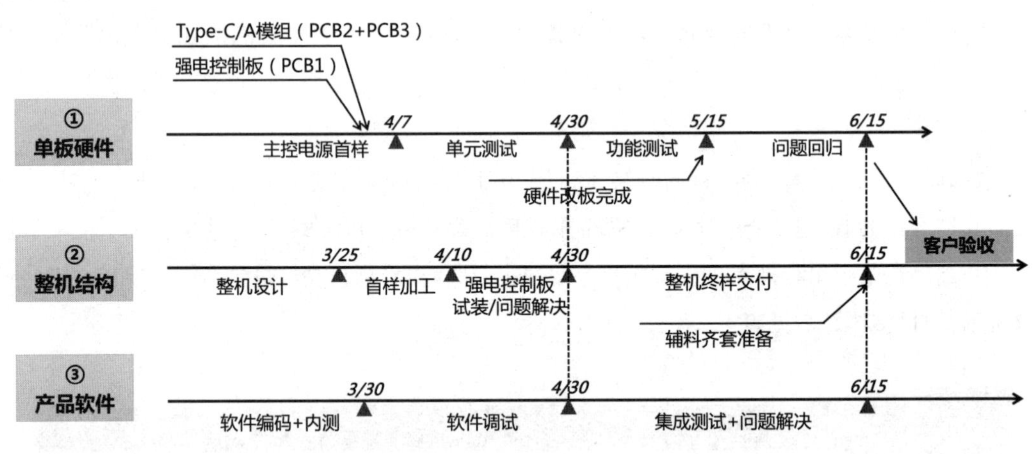

图4.3　项目分层计划图

总结一下，对准整体计划制订的目标，项目计划需要通过集体讨论分层或分模块进行细化，并随着项目的开展逐步明晰。

3. 找到计划中的关键路径，集中精力管理

硬件项目经理的精力是非常有限的，也很难关注到项目计划中的每个细节，需要把有限的精力投入最关键的地方。我们在这里推荐的就是在计划中标定出"关键路径"，之所以关键，就是因为这些事务或工作中耦合关系多、执行难度大、延期风险高，对项目达成目标影响较大。因为关键，值得项目经理集中精力管理。

在物联网智能电源项目里，我们标定出两个关键路径。

关键路径①：整机设计和初样验证，对这种外观有定制要求，硬件集成度高，还有特殊环境适应性和安规要求的产品，整机设计、打样、试装问题解决一定要先于单板验证完成，把整机的问题先暴露出来。

关键路径②:项目开展各种验证后,要收集全发现的问题,完成单板的"定稿"。越是接近硬件项目的收官阶段,越是要冷静,把问题和风险收集全,判断项目的质量水平,完成整机、单板BOM,单板改板等工作,进入最后的项目冲刺阶段。

这些可能会影响项目成败的关键事务在项目制订计划时就要标定出来,在项目执行阶段特别关注,"特事特办",确保成功。项目关键路径跟踪如图4.4所示。

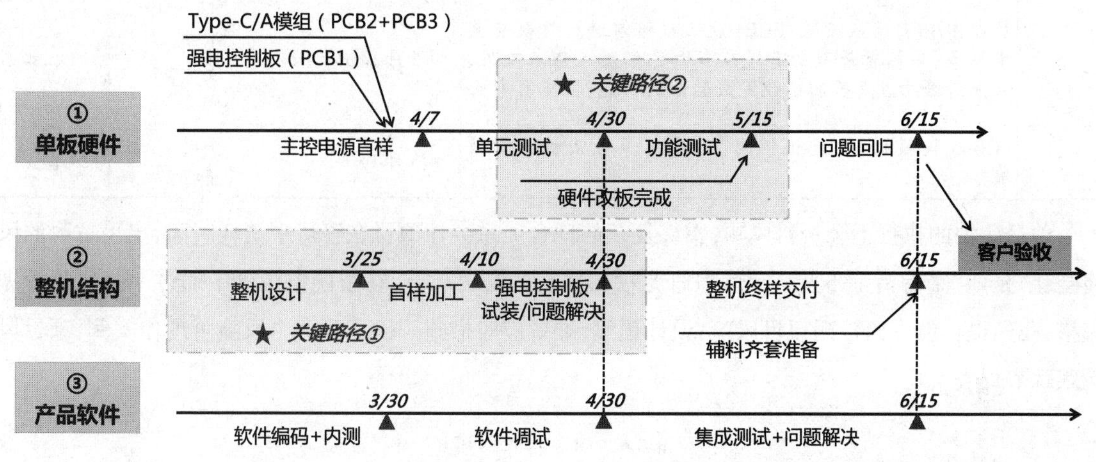

图4.4　项目关键路径跟踪图

4. 关注依赖关系,关注风险

物联网智能电源项目如火如荼地开展到5月第一周,整机试装已经完成,单板的调试和单元测试已经完成,经过硬件工程师内部对现阶段测试结论的评审,结论是PCB1需要通过改板解决发现的硬件问题,PCB2、PCB3两块模组单板只要优化BOM就能够解决所有硬件问题,整机试装问题和EMC测试问题都已经在优化解决。现阶段,只要我们能保证PCB1顺利改板完成,落实PCB2和PCB3的单板BOM优化,我们就有信心将项目准点交付了。因此改板成为这个阶段最关键的工作,我们把主要的项目成员聚集到一起,再次去对齐计划,确保最后的交付工作万无一失。项目计划跟踪表见表4.3。

表4.3　项目计划跟踪表

序号	工作内容	完成时间	责任人	状态
1	硬件检验查漏补缺,如智能电源模块上强电控制板预留的蓝牙模块、语音模块验证	5月10日	老付(硬件)	Open
2	软件功能相关测试查漏补缺,分析一下尚未完成集成验证的软件功能,哪些和硬件设计相关	5月12日	小美(软件)	Open
3	测试项评审,包括单元测试、整机测试、功能测试、软件相关项测试全部投板前的评审,全部发现的问题都已经解决	5月12日	老付(硬件)	Open

续表

序号	工作内容	完成时间	责任人	状态
4	新物料准备，如变压器需要重新修改，解决已经发生的EMC问题，新变压器的修改要求和首批物料的采购要求	5月13日	小明（硬件）	Open
5	物料清单优化，要把已经发现的问题通过BOM修改优化	5月13日	小明（硬件）	Open
6	原理图/PCB改板投板：PCB1改板投板前进行修改点集中评审，先核对是否所有修改点都已经落入PCB改板，再分析修改点是否对已经完成验证的功能、性能有影响	5月14日	小明（硬件）	Open
7	PCB改板投板后，优化钢网，为改板单板回板试制做准备	5月17日	小时（整机）	Open

项目计划的执行不会一帆风顺，错综复杂的耦合关系会让项目在等待中消耗时间，出乎意料的风险会让“延期”来得措手不及。风险管理是项目执行的必要环节，在智能电源盒中通过一张风险管理表格，我们提早就开始预测项目风险，设计预案，准备应对措施。以下面两个风险管理作实例，项目风险跟踪表见表4.4。

表4.4 项目风险跟踪表

序号	关键风险/依赖	规避措施	责任人
1	单板物料缺乏，软件、整机很多活动无法开展	1. 提前稳定BOM，做好研发阶段主芯片等关键物料备料 2. 单板投板后催料PCB加工，联系生产资源，下线后空运送到研发	小明（硬件）
2	单板上市前要完成准入测试	1. 预约认证机构资源，完成专业认证 2. 提前联系客户，约定时间进行客户现场验证	小时（整机）

4.3 订计划、勤跟踪、要闭环

坚定执行制订好的计划，监督执行效果，计划产生偏差时及时制定对策，才能保障最终节点按时完成。

1. 制订好的第一版计划先要基线化，确保有据可依

制订好的计划对团队外是承诺，对团队内是目标。充分讨论达成一致后，要把这个达成一致的计划进行基线，比如标定好版本号，放到团队文件夹里。这个基线完成后，团队下一步的行为才有据可依。如果计划有变更，就应说明变更原因，升级版本号。

2. 计划要监督执行，发现延期时要“喊出来”

计划是团队运作的行为依据，项目经理要盯着团队成员的执行情况，如果有人延期了，要及时提醒他，也要提醒项目组其他成员“注意一下他的延期对你有没有影响”。我们在项目中常常会陷于技术事务的处理，忽略了抬头看目标，因此项目计划及时监督和例行对齐在项目运作中就很重要。例如，可以利用项目周例会对齐进展，对于PCB投板这样紧急关键的里程碑点，甚至可以每天早上花10分钟对齐计划，让信息快速传递。

3. 计划要赶得上变化

项目中的我们随时都要应对变化，客户需求变更了，关键技术问题迟迟解决不了，团队关键成员离开了，项目费用不够了，你要随时对这些变化保持“敏感”，而最危险的就是对变化视而不见，死板地沿着固有路线执行。

已有的计划给了我们前进的方向，也给了我们一个资源框架，当你意识到变化时，就要主动调整计划。例如，如果某个模块关键技术问题难以解决，就要重新审视一下，下一步工作事务中是不是有和这个模块不耦合的，拿出来提前开展，不要让局部事务延期的影响蔓延。如果团队关键成员离开了，就要看他负责的事务是否能拆解到别的团队成员那里，分解这些事务，并根据工作量的情况和团队成员的能力重新调整执行策略。

最后，计划变化后要及时知会全团队相关的成员，利用好例会，广而告之。

4. 资源保障是计划能够执行的依赖

计划再完美，都是靠人来执行，项目中想要计划走得下去就要把人力保障好，图4.5是物联网智能电源项目制订计划时的人力估计，根据事务预估每个月需要投入多少人。如果你去申请人力资源时，老板承诺你“放心干，咱们有人”，那这个计划执行的成功率就高很多。

硬件项目还要特别关注费用的使用计划，物料要费用、加工要费用、专业实验的温箱预定要费用、产品认证要费用，项目每走一步都有花钱的地方。同样，费用也需要做好计划，预留好费用投入的能力。正所谓兵马未动，粮草先行，如果资源齐备了，你放手干就行了。项目人力和费用预算如图4.5和图4.6所示。

物联网智能电源项目人力预算：32人•月

序号	团队	人力需求预计（单位：人•月）						
		2月	3月	4月	5月	6月	7月	总计
1	单板硬件	1	3	3	3	3	2	15
2	整机结构	1	1	1	1	1	1	6
3	产品软件	1	2	2	2	2	2	11

图4.5　项目人力预算

物联网智能电源项目费用预算：73.4万元

序号	团队	费用需求（单位：万元）						
		2月	3月	4月	5月	6月	7月	总计
1	物料费用	0	2	3	4	2	1	12
2	人力费用	3.6	7.2	7.2	7.2	7.2	6	38.4
3	专业实验	0	0	3	5	5	2	15
4	产品认证	0	0	0	2	3	3	8

图4.6　项目费用预算

4.4 范围管理

范围蔓延从内部到外部都有可能发生。由于开发人员往往出于主动性，会把自己放置在用户的角度思考，会按照自己的想法臆想需求，往往就会出现范围蔓延，无端地增加了很多原本没有讨论过的需求；一些定制项目的硬件开发周期比较长，客户很可能在开发过程中随意地提出一些不合理的需求；有些老板和领导在开发过程中发现了新的价值点或者新的商业机会，也会忍不住提出新需求。

为了避免需求在开发过程中走样，我们需要进行“范围管理”。项目范围的管理也就是对项目应该包括什么和不应该包括什么进行相应的定义和控制。它指用以保证项目能按要求的范围完成所涉及的所有过程，包括确定项目的需求、定义规划项目的范围、范围管理的实施、范围的变更控制管理及范围核实等。项目范围是指产生项目产品所包括的所有工作及产生这些产品的过程。项目干系人必须在项目要产生什么样的产品方面达成共识，也要在如何生产这些产品方面达成一定的共识。

范围管理的目的是在项目开发过程中，避免出现范围蔓延。范围的蔓延，势必影响项目的质量、时间和成本。所以，我们需要制约项目的需求蔓延。制约一个项目需求蔓延，就是确定项目“约束条件”——需求、时间、成本、质量。

在需求一定的前提下，一个项目中这三个条件是相互影响、相互制约的。项目一开始确定的范围小，那么它需要完成的时间以及耗费的成本必然也小，反之亦然。很多项目在开始时都会粗略地确定项目的需求、质量要求、时间以及成本，然而在项目进行到一定阶段之后，往往会变得让人感觉到不知道项目什么时候才能真正结束，要使项目结束到底还需要投入多少人力和物力，整个项目就好像一个无底洞，对项目的最后结束时间没人心里有底。这种情况的出现对于公司的管理者来说是最不希望看到的，然而出现这样的情况并不罕见。造成这样的结果就是没有控制和管理好项目的范围。可见项目的三个约束条件中最主要的还是范围的影响。

1. 范围管理的定义

范围管理是指收集和定义项目的需求，标识项目的交付和验收标准，通过变更控制和验收活动，确保交付满足项目要求。简单地说就是：范围是需求的集合。

2. 范围管理与需求管理的区别

范围管理包含分析范围、定义和明确范围、控制范围、控制范围变更、验收范围。范围管理包含一系列子过程，用以确保项目包含且只包含达到项目成功所必须完成的工作，范围管理主要关注项目内容的定义和控制，即包括什么，不包括什么。

而需求管理是确保各方对需求的一致理解，管理和控制需求的变更，以及需求的跟踪。所以需求开发和管理的目的是通过调查与分析，获取用户需求并定义产品需求，还要确保各方对需求的一致理解，管理和控制需求变更，是需求的双向跟踪。而范围管理的目的是确保项目包含且仅仅包含项目所必须完成的工作。需求管理是对已批准的项目需求进行全生命周期的管理，过程包括定义需求管理、梳理需求管理流程、制订需求管理计划、管理需求和实施建议等，其主要的工作就是需求的变更管理。范围管理过程包括范围计划编制、范围定义、创建工作分解结构、范围确认和范围控制。

3. 需求管理和范围管理之间的联系

首先通过需求开发来获取项目的需求，在此基础上确定项目的范围，进行项目范围管理；其次需求的变更会引起项目范围的变更。

4. 范围蔓延

范围蔓延是指项目在进行期间需求缓慢增加，超出原先的范围框架，造成质量、成本、进度等的失控。例如，未对时间和成本影响进行评估，增加额外的功能和服务。项目要严格控制范围变更，评估范围变更对进度、成本、质量的影响，防止项目失控。在目前快速迭代的时代，如何控制项目的蔓延，就是一个非常重要的课题。

类似小米早期手机软件的开发节奏，需要做到一周一版本的水平，其实是有相当大的难度。这里面需要对需求准确地把握，需要对任务的分配准确地把握，同时，在做的过程中应该杜绝范围蔓延。当然，这个过程中，需要管理者把控好版本节奏，合理地进行版本拆分，需要工程师持续努力和有责任心。硬件很难这样一周一版本地快速迭代，但是这种版本拆分、快速迭代的思维方式在硬件产品研发中是可以借鉴的。

由于认知能力的局限，项目范围在开始的时候有可能不清晰，需要不断细化和完善，在项目的进展过程中渐进明细。随着项目进展，项目信息越来越精确。在很多项目中，客户或者项目相关人在项目初期往往只能提出大概要什么，无法很具体地提出怎么做，那些需求的优先级和工作量也都无法评估。

不管是开发者，还是管理者，都应该有清醒的头脑，在项目开发过程中提醒自己，不要范围蔓延。特别是初创企业或团队，可以做的事情很多，可以讨论和发展的方向也很多，此时更要坚守核心价值的特性开发，不能范围蔓延，要有战略耐性，要耐得住寂寞，“脚踏实地，做挑战自我的长跑者”。

讲一则关于需求蔓延的故事。瓦萨王朝统治时期，瑞典是欧洲的强国之一。为了与劲敌丹麦、波兰对抗，称霸波罗的海，瑞典国王古斯塔夫二世·阿道夫要求建造一批新的战舰，并要求战舰航速要快、火力要强、装饰要华丽，因为这样才足以显示瓦萨王朝的权力、财富和战斗力。1626年初，作为其中最大的战舰，“瓦萨”号在国王的亲自监督下正式开始建造。国王总是有太多要求。在“瓦萨”号建造期间，他不断下令依照他的旨意改变设计和建造要求。在“瓦萨”号的骨架已经安装好的时候，他下令增加战舰的长度。1627年，国王得知了丹麦建成双层炮舰的消息，于是他又决定，为原计划修建单层炮舰的“瓦萨”号增加一个枪械甲板，把它改建成“双层”炮舰。这样一来，“瓦萨”号便拥有了双排共64门舰炮，全长达到了69米，成了当时装备最齐全、武装程度最高的战船。

1628年8月10日，离岸后还没来得及扬帆远航的“瓦萨”号在一阵大风浪过后开始倾斜，接着又慢慢恢复平衡，但随即再一次朝右舷倾斜。岸上的人们都惊得目瞪口呆。“瓦萨”号的下层甲板在慢慢进水，舰体开始晃动下沉。“瓦萨”号就在众目睽睽之下沉没了。

5. 应对范围蔓延的办法

范围蔓延的主要现象是需求的随意增加和变更，很可能导致质量、成本、进度的变化。

第一，当需求变更被提出时，作为工程师应该清晰地评估出其对质量、成本、进度的影响。例如，如果提出增加某一个功能，那么我们需要清楚地评估因为这个功能开发所需要增加的工作量，与其耦合的模块需要增加的工作量及质量风险，增加的物料成本，总体导致的项目开发周期的顺延日期。

第二，需求、计划、成本、质量要求都应该在项目早期基线化。当需求被提出时，我们应该第一时间拿出《需求跟踪表》《项目计划》《成本核算表》等在项目早期已经归档的文档。已经归档的文档是我们讨论的“基线”。对“需求变更提出者”，表达出变更所需要付出的代价。

第三，我们在具体技术和项目的执行上应该做到比老板更专业，也就是说你所提出的变更带来的代价是评估得很准确的。这样在进行需求讨论的时候他才会听取你的意见，不然你的评估直接被挑战。项目最终还是要回归商业价值的收益，也就是说我们要权衡“需求变更”带来的收益和付出，老板和销售往往对商业价值的把控更准确，当我们提出准确的“需求变更的代价”之后，决策者很容易就可以得出“是否变更”的决策。这也是“用数据和事实说话”。

6. 范围控制

控制范围，不是不让改需求，也不是完全抵触需求的增加和变更，而是保证范围的正确变更。对于可能的、合理的范围变更，应积极主动地分析是否存在价值，尽可能地创造条件让高价值的需求变更落地。在范围变更分析的时候，需要重点考虑对项目价值、项目策略、项目质量、项目周期、产品目标成本等的影响。变更之时，还需要考虑项目中需求的冗余、错误之处，新技术引入带来的风险导致的连锁需求变更。

4.5 变更管理

我们在讨论“变更”之前,先搞清楚一个概念——基线。基线是开发的文档、图纸或源码(或其他产出物)的一个稳定版本,它是进一步开发、变更的基础。所以,当基线形成后,项目负责人需要通知相关人员基线已经形成,并且归档,设立版本号。这个过程可被认为是内部的发布,至于对外的正式发布,更是应当从基线化的版本中发布。

在我们开展企业培训和咨询的工作过程中发现,最大的问题是:需求、计划、成本、质量要求,这些没有基线。也就是说没有《需求跟踪表》这样的文档归档,更没有这些文档的评审和版本管理。这种情况下,一旦有人提出“需求变更”,就会乱了阵脚。因为没有基线,所以流程很容易被随意变更。变更管理的手段有:组织、流程、控制、跟踪、存档、基线。变更管理如图4.7所示。

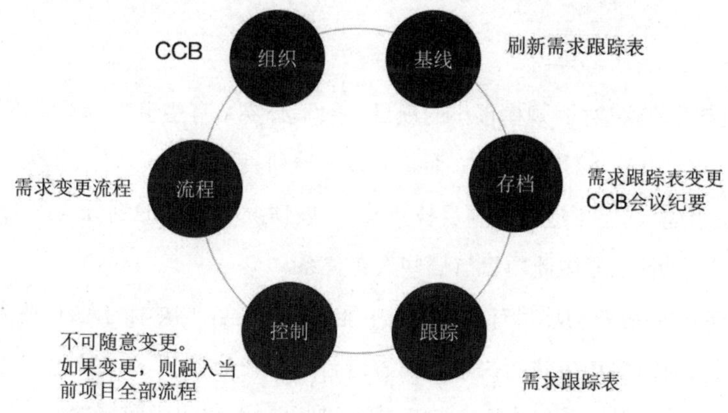

图4.7 变更管理

1. 确立需求变更的责任人

我们通常成立一个组织来确立需求变更的责任人,这个组织叫变更控制委员会(Change Control Board,CCB)。CCB在CMMI(Capability Maturity Model Integration,能力成熟度模型集成)中,是“变更控制委员会”的含义,同时具有配置控制委员会(Configuration Control Board)的含义。CCB可以由一群人组成,负责作出决策:究竟将哪些建议需求变更或新产品特性付诸实践?当组建CCB时,还应当包含来自硬件、软件、硬件工程、系统工程、制造部门或者硬件质量保证和版本管理的代表。

CCB是决策机构,不是作业机构,通常CCB的工作是通过评审手段来决定项目是否变更,但不提出变更方案。

对于初创团队,虽然创始人可能是决策者也是执行者,但是需求变更也应该有制度、有记录、有讨论、有跟踪,而不能随意变更。至少项目负责人需要有一个需求跟踪表进行变更登记,并且变更前需要组织评审。需求变更有“申请、评估、审批、执行、确认”五个步骤,需要以项目相关人组成临时的CCB为主体开展。

2. CCB的组成

CCB应由来自不同领域的项目利益相关者的代表组成，而且有能力在管理上作出承诺。CCB一般由部门管理者、市场代表、项目双方项目经理、开发负责人、测试负责人、QA（质量人员）、配置管理（或资料管理）工程师组成。对于不同类型、不同层次的项目，CCB的成员不尽相同，如高技术型项目会包括技术负责人，系统集成类项目一般会包括系统工程负责人，硬件产品类项目一般会包括硬件负责人，对于重要项目可能会包括项目双方的高层管理者。

有些朋友肯定会问，那么多人肯定都很忙，难道所有的基准建立、变更都要提交CCB审批吗？如果是大的变更还有必要，如果很小的变更还要提交CCB，那不是效率很低吗？这也是很多组织中疑惑的地方。为了应对这种情况，我们一般采用对CCB划分层次的方式，使得不同层次的CCB成员关注不同的变更。

3. CCB的层次

CCB的层次一般都是有必要的（规模很小的项目一般不必要），有些组织对于应该划分几个层次的问题比较疑惑。CCB层次的多少不应该统一，而是应该根据项目实际情况决定（作为组织标准规范，可以对CCB层次划分提出建议，但不应强制项目执行）。一般情况下CCB的划分从以下步骤来考虑。

（1）项目涉及范围分析：先考虑此项目与哪些人有关系。

（2）涉及范围影响分析：分析与项目有关系的人中能影响项目各类决策的人，这些人即是CCB成员。

（3）决策内容分析：对需要CCB进行决策的内容进行分析并分类。

（4）决策匹配分析：将需要决策的内容与CCB成员进行匹配，得出大致层次。

（5）层次匹配分析：上一步中得到的大致层次中会出现很多人员及决策内容的重叠，如项目进度计划的变更，影响较小的变更项目经理就可以决定，影响较大的变更需要部门管理者决定，影响更大的变更甚至需要项目双方高层管理者决定。因此需要对不同层次的决策内容进行分析。

有两种常用的CCB层次类型：

（1）按照配置项类型，如需求相关的变更由1级CCB负责，设计相关的变更由2级CCB负责，代码相关的变更由3级CCB负责。

（2）按照变更影响，拿项目进度计划举例，工期变更超过50%由1级CCB负责，工期变更超过20%、不超过50%由2级CCB负责，工期变更不超过20%由3级CCB负责。

CCB的层次及分别负责的内容应在配置管理策划/计划期间完成，并需经过评审方可作为正式内容指导相关工作。

4. CCB的决策

建立了CCB之后，需要考虑的问题是如何决策。一般来讲，有以下三种方法可以考虑：

(1)多数意见决策:通过投票的方式使所有的成员平等地参与决策过程。优点是充分调动了成员参加会议和提出建议的积极性,缺点是"少数服从多数"难以定义,2/3算多数吗?绝对多数还是相对多数?还有一个严重的问题是这种机制可能产生组织上的斗争(拉帮结派),严重影响项目决策。

(2)权力集中决策:将决策权交给一个人。优点是鼓励了决策中灵活考虑各种意见的优先级,如买方项目经理作为项目最终责任人进行决策;缺点是压抑了其他成员的积极性。

(3)一致意见决策:寻求大多数参加会议的成员的非正式(非投票)统一意见。优点是速度快,而且能让所有人的观点都得到表达和考虑;缺点是如果成员之间不能达成一致,就无法做出决定。因此,应提供一种跳出机制,当无法在合理时间内达成一致时,则由买方项目经理决策(因为是买方投资)。

5. CCB的领导者

与CCB构成同样重要的是谁来担任CCB的领导者。CCB的领导者不是行政领导者而是职责领导者,负责主持会议,确保不偏离会议主题。

CCB的领导者可优先考虑下列人员。

买方项目经理:最终对产品的用户负责、对项目投资。

卖方项目经理:负责技术开发和维护。

配置管理工程师:CM(Configuration Management,配置管理)是他的主要职责,CCB是配置管理的焦点所在。

QA(Quality Assurance,质量保证工程师):作为协调者而非决策者,对任何决策的实施不负任何责任。

6. CCB会议

CCB会议一般在需要对变更、发布等情况做出决策时召开。

对于CCB会议,需要进行会议记录以便为CCB的决策提供可视性。CCB的会议记录还通过记录何时发生了什么事情提供对项目的可跟踪性,会议记录应是准确和具体的,不能存在让人误解的地方。无论采取什么行动,会议记录都应该记录谁是执行者以及行动何时完成等信息,还需包括会议出席和未出席的人员。会议记录不仅要呈给出席会议的人员,还要呈给买方和卖方的高层管理者,以便其对项目进行追踪。

CCB会议记录不是出于形式上的目的,而是为了记录内容清楚和完整。人们经常在结束会议时对会议结果进行推辞或对共同决定的问题持有不同的观点,这种混乱无序的结果是很危险的,会议记录避免了这种情况。

7. 需求变更管理模板

本文档发布之后,要求对本文档内容进行增加、修改或删除等操作,必须经过需求变更评审。

变更申请及审核模板见表4.5。

表4.5 变更申请及审核模板

变更申请	
申请日期	<日期格式:xxxx-xx-xx xx:xx>
申请人	<姓名 部门>
变更内容	<需要对哪些方面作出变更>
变更原因	<变更的理由>
变更影响评估	
评估日期	<日期格式:xxxx-xx-xx xx:xx>
评估人	<姓名 部门 职位>
评估描述	<全面评估对项目造成的影响 进度 人力成本> S级:目前团队无法完成变更事项 A级:影响进度 增加人力成本 B级:影响进度(不可控) 不增加人力成本 C级:影响进度(可控) 不增加人力成本 D级:不影响进度 不增加人力成本
变更审批	
审批人	<姓名 部门 职位>
审批日期	<日期格式:xxxx-xx-xx xx:xx>
审批意见	<评估B级以下> <同意 理由> <不同意 理由>
是否提交CCB	<评估B级以上(包括B级),需提交CCB审批>
CCB审批	
审批意见	<同意 理由 资源分配授权> <不同意 理由>
审批日期	<日期格式:xxxx-xx-xx xx:xx>
审批人	<姓名 部门 职位>

5

第5章

总体设计

5.1 总体设计概述

总体设计即是对全局问题的设计，也就是设计系统总的处理方案，又称概要设计。对于硬件设计来说，总体设计是从相对宏观的角度审视硬件设计的规格、数据流、核心器件的选型、成本能力明确、DFX（Design for X，面向产品生命周期的设计，这里X指产品生命周期中的任一环节）规格明确。通过总体设计，针对复杂产品，如框式硬件产品，硬件架构师会输出产品设计全景图，确保架构设计、系统设计、子系统/部件设计之间的一致性，对于盒式或终端的产品，硬件设计师会明确产品规格要求，分档位定义硬件竞争力，整理出硬件框图。总体设计的目标是保证宏观正确。

总体设计完成后我们会进入详细设计阶段。为了硬件工程师可以目标明确、高效高质地开展详细设计，在总体设计中我们会完成专项电路分析、单板预布局、硬件CBB定义、成本分析、DFX分析等细节设计工作，把硬件设计的困难点提前识别出来，并提前解决重要的、影响大的困难点。

总体设计需要有经验的硬件架构师或设计人员主导，他要具备的核心能力包括产品业务技术把握能力、分析设计和系统工程能力、客户需求理解把握能力、技术冲突协调及决策能力、理解E2E（End to End，端到端）及DFX实施能力、全流程成本分析和设计能力、质量策划和改进能力、项目管理和团队管理能力等。

总体设计方案定的是"方向"，这个环节在硬件项目中必不可少，对硬件项目的成功至关重要。总体设计流程如图5.1所示，总体设计详细工作见表5.1。

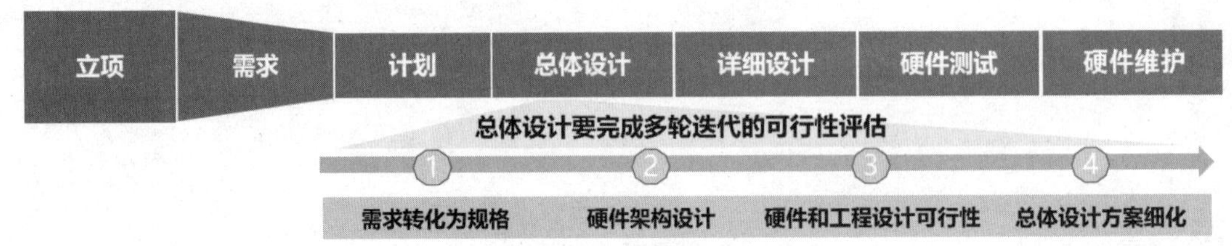

图5.1 总体设计流程

表5.1 总体设计详细工作

编号	项目	硬件总体设计工作详解
1	需求转化为规格	收敛客户需求，"翻译"成产品规格要求
2	硬件架构设计	确定设计原则，进行模块划分，约束硬件设计，形成硬件架构设计
3	硬件和工程设计可行性	评估硬件可行性，通过多轮次迭代固化总体设计方案，进行核心器件选型、数据流分析、器件性能评估、硬件成本管理、工业设计、结构设计、热设计、工艺设计、预布局等工作
4	总体设计方案细化	硬件逻辑框图，并继续通过专题分析、CBB规划、DFX设计等打磨细节

总体设计在确定需求规格、架构设计之后，需要通过多轮迭代的可行性评估，在产品规格需求和

架构约束间找到平衡，总体设计迭代过程如图5.2所示。

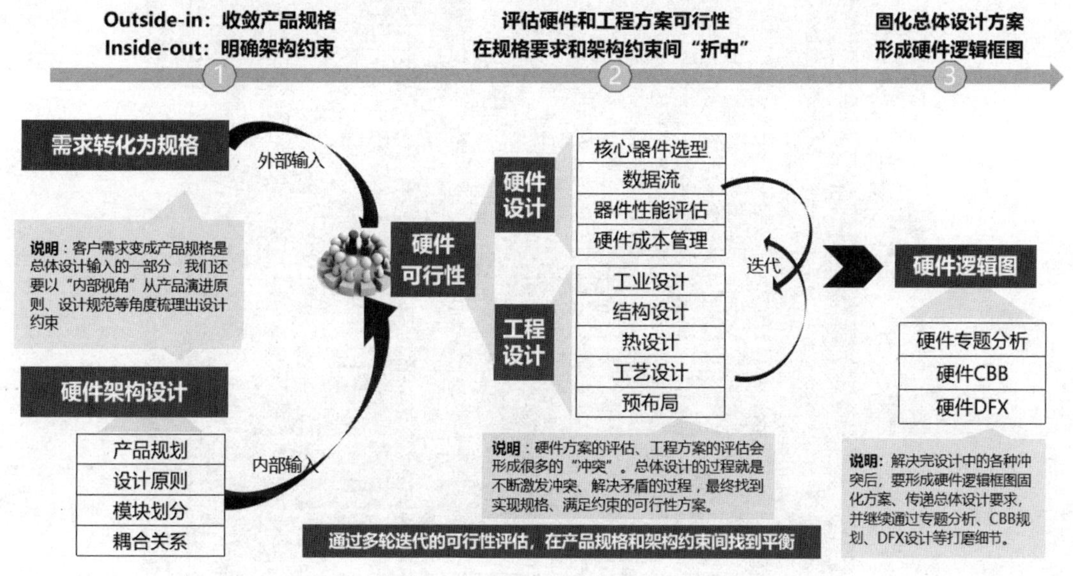

图5.2　总体设计迭代过程

5.2 需求转化为规格

硬件总体设计中首要把产品的业务需求进行转化，变成硬件系统和模块要达成的规格目标，最终形成产品规格全景图。需要确定的硬件规格包括产品的关键业务处理能力要求、处理器要求、业务接口要求、管理接口要求、产品体积大小、电源规格要求、整机规格要求等。

硬件产品形态大致可以分为框式、盒式、终端这三类，如图5.3所示。我们看一下这三类产品形态需求转化到规格中要注意的要点。

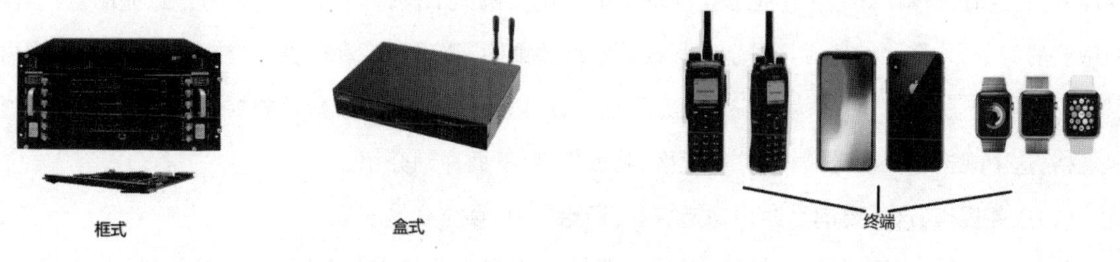

图5.3　硬件产品形态分类

1. 框式产品

图5.4是某框式路由器产品，由机框、单板和电源组成。

图 5.4　框式产品

框式设备的总体方案要看版本和阶段。有些大版本需要重新定义机框，产品机框定义就在总体设计阶段，这时总体设计的工作是繁重而高级的。定义机框工作量大，而且需要考虑产品的迭代升级和持续的竞争力，需要设计者具备全流程视野和战略能力，技术深度和广度，对技术演进的预判能力。因为工作量大，所以繁重；因为对工作能力要求高，所以高级。定义机框，首先要做的第一件事情就是定规格，这个规格包含业务规格、整框规格、单板规格，下面详细介绍。

(1)业务规格，这需要满足客户期望、有市场竞争力、颗粒度最合理。

我记得大学同学刚毕业的时候进入烽火通信公司，负责开拓南美市场，销售光通信。当年烽火号称拥有密集光波分复用(Dense Wavelength Division Multiplexing，DWDM)技术，一根光纤传输1T带宽信号，全光通信，远距离传输。结果同学到了厄瓜多尔，一个国家都用不了一根光纤，在那里主要卖“猫”(调制解调器)。

所以业务规格很重要，并不是越大越好。我们当年做企业网，一开始没有设计专门的设备，于是把运营商设备借用到企业网，实现归一化。用运营商架构做企业通信设备，除了几个大银行能接受这么大规格的设备外，小公司都没有这样的硬件规格需求，并且由于运营商的软件结构，在企业网也显得臃肿。

(2)整框规格，包括电源、功耗、散热、可靠性的规格，要保证整款满足环境应用要求。

当业务确定之后，需要根据整机的使用场景，确定整机的电源输入的特性、整体功耗的需求，以及散热条件。电源需要考虑一次电源转换为二次电源的能力。散热需要考虑风道是否合理、不同槽位的单板散热的差异、风扇失效模型等。整机风道如图5.5所示。

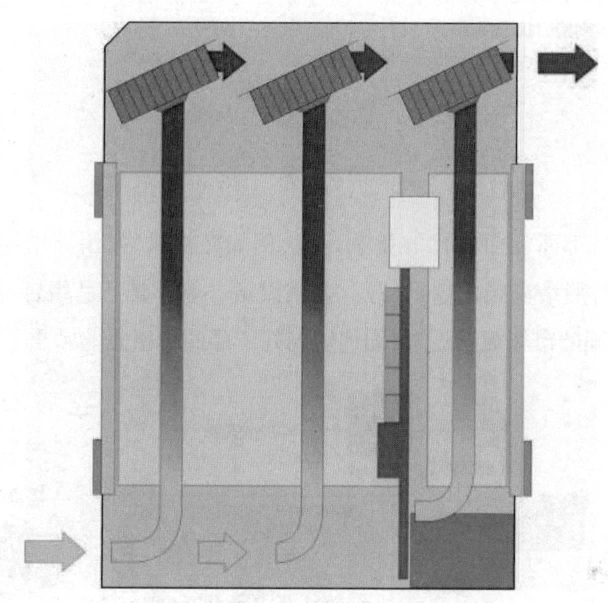

图5.5　整机风道

(3)单板规格，包括单板功能要求、接口规格等。

我们设计某一块单板的时候，实际是由整机的功能拆解下来的。在定义框业务规格时，其实应该考虑到各个单板的功能划分、软硬件接口、功能解耦等问题。同时包括不同的单板数量配置，实现不同的规格和不同应用场景的需求。

以前我做框式设备，客户要求产品一方面需要作为彩信、彩铃、短信的核心网设备，需要大量的信令处理能力；另一方面需要作为呼叫中心、统一通信的设备。所以需要各种语音编解码和信令处理的不同规格的组合，以满足不同的业务场景要求。那么每个电路板规格的颗粒度、性能规格就很重要。框式单板功能和接口如图5.6所示。

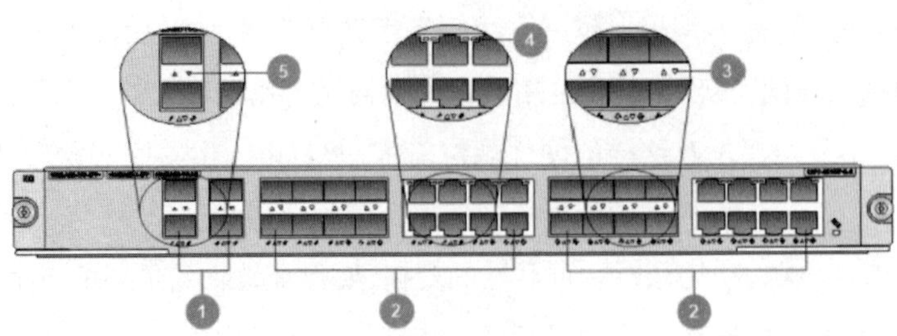

1. 10GBASE-R-SFP+光接口（共4个），支持的光模块为：万兆SFP+模块
2. Combo接口（共16个），其中1000BASE-X-SFP光接口支持的光模块为：千兆SFP模块
3. SFP接口状态指示灯
4. RJ45以太网接口状态指示灯
5. SFP+接口状态指示灯

图5.6　框式单板功能和规格

2. 盒式产品

一般来说，盒式设备都面临白热化的竞争环境，例如交换机、家用路由器、统一通信设备、NVR（Network Video Recorder，网络视频录像机）等。盒式设备一般都是产品组合，如图5.7所示。用不同的产品整机形态应对不同的市场规格需求，如何规划好产品的规格是非常重要的。

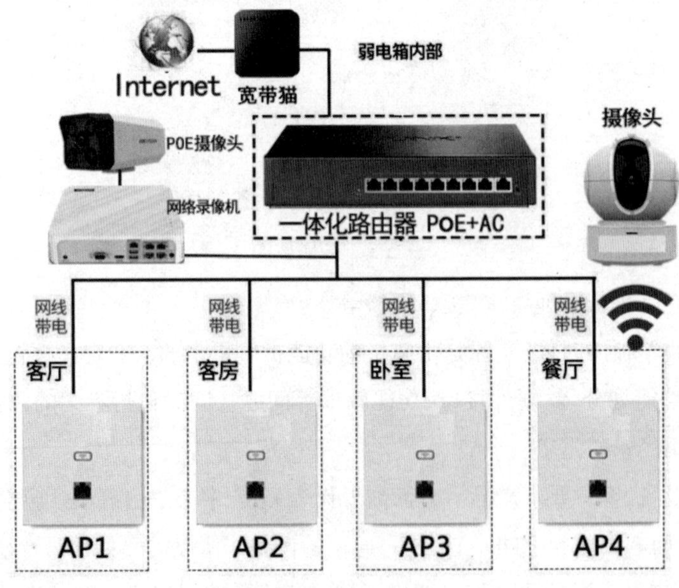

图5.7　盒式产品

所以盒式设备的系统工程师和规划师往往花费大量的精力在产品组合设计上。我们列举部分海康威视的盒式设备——NVR产品的“全家福”，如图5.8所示。

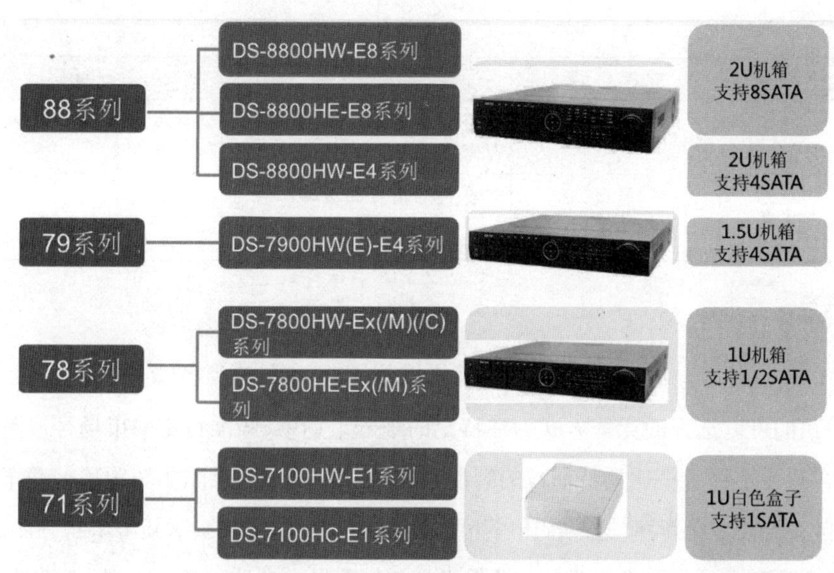

图5.8 NVR产品"全家福"

制定一款盒式规格时，我们看的是一个整机的设备性能要求，包括业务端口要求、管理端口要求、整机需求、认证需求等。以一款框式产品的设计规格要求作为一个示例，见表5.2。

表5.2 某框式产品设计规格要求

序号	规格大项	规格小项	规格关注点	产品设计要求
1	产品规划	预计发货量	2021—2023年销售预测	2021年1万台，2022年3万台，2023年5万台
2		竞争产品	竞争对手产品型号	
3		成本要求	对应竞争对手	成本领先×××公司对应款型15%
5	设备性能	关键性能	具体的关键规格要求	转发性能：支持XGbps
				IPSec性能：XG(512 B)
6		处理器要求	CPU架构，内存容量，Flash容量	CPU：可选ARM/X86
				内存：1 GB DDR3
				Flash容量：NandFlash 1 GB
7	业务端口要求	以太接口	上行接入，下行接入	10个GE电口上行，2个GE光口
9		WiFi接口	WiFi频段，标准，天线要求	2.4 G+5 G双频，支持11ac wave2，外置天线
10	管理接口要求	Console串口	是否需要	需要
11		管理网口	是否需要	不需要
12		开关按键	复位按键开关，电源开关	需要复位开关，需要电源开关
13	整机需求	整机结构	盒体尺寸，安装方式，防护要求	桌面盒式、桌面或壁挂、室内应用

续表

序号	规格大项	规格小项	规格关注点	产品设计要求
14		电源	是否需要AC和DC供电，是否需要适配器供电	需要支持AC和DC供电，需要支持适配器供电
15	认证需求	区域	需要支持销售的区域	亚太，欧洲
16		认证模块	整机认证，电源认证	完成EMC，安规认证要求

3. 终端产品

终端产品的特点是客户需求差异大、产品规格零散、市场竞争路径多样。

在竞争中我们可以选择的竞争方式为在特定的细分市场中，瞄准特定的市场客户需求推出特定的“爆款”，让客户爱不释手。比如特斯拉的智能汽车，先推出最炫、最酷的轿跑型电动车，外形惊艳、推背感强劲、自动驾驶理念新潮，这些特质一下子就抓住了那些年轻的、对新鲜事物有热情的客户，一款爆款就让特斯拉形成了领导者的地位。做手机产品的苹果也是这种竞争方式，每代只出一到两款，但款款都是爆款。

我们也可以选择把产品系列做全，通过丰富的产品组合占领客户的心智，让客户感受到你在这个市场中的品牌价值。选择了这种竞争方式，你就需要做好产品档位划分，以表5.3所示某终端产品档位定义为例，区分旗舰机型、中端机型、低端机型，分别进行规格定义。

表5.3　某终端产品档位定义

序号	档位	规格要求
1	旗舰款型	旗舰款型必须要规格领先，性能全面。因此，在产品规格定义上要求极致外观，有黑科技展示，特别关键规格能力上有“过人之处”，如续航能力、拍照能力
2	中端款型	中端款型要求攻守均衡，也是盈利的主力档位。因此，该款产品定义是要求高颜值，在特定方向高性能，成本要低，支撑产品盈利
3	低端款型	低端款型是海量发货的，最重要的就是性价比，在做规格定义时要“借势”，选择当期的一个热点规格；产品一定要非常便宜，对非必要功能要合理取舍；还要特别强调的是确保基础质量，海量产品口碑很重要

这种拆分档位的规格定义方式，避免了为满足不同细分客户的要求，在一款或几款产品上兼容太多的规格要求，使产品做得很冗余，有了规格竞争力却丧失了成本竞争力，大而全的规格定义对于成本敏感的终端产品是致命的。

5.3 硬件架构设计

什么是架构？架构是“表述了契合一个环境的系统基本元素及元素之间关系构成的结构集，在环境中体现出基本属性，以及设计和演进的原则”。确定了硬件架构，就决定了硬件各个组件和各个模块之间的相互关系、硬件系统的整体规格、硬件的设计原则、硬件系统的可演进性。硬件架构是对硬件设计的约束。

架构是硬件产品的"源头",特别是对于高复杂度的产品,架构就特别重要。比如通信类设备,高复杂度的框式产品,硬件系统中组件和模块很多,客户采购一台设备可能10年都不会更换,只通过增加接口板等方式进行扩容或适配新接口。因此,我们在硬件架构设计的时候要重点考虑到框式产品类管理用的主控板、转发业务用的接口板、框式设备背板、电源模块、系统监控板等不同模块之间的耦合关系;产品的生命周期长,你需要考虑系统容量、背板接口、电源和散热等基础能力能否符合未来8~10年的演进需求,确保硬件架构的持续生命力。

1. 哪些类型的产品需要架构设计?

架构就是系统的顶层结构,架构的本质就是对系统进行有序化的重构以符合业务的发展,并可以快速扩展。因为架构设计往往是一些模块划分、拓扑设计等抽象化的动作。硬件工程师的认知会进入两个极端,一是认为架构设计很玄幻,很高级,高不可攀;二是觉得设计架构就是务虚,架构师都不实在,没有存在的意义。其实做一个好的硬件架构师是不容易的,既要具备宏观的能力,又要有微观的能力,要深刻理解具体技术的关键点,并具备具体项目落地实施能力。

相对独立的简单系统、简单产品,不需要"架构设计",也不需要"架构设计师"这个单独的岗位。比如一个电动玩具,单芯片解决方案,器件选型确定了,确实没有什么架构问题了;有些产品虽然电路很复杂,可产品用一块电路板就能解决问题,往往也不存在架构设计。但是有些硬件项目的复杂度非常高,业务模型复杂、数据流也很复杂,例如电信类设备,就需要比较复杂的架构设计。这类硬件设备就需要有一些人,不仅懂硬件具体的实现,还需要有行业背景,懂业务模型,懂客户需求,懂软件,懂器件的性能规格,懂行业发展趋势,然后才能抽象出具体的项目和规格,设计出好的硬件架构,设计出有竞争力的产品。

因此,复杂的业务模型往往需要专职的架构设计师,而"复杂"的特点如下。

- 产品需求相对复杂;
- 非功能性需求在整个系统中占据重要位置;
- 系统生命周期长,在生命周期里有扩展性需求;
- 系统基于组件或集成的需要;
- 需要重新构造业务流程。

2. 硬件架构师到底做什么?

架构是经过系统性的思考,权衡利弊之后在现有资源约束下做最合理决策形成的。最终明确的系统架构包括子系统、模块、组件,以及它们之间的协作关系和约束规范。架构师想要定义好架构,并组织团队中每个人在思想层面上对架构认识达成一致,涉及以下四个方面。

(1)系统性思考后的决策依据,包括技术选型、设计原则等。

(2)明确的系统骨架,进行子系统之间的拆分。

(3)明确系统协作关系,拆分子系统之间的耦合关系。

(4)澄清约束规范和指导原则。

架构师要具备的能力包括理解业务、全局把控、技术决策、解决核心技术问题等。硬件架构师要特别谨慎,因为软件可以快速迭代,可以先小步快跑后再重构,重构之后快速上线替换原来的老产品。其实很多互联网公司经常这么干,但是硬件就没有重构的机会,硬件一旦重构代价太大,重新开发的周期太长,没法通过迭代的方式开发,新的硬件产品也很难替换已经在使用的老产品。

架构的发展和需求是基于业务的驱动,所以硬件架构设计,也是被业务推动不断发展的。框式设备、盒式设备、终端设备,这三类设备对于架构的诉求是不一样的。比如电信类的复杂框式设备对"架构"的依赖就很大,之所以做成框式设备,就是因为需要有一个复杂的架构适应复杂的业务模型,来解决业务演进的竞争力的问题。框式设备都需要有一个资深的硬件架构师,他主要的工作就是"设计并维护架构"。很多关于硬件架构设计的文章讲得都很笼统、抽象。

我总结硬件架构师(针对框式设备)需要做的具体事情如下。

(1)理解需求和业务模型的情况。

这里首先强调的是需要充分理解业务模型,知道硬件设备承载的软件功能和对应的软件功能所需要的硬件能力。硬件架构设计脱离不了业务需求、脱离不了软件功能。

(2)背板设计,既需要考虑业务数据交换能力,也需要考虑子模块的管理监控能力。

背板设计就是整个框式设备架构设计的核心。有些朋友会质疑,很多机框都是标准的,遵循标准即可,为什么还需要自己考虑定义背板?原因有三:

第一,有些标准的背板定义并没有那么详细,需要自行定义一些接口。

第二,有些标准并不合理,需要各个厂家共同努力去演进。

第三,做硬件的需要有舍我其谁的霸气,需要参与到标准、专利的相关活动中去。

我曾经参与过一个框式设备的背板设计,当时交换协议处于一个群雄逐鹿的状态,通过专项分析,以太网交换、PCIe交换、SRIO交换都已经相对成熟。因此选择合适的SRIO、PCIe和以太网交换芯片作为数据交换的中心节点,需要根据业务模型选择最合适的背板速率、可靠性备份方案、热插拔等。

同时框式设备除了关注业务数据外,还需要分析管理数据的交互,一般这是独立于业务数据通道的低速通道。如何对每个功能子模块进行监控管理、数据同步、启动和关闭等功能,都需要在架构设计的时候进行充分考虑。

(3)模块划分,从产品演进和归一化定义做多少种电路板。

模块的划分和"规格定义"的不同点在于,规格定义是从客户需求视角看单板开发的规格要求,而架构定义是从内部演进和归一化的视角定义电路板的种类,原则就是尽量收编到几个单板/模块上,通过产品组合满足客户需求。

(4)工程问题,所有架构的实现都需要工程能力做支撑。

硬件架构师不能只管设计,不关心实现。所设计出来的硬件架构一定是具备技术可实现性的。框式产品如图5.9所示。

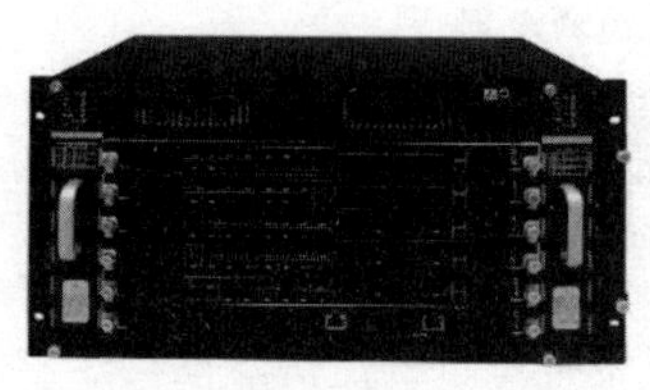

图5.9　框式产品

架构师要和结构工程师一起分析框式设备电路板是选择横插还是竖插。

架构师要和热工程师分析风道设计和风扇的选型,不仅需要考虑正常工作时的散热需求,还需要考虑风扇失效、堵转等场景下的散热可行性方案。

架构师还要和电源工程师一起考虑供电问题,包括框式系统电源的供电框架、电源失效对策、供电安全性对策、电源板带电更换等问题。

(5)数据流的梳理和规格需求分析。

架构师应该绘制出所有主流业务模型的"数据流",以及这些"数据流"的具体需求。

例如,架构师做处理器选型,需要对各个关键部件应做什么工作进行拆解,梳理清楚数据在各个部件之间的流转、缓存、处理的具体需求。ARM、DSP、FPGA、MIPS、X86等各种处理器适合做的工作不一样,数据流梳理清楚了,对器件选型才能有清晰的指导。

再举个例子,我们设计电信设备的接口板,需要考虑数据从对外接口进入,在整个硬件系统里的流向和处理方式,根据产品业务模型和数据通信的带宽要求,通过计算确定FPGA、NP等芯片外挂的DDR的带宽和容量。

当然,除了框式产品的这些关注点之外,盒式产品和终端产品架构师也有很多根据自身的产品类型决定特别需要关注的地方。比如盒式产品,芯片的集成度越来越高,计算能力越来越强,单芯片的散热需求也越来越高,但是客户对于同类型的盒式产品应用环境的规格要求是固定的。因此产品的尺寸大小、功耗要求就是不变的,硬件架构师对于盒子散热能力的演进方向、盒子小型化的技术布局就需要重点去维护。终端产品都是海量发货的,很多终端产品主芯片起到了决定性的作用。因此终端产品的架构师如果能够去影响芯片的定义,按照自己的产品需求去设计芯片,就能极大地提升产品的竞争力。同时,海量盒式产品和大部分终端产品都是成本敏感的,因此盒式和终端产品的架构师对于系统性降成本设计也需要做长期规划,包括架构降成本、引入低成本器件板材、通过软件功能替代硬件方案等，这些架构级的改良需要硬件架构师去规划。

3. 什么是有竞争力的硬件架构？

有竞争力的硬件架构要遵循表5.4中的几条关键的原则

表5.4　硬件架构遵循的原则

序号	原则	详细解读
1	解耦原则	1. 软件和硬件解耦，比如软件升级和硬件形态解耦。 2. 硬件平台和产品解耦，例如一个框式平台既可以用于数据通信产品，也可以用于业务处理产品。例如我们原来的硬件平台既可以作为运营商的增值业务，也可以作为企业的统一通信和呼叫中心。物联网硬件通过烧录不同的软件，既可以作为网关也可以作为终端。 3. 硬件系统和硬件各部件解耦，比如业务组件、数据组件、监控组件等逻辑解耦
2	模块化原则	1. 模块化架构，灵活组装，比如框式产品里业务处理单板、接口扩展单板、风扇模块、电源模块都以组件交付。需要架构设计者能够识别可重用单元。 2. 各模块按需分类，采用乐高式组合，更快适应变化，如框式设备业务处理单板、电源模块后容量能力提升。通过不同单元的各种配置组合实现不同的业务能力。 3. 接口标准化，通用化
3	持续演进原则	架构并非一蹴而就，也需要有效管理，持续发展，适应业务需求变化，保持架构的生命力和竞争力。特别是硬件平台，开发周期长，不能一完成开发就失去竞争力。整机机框需要具备行业发展的前瞻性
4	可供应易制造原则	优秀的硬件架构是有利于制造的，采用模块化设计、归一化设计和标准化制造，有利于海量发货的产品支持自动化生产
5	高效开发原则	硬件架构支持硬件系统拆分成单板、组件、模块并行开发，对于复杂产品，硬件升级可以通过小团队独立交付支持产品满足新的客户需求。不可以是不可实现的硬件架构设计方案

5.4 硬件可行性分析

硬件可行性分析包括硬件方案评估、器件选型和性能评估、预布局、结构设计、热设计等。

5.4.1 硬件方案评估

1. 框式产品硬件可行性分析

(1)机框设计可行性。

架构设计过程中，定义设备机框的工作量非常大，而且需要考虑产品的迭代升级和持续竞争力，需要设计者具备全流程视野和战略能力，以及技术深度和广度，还要有对技术演进的预判能力。因为工作量大，所以架构设计的工作是繁重的；因为对工作能力要求高，所以架构设计的工作是高级的。

(2)单板设计可行性。

对于框式设备单板,我们需要定义单板的面板接口和背板接口。一般来说背板接口是统一的,除了核心交换板之外,其他板的接口定义、结构设计、散热条件应该是统一的,这样单板之间才具备位置互换、混插、替换等特性。这里不仅仅是ATCA架构,其他各种架构应该都有这样的特性。应该有不少朋友用过NI的虚拟仪器,它的PXI机框就具备这种特性。面板接口一般是根据业务需求和功能需求去定义的。

(3)核心功能器件选型。

我们根据业务需求定义我们的核心器件。所以首先需要评估其业务能力,最主要的器件是CPU、DSP、FPGA、内存、FLASH、接口芯片等。

在选型CPU的时候,首先我们需要区分其应用场景,是常规嵌入式应用,还是服务器应用。如果是服务器应用,一般是X86或是服务器级别的多核ARM,如果是嵌入式,一般是ARM、MIPS、早期的PowerPC、现在流行的RISC-V等内核,也包括选择X86。

如果是服务器应用,还需要考虑处理器的规格。处理器选型时一般参考X86的评价标准。SPEC是标准性能评价机构"Standard Performance Evaluation Corporation"的简称。其下面有SPEC CPU、SPEC POWER等很多测试标准工具,版本太老,这里不再进行说明。

SPEC CPU是SPEC开发的用于评测CPU性能的基准程序测试组,是一套CPU子系统测试工具。处理器、内存和编译器都会影响最终的测试结果,而I/O(磁盘)、网络、操作系统和图形子系统对SPEC CPU2000的影响非常小。目前,SPEC CPU是业界首选的CPU评测工具。SPEC CPU包括CINT和CFP两套基准测试程序。

SPECCInt即SPEC CPU Integrate的简写,SPECCFP即SPEC Cpu Float Point的简写。前者用于测量和对比CPU的整数性能,后者用于测量和对比浮点性能。CINT包含十几个测试项目,CFP也包含十几个测试项目。

我曾经测试Intel的新产品的SPEC,发现有很多规格并没有那么理想,如果达到官方宣称的数据,需要打开很多超频功能,也需要软件进行配合。SPEC测试相关缩略语见表5.5。

表5.5 SPEC测试相关缩略语

缩略语	英文全名	中文解释
SPEC	Standard Performance Evaluation Corparation	标准性能评估组织
Speed	Speed	SPEC CPU2000的一种测试方法,针对单一任务考察运行时间
Rate	Rate	SPEC CPU2000的一种测试方法,针对固定时间考察完成任务量
Base	Base	只为所有的场景提供一种优化
Peak	Peak	为一个单独的场景提供所有的优化

SPEC测试需要注意的还有以下几点：

①要注意测试软件的版本，不同的版本可能其算法结构都不同。如果对比不同的处理器，需要选择相同的测试版本才有意义。

②SPEC测试时，CPU基本是100%运行的，所以基本不能进行其他复杂的数据操作或编译操作。

③测试过程时间较长，中间是不允许中断的，除非kill掉和SPEC相关的所有进程，results中的debug文件也只会保留kill进程之前的最后一个测试完成的场景结果。

如果发现最终的SPEC值过低，可以从以下几点中查找结果：

①编译器是否正确，是否符合进行测试的处理器。

②指令集是否为此CPU的最佳指令集。

③内存的配置是否符合要求。

④处理器的实际工作频率是否达到它应有的频率。

⑤温度等外在的环境因素是否导致处理器降频使用。

如果单板不是用作服务器应用，一般的嵌入式应用，通常用MIPS（Million Instructions Per Second）作为指标进行评估。这里说的MIPS不是处理器架构，而是指其原本的含义。MIPS指单字长定点指令平均执行速度，即每秒处理百万条机器语言指令，这是衡量CPU速度的一个指标。例如一个Intel80386计算机每秒可以处理300万到500万个机器语言指令，即我们可以说Intel80386是3到5 MIPS的CPU。处理器架构相同的情况下，MIPS能够比较出处理器之间的性能关系，不同的处理器之间因为指令的功能、数量、效率并不相同，MIPS值仅做对比参考。不同版本的测试软件也会测试出不同的结论，所以对比两款处理器时应该选择相同版本的测试软件。

想准确测试CPU的MIPS或者MFLOPS，一般是设计体系结构时候用CPU模拟器或者verilog前仿真得到。想用C语言比较准确地测试MIPS或者MFLOPS，可以用一个程序读取系统时间，然后执行第二个程序，第二个程序执行完成后再记录执行的时间，然后反汇编第二个程序，统计第二个程序中执行的指令条数，通常第二个程序中执行的指令数是确定的（分支和循环的次数是可确定的）。MIPS和MFLOPS在RISC CPU的评价中比较有价值。

处理器的主频提高与业务能力不是线性的，同样其测试结果也不代表其业务能力。有些处理器的实际性能用简单的评价标准并不能说明其业务能力，需要直接测试其业务能力。直接在demo板上移植业务软件评估其业务能力是最可信赖的一种方式。例如选择多核DSP替代原有的单核DSP电路板时，直接测试多核DSP的G.711转码性能，与原先的单核DSP进行对比，可以测出具体的业务能力。然后根据其业务需求，评估需要在一块单板上安排多少数量。当然还需要评估成本、功耗、散热等维度的挑战。

（4）数据流。

有了核心器件的规格之后，我们需要根据单板的业务模型，绘制出各种业务需求下的数据流向，来明确接口是不是瓶颈，以及在每个终端器件或核心器件的存储空间的需求。以FPGA实现以太网口功能的单板为例，如图5.10所示。

FPGA主要对以太网协议进行解析，根据数据包的内容进行数据分发，将信令分给处理器做处理，将语音或视频的编解码分给DSP进行处理。流量如图5.11中的虚线箭头，此时我们需要考虑语音如何传输、信令如何传输。

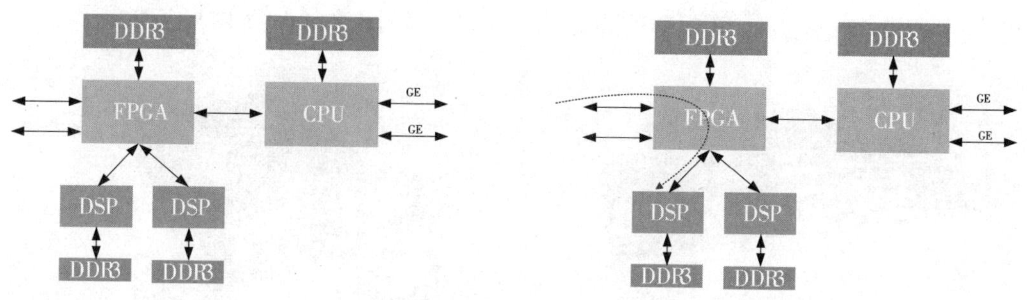

图5.10　FPGA实现以太网功能

图5.11　以太流量模型

同时，需要考虑数据分发时，FPGA需要多少逻辑资源。还需要考虑编解码数据和信令数据的比例关系，根据业务模型选择性能匹配的CPU芯片和DSP芯片。同时根据业务量和数据特性，评估FPGA外挂的DDR的数据带宽需求，以及存储数据深度的需求，进一步评估DDR的速率和容量。同时由于DDR的数据接口的特性，还需要评估其传输效率，还有吞吐数据非连续性时开销与连续地址数据开销的差异。

当然这一系列的计算和评估需要经验积累，同时也需要各个维度的技能。

2. 盒式产品硬件可行性分析

盒式设备在"单板可行性""核心器件选型""数据流分析"等方面与框式设备是相同的。

除此之外，盒式设备需要关注如下几个技术要点。

第一，盒式设备一般采用底板加扣板的形式来丰富其接口和配置，合理地设计扣板搭配以及扣板和底板的面板接口是至关重要的。当然也需要对业务模型、客户需求充分理解。如何用更少的硬件覆盖更多的客户场景是重要的设计技巧。如图5.12所示，为思科的Cisco 3900集成多业务路由器。

图5.12　集成多业务路由器

集成多业务路由器均提供嵌入式硬件加密加速、支持语音和视频的数字信号处理器(DSP)插槽、可选防火墙、入侵预防、呼叫处理、语音信箱以及应用程序服务。此外，这些平台还支持业界最广泛的有线和无线连接选项，如 T1/E1、T3/E3、xDSL、铜缆和光纤 GE。

此款设备具有显著增强的模块化功能。思科集成多业务路由器产品系列中的其他路由器可轻松支持 Cisco 3900 系列上使用的模块，以提供最大的投资保护。利用网络上的通用接口卡可以显著降低库存需求、降低大型网络的推广难度、降低各种规模分支机构的配置复杂性。支持的板卡非常丰富，不同板卡的接口也不相同。通过各种搭配，可以实现不同的业务需求，如图 5.13 所示。

图 5.13　集成多业务路由器支持的各种板卡

第二，盒式设备一般没有风扇，如何实现自然散热很重要。很多盒式设备的散热一般是自然散热，其热仿真需要充分考虑在没有风道的情况下壳体的最高热容忍度，特别是一些大功率设备。盒式产品的规格参数如表 5.6 所示

表 5.6　盒式产品规格参数

序号	设备形态	应用环境	尺寸(单位:mm)			体积(单位:L)	二次电源热耗
			长	宽	高		
1	自然散热盒式设备	-10 ℃~45 ℃	200	200	35	1.4	48.2 W
2	智能插座设备	-10 ℃~45 ℃	108	108	108	1.26	60.3 W

有时在没有热仿真的情况下，我们需要知道单位体积下自然散热的能力上限，可以通过与现有设备类比得到结论。有条件当然需要进行细致的热仿真，以确保散热能力。有的盒式设备通过芯片贴壳进行散热，特别是一些金属外壳的设备。

3. 终端产品硬件可行性分析

终端设备种类五花八门，手机、摄像头、无人机、机器人、对讲机、智能穿戴都是典型的终端设备。而每一种类型的终端设备都有自己的特点，比如手机的散热除了考虑对内部器件可靠性的影响外，还要充分考虑客户舒适度和散热系统的低成本；穿戴式设备需要考虑人体对无线辐射的接受度，必须满足特定的法规要求。因此，终端产品的可行性分析必须要结合特定产品的应用特点，不能以偏概全。由于终端设备的种类太丰富，且种类之间的差异比较大，本书难以系统地概述，不进一步展开说明。

5.4.2 器件选型和性能评估

硬件可行性评估中器件选型是关键一步，前面提到器件选型除了核心器件以外，还有一些关键器件也是我们在选型工作中需要重点关注的。研发一个新项目的时候，不可避免地会使用自己没有使用过的核心器件，甚至是整个公司都没有使用过的。我们需要对新器件进行应用分析，输出应用分析报告，并召集大家进行评审，再确定是否引入该器件。

由于器件选型是硬件总体设计中的关键一步，选择新器件时风险也比较大，因此在一些大公司里需要通过Sourcing流程保障引入合适的器件，通过器件选型规范帮助工程师正确地使用器件。下面就讨论一下Sourcing流程和器件选型规范。

1. 通过Sourcing流程引入正确的器件

大公司里有Sourcing流程来支撑核心器件的采购，什么是Sourcing？Sourcing和Purchasing都可翻译成“采购”，中文的意思好像没有多大差别，Sourcing的词根是Source，即根源。所以简单地理解，Sourcing就是找到“根源”，即找到合适的供应商。在新产品开发中，Product Sourcing就是为新产品找合适的供应商。而Purchasing是采购执行，Purchasing更侧重于订单处理(PO Transaction)，即询价、下订单、跟踪订单、催单、收货、付款等。 相对而言，Sourcing属于“一次性行为”，一旦选定合适的供应商并促成合作走上正轨，Sourcing的任务就基本完成。但如果Sourcing选定的供应商表现不佳，比如规格不满足要求、价格无法协商一致、交货能力提不上来，那么Sourcing工作必须再度涉入，寻找新的供应商。从上面的分工能看出，Sourcing聚焦于“采购选择”，而Purchasing侧重于“采购执行”。

在工作中，大公司里Sourcing的过程是工程师、采购、合规工程师等协同完成的，而在中小公司里，没有Sourcing这个流程化的动作，选择新器件时，对新厂家、新器件款型的考察、认证没有大公司那么细致、深入、全面。在大公司里，如果能参与Sourcing的话，是幸运的，也是不幸的。幸运在于，你可以不断地尝试新东西，而不只是走前辈已经开发过的老路；不幸在于，你要跟各个方面不停地角力，在各种角度的争论中寻找平衡点。如图5.14所示，可以看到在大公司里有多少人会涉及Sourcing流程。

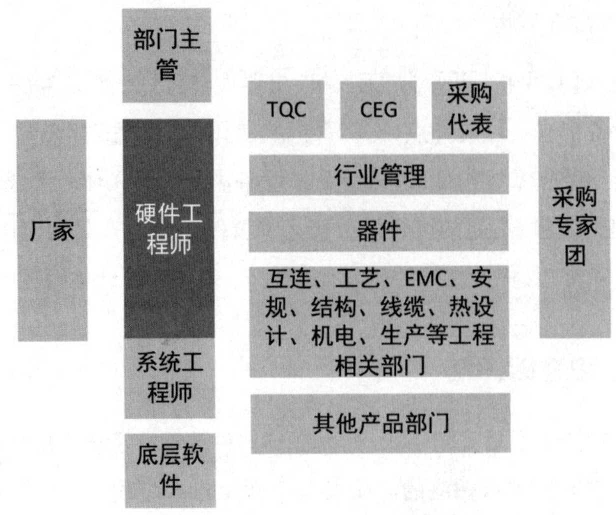

图5.14　大公司Sourcing涉及的部门和领域

我曾在原公司里承担Sourcing工作，负责过AMD的Athlon64 3400、Intel的Core i7第二代、LE620（Arrandale）和配套的VID电源，以及Freescale的P4080、P3041，还有NXP、TI、Intersil等的一些电源芯片、接口芯片的器件Sourcing流程。因为做Sourcing，一路过来我对产品的规格定义、技术方案理解更多了，在和Sourcing team里其他专业同事的协作过程中，不断学习跳出技术思维，从供应商合作策略、成本议价等视角选择器件。

我总结Sourcing的运作模型有4个，见表5.7。

表5.7　Sourcing的运作模型

序号	档位	规格要求	影响力评价
1	基本型	器件规划部门和采购主导；硬件研发影响很小	基本型 硬件研发 10 8 6 4 2 0 软件 厂家 工程部门 器件可靠性部门 行业管理 采购部门

续表

序号	档位	规格要求	影响力评价
2	通用型	器件规划部门主导；硬件研发影响很小	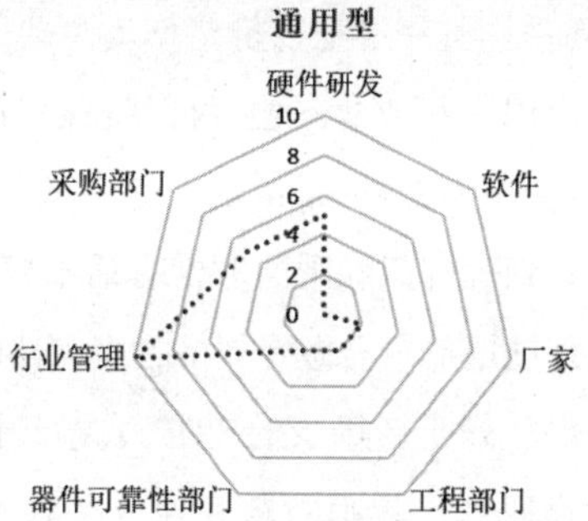 通用型 硬件研发 软件 厂家 工程部门 器件可靠性部门 行业管理 采购部门 0 2 4 6 8 10
3	专用型	硬件研发主导；器件规划部门和采购统筹	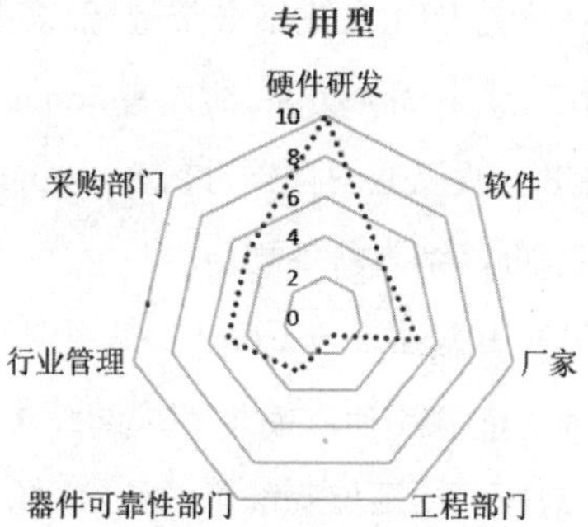 专用型 硬件研发 软件 厂家 工程部门 器件可靠性部门 行业管理 采购部门 0 2 4 6 8 10
4	垄断型	供应商主导；研发、器件规划部门、采购抱团寻找方案级替代，培育潜在第二梯队供应商	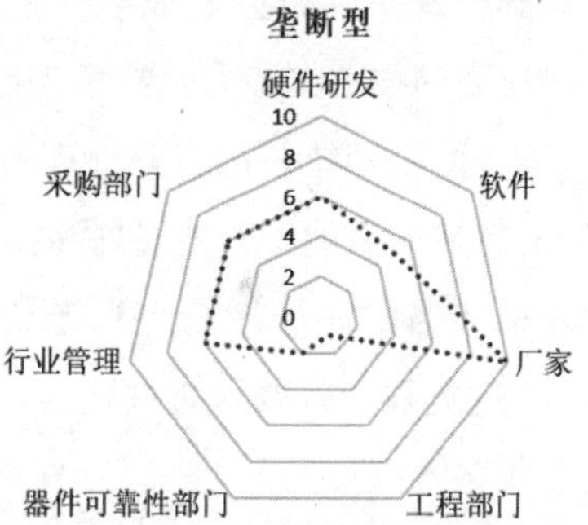 垄断型 硬件研发 软件 厂家 工程部门 器件可靠性部门 行业管理 采购部门 0 2 4 6 8 10

(1)基本型器件Sourcing。“基本型”涉及的器件包括通用电容、电阻、电感、连接器、线缆、磁珠、三极管、二极管等，厂家之间的差异不明显，选择哪几家基本由采购部门决定。如果有革命性的跨代替代产品，会由行管提交规划和申请，比如MOSFET行管每年会做规划。曾经我们在选型更低Rds(on)的MOSFET的时候，公司已经有了英飞凌的型号，但是价格比较昂贵。NXP公司有规格几乎相同的类似产品，价格也比英飞凌有优势。但是其封装与英飞凌的型号略有差别，由于封装并不是完全相同，所以一开始采购部门不同意引入NXP的这个型号，因为会增加一个器件编码。但是我们通过足够样本数量的验证，并且由器件部门、生产部门共同参与，论证出虽然封装外形不一样，但是在规格、生产、工艺、PCB封装库等环节都一模一样，可以将NXP和英飞凌的器件归属到同一个编码下。后来也成功引入，并且大规模使用。这个器件引入的工作可以说非常成功，在同一个编码引入了不同封装的芯

片，但是可以实现无差别使用，为公司节约了大量的成本。

作为研发工程师，在这种类型器件选型上的作用微乎其微，在完全可以替代的场景下，质量同样稳定的前提下，一定是以价格作为主要的考虑因素。但是如果在工程师使用过程中，发现器件和系统配合时出现一些致命问题，可以将该器件禁用。

（2）通用型器件Sourcing。"通用型"涉及的器件就是电源控制器、FPGA、DDR、Flash芯片等，公司的器件规划管理部门和采购非常有话语权。器件由多家供货，器件在各产品中应用方式相似、规格一致，器件管理规划部门会做好规格收集和档位区分，按照行业发展路标进行芯片导入规划。另外，有些器件规格正好能满足新场景的要求，成本又特别低，但是不在路标之中，研发就可以发起Sourcing。

我做研发工程师时曾经导入一款Altera的FPGA，不在产品的路标里，原因就是我们需要的规格是FPGA支持DDR3，成本非常敏感，需要多个SGMII接口。当时正值Arria系列刚刚推出，对于市场定位很精准，成本优势明显，所以Sourcing走得非常顺利，负责器件规划的同事也把这款FPGA刷新到规划列表里。所以通用型器件的Sourcing是以公司的规划为主体，质量和成本是重要考量点，研发因新技术需求可以纳入新规划。

（3）专用型器件Sourcing。"专用型"涉及的器件主要是一些处理器、控制器、协议类芯片等。此类芯片Sourcing要求研发给出详细的技术分析。对于引入的厂家和器件要满足以下3个要求。

①器件市场定位要准确，符合市场和技术发展方向，在关键规格上有竞争力。

②基础质量一定要过关，成本不能过高。

③供应商的技术支持力度要好，响应节奏要快，供应要能满足要求。

此类器件，公司统一的行业管理的影响力较弱，主要原因是专用器件在各个产品的专用属性太强，行管对特定产品的中长期规划和技术诉求不了解，导致其把控能力较弱。对于这类器件的引入，产品本身的规格竞争力十分重要，产品内部有专人去跟踪厂家路标，并针对不同供应商做竞争分析。提醒一下，这类器件以嵌入式系统的CPU为主，因此在器件选型的时候务必考虑OS的继承性、软件的归一化等技术要素。

（4）垄断型器件Sourcing。这类芯片厂家都属于行业垄断玩家，比如高通、博通、英特尔等。这些芯片大鳄的产品规格种类全，产品性能领先，供应周期短，有很强的不可替代性，你很难选择其他厂家，因为差距实在太大了。以前打电话给某个芯片大厂咨询选型问题，对方很傲慢地问："你是哪个产品线的？哦哦哦，那我们不支持，你们的量太小。"为了对抗这些垄断级的供应商，公司会制定方案级备份策略。例如，一个产品系列同时用两个厂家的芯片进行设计开发，如果大厂在价格、供应上卡脖子，Plan B就转正。还可以去培养现在技术能力较弱的供应商，那时候我们会留一两款产品专门帮助ARM进军高端服务器领域，器件规划管理部门和采购部门也认为"这样世界才有意思啊，要不然X86处于垄断地位，没法进行商务谈判"。总之，这种供应商主导的器件类型，研发、行管、采购必须联合起来寻找方案级替代，培育Plan B供应商。

分析不同类型器件Sourcing的策略，我们可以归纳出Sourcing的作用和价值。

①Sourcing本质是通过团队协作和制约，找到最合适的供应商，获取最合适的配件产品。Sourcing不仅仅是单纯的采购行为，更是一个技术决策和战略选择行为，决定自己产品的技术方向，选择和谁同路。

②Sourcing流程和项目启动和关闭是同步的，从项目开始就要充分考虑器件的商务策略、生命周期、可靠性等因素，在验证过程中要关注质量，在量产前要关注供应能力提拉，Sourcing流程贯穿项目始终。

③对于不同类型的器件我们的关注重点是不一样的，通用器件更多关注基础质量、成本、供应能力等；对于专业器件要关注技术竞争力、软件兼容性、性价比、厂家支持能力等；对于“不得不用”的核心器件，要准备Plan B，避免被卡脖子。

2. 通过器件选型规范正确地使用器件

为了避免选型过程中犯过的错误再犯，我们结合理论分析、实践数据、成功经验、失败教训等整理出器件选型规范，为工程师正确地选择器件保驾护航。例如《器件选型的降额规范》这类规范，它是基于大量试验数据、实际案例总结出来的，能实实在在帮助我们选好器件。

例如，使用铝电解电容时，规范里建议选用铝电解电容时需要考虑稳态的工作电压低于额定耐压90%；钽电容，稳态的降额要求在50%；而陶瓷电容，稳态的降额要求在85%。这些数据考虑了一些器件的模式、最恶劣环境（高温、低温、最大功耗）、稳态功率和瞬态功率差异等因素。

我总结一下规范中都会强调的一些需要考虑的要素。

(1)器件可供应性。大量发货产品选择器件最重要的就是要能持续稳定供应。因此要慎选生命周期处于衰落期的器件，禁选停产的器件。我刚做单板设计时，在设计一个电路时就是拷贝别人的电路，结果加工的时候发现由于器件停产了，从原厂那里采购不到了，只能在电子市场买翻新的器件。

对于关键的、用量大的器件，至少有两个供应商的型号可以互相替代，有的还要考虑电路级、方案级的替代。这点很重要，如果是一个供应商独家供货的产品，就需要集体评估风险，决策是否可用。

(2)器件可生产性。器件的选择要方便生产，减少生产工序和加工复杂度。比如尽量选择表贴器件，只做一次回流焊就完成焊接，不需要进行波峰焊。部分插件器件不可避免地选用的话，需要考虑能否采用通孔回流焊的工艺完成焊接等，这些选型要求都能帮助减少加工工序和生产成本。

(3)器件可靠性。硬件可靠性最考验工程师的能力，涉及的方面也很多，从散热、防静电、安全、失效率等方面来讨论一下器件可靠性要求。器件可靠性要求见表5.8。

表5.8　器件可靠性要求

可靠性要点	举例说明
散热	功率器件优先选用Rja热阻小、Tj结温更大的封装型号；处理器选型时，在性能满足的情况下，尽量选择功耗更小的器件

续表

可靠性要点	举例说明
ESD	以太端网的防护规格要达到6 kV以上；对于特殊的器件，如部分敏感的射频器件，要在电路上增加防静电措施
安全	使用的材料要求满足防静电、阻燃、防锈蚀、抗氧化及安规等要求。
失效率	避免失效率高的器件，例如表贴的拨码开关；尽量不要选择裸Die的器件，容易开裂；大封装的陶瓷电容尽量不要选择，失效率高
失效模式	需要考虑一些器件的失效模式是开路还是短路，失效后会造成什么后果，例如，钽电容要慎选，失效模式就是一个重要原因

(4)器件环保要求。很多公司的产品除了国内发货外，还要海外发货。发往欧洲的产品，环保要求比较严格。例如，产品设计要满足欧盟法规要求的“无铅化”。

(5)器件归一化。公司已经选用了这个器件，并且在大量出货，有时虽然这个器件放在新产品上可能不是最适合的，但我们仍然会选择这个器件。因为既可以通过归一让采购谈价时有更大的量去议价，还可以让使用更加放心，因为这个器件已经经过了大批量的验证。

以上列举了这么多要素，但如果成本足够有竞争力，在以上各要素里没有致命问题的情况下，你就牢牢盯紧成本这个要素。

推荐大家通过规范帮助我们更准确高效地使用器件，但是工程师也不能盲目信任规范，在讨论技术问题时最担心听到大家说“规范就是这样写的”，你参考的规范不一定正确。原因是，首先规范不一定适合你实际的设计场景，你需要低成本设计，但是规范强调的是高质量，就不一定适用。其次，有些技术领域发展太快了，你参考老的规范，可能很多设计都是冗余的。所以，规范确实能提高设计的准确率，但是硬件工程师的深度思考不能被规范约束，硬件工程师要能跳出“参考电路”、跳出“规范”，从原理上思考器件选型、硬件问题、设计方案。

5.4.3 预布局、结构设计、热设计

1. 预布局

在总体阶段的时候，我们应该就器件选型、预布局、热设计、结构设计的可行性进行评估，输出的核心器件选型结论、预布局结论应该是满足总体的热设计和结构设计要求的。

根据初步方案，输出预布局原理图，要求原理图至少包含主要器件、电源、热敏感器件和接插件。硬件工程师要规划好单板、器件功能和信号流向。

PCB预布局是热设计的重要入口条件。开展热设计仿真，硬件工程师需要给热设计工程师提供单板布局和器件热耗(功耗)表、各器件散热参数。数字器件要注意提供尽量准确的功耗数据，特别是DDR/FPGA等器件要根据使用场景进行计算。

预布局除了完成关键器件的摆放，评估PCB的可行性外，还需要确定电路板的层数和层叠结构。

按照这些总线的要求，下一步要设计层叠结构以及计算各类总线要求的阻抗和传输线的物理尺寸。图5.15是项目设计的层叠结构。

Layer	Info	Thickness
TOP	====================================	0.5+Plating Oz
	PP IT180A 1080H	3.347 (mil)
L2	====================================	1 Oz
	Core IT180A 0.076mm	2.992 (mil)
L3	====================================	0.5 Oz
	PP IT180A 2116*1	4.2 (mil)
	Core(Exclude copper) IT180A 0.8mm	31.496 (mil)
	PP IT180A 2116*1	4.2 (mil)
L4	====================================	0.5 Oz
	Core IT180A 0.076mm	2.992(mil)
L5	====================================	1 Oz
	PP IT180A 1080H	3.347(mil)
BOT	====================================	0.5+Plating Oz

Finished:	62(+6.2/-6.2) mil	1.57 (+0.16/-0.16 mm
Designed:	57.3mil	1.455 mm
Material:	IT180A	IT180A

图5.15 层叠结构

从层叠结构上可以看到，本设计需要使用6层板，6层板可以有Top层、L3或者L4和BOT层3个信号层；也可以有Top层、L3、L4和BOT层4个信号层。具体需要使用几层，根据实际情况来确定，本设计就使用了4个信号层。PCB板的厚度为1.57 mm，使用的材料是IT-180A，其中使用了4张PP和3张Core。

根据层叠结构计算传输线的阻抗，由于有4个布线层，层叠又是对称结构设计的，所以只要计算TOP和L3层的阻抗即可，其他两层都是一样的。本设计中的高速总线类型比较多，既有单端的布线，也有差分布线，既有单端40 ohm的DDR4布线，也有单端DDR4的50 ohm布线，既有差分80 ohm的布线，也有差分90 ohm和100 ohm的布线。结合TOP层和L3层一起，所有的阻抗要求以及布线结构如图5.16所示：

Ctrl	Ref	Imp_type	Cust_req	Imp_req
L1	L2	Single-Ended	7	40+/-10%
L1	L2	Single-Ended	6	50+/-10%
L1	L2	Differential	4.1/7.8	100+/-10%
L1	L2	Differential	4.3/4.5	90+/-10%
L1	L2	Differential	4.8/5.1	80+/-10%
L3	L2/L5	Single-Ended	7	40+/-10%
L3	L2/L5	Single-Ended	5	50+/-10%
L3	L2/L5	Differential	4.1/10.5	100+/-10%
L3	L2/L5	Differential	4.3/5.8	90+/-10%
L3	L2/L5	Differential	5.1/4.5	80+/-10%
L4	L2/L5	Single-Ended	5	50+/-10%
L4	L2/L5	Differential	4.1/10.5	100+/-10%
L4	L2/L5	Differential	4.3/5.8	90+/-10%
L4	L2/L5	Single-Ended	7	40+/-10%
L6	L5	Single-Ended	6	50+/-10%
L6	L5	Differential	4.3/4.5	90+/-10%
L6	L5	Differential	5.1/7.8	100+/-10%

图5.16 各层布线阻抗计算结果

从计算结果可以看到，看似非常简单的一个高速产品设计，其阻抗就有十几组设计。在实际的应用中，要仔细区分。

2. 结构设计

结构设计需要包含以下内容。

(1)PCB外形轮廓尺寸。包括结构所需的倒角、凸凹槽、内部开窗等信息。

(2)PCB板厚度。常用的厚度有1 mm、1.6 mm、2 mm、2.4 mm规格。

单独列出来是因为厚度是直接参与到结构设计的叠加累计尺寸当中，需要重视。

(3)外部接口器件的位置和外形(LED的位置；网口、串口；光口；电源开关；电源插座；复位按键；背板连接器；导套、导销；USB)。

外形一般在3D设计的时候，就会把接口零件模型组装到PCB，一起投影到DXF文档，同时提供定位参考点。

(4)PCB安装孔的位置、孔径及其禁布区要求。选用什么型号的螺丝，提供相应孔径的尺寸，提供螺帽禁布区尺寸，并提供文字说明。所选焊接器件的料号、位置和放置面。

其他需要焊接到PCB上的与结构相关器件的规格型号、位置信息、禁布信息、放置到PCB哪一面等信息，例如焊接螺母、螺柱，较大尺寸的电源砖，较大尺寸的芯片，需要散热的芯片等。

(5)PCB的TOP和BOTTOM面对器件高度的限制要求。由于PCBA需要与结构件装配，所以需要提供允许摆放电子元件的高度要求，需考虑间隙裕量。

(6)光纤半径和路径要求。光纤有弯曲半径要求，所以盘纤的方式、盘纤的路径和路径的宽度都要提前规划好，这些信息与PCB相互影响。

(7)直接安装到PCB表面的零件。有些金属结构件直接安装到PCB表面，表面一般禁布线，并且金属外围轮廓需增大，留足裕量，避免因零件制造装配公差引起短路。

有些塑胶零件安装到PCB表面，表面一般禁布元件，禁布区外围留足裕量。

(8)插板式PCB标示出插槽限高或禁布区域及行程要求。有一种插板式PCB，两侧边直接与导轨插槽滑动装配，注意两边禁布区要求，以及注意模拟行程当中其他结构件发生撞击干涉的空间，明确限高或禁布要求。有一种PCB装配方式带滑动行程，注意模拟装配行程当中与结构件发生撞击干涉的长度和面积，明确限高或禁布要求。

(9)焊接器件引脚长度要求。

(10)连接器的PIN序列信息。

(11)散热器安装位置、高度、禁布区要求。

(12)特殊器件的安装要求，例如摄像头、陀螺仪传感器、ToF等器件可能需要有安装位置的特定要求。图5.17是一块电路板在总体设计过程中考虑结构干涉、电路板安装、天线安装的示意图。

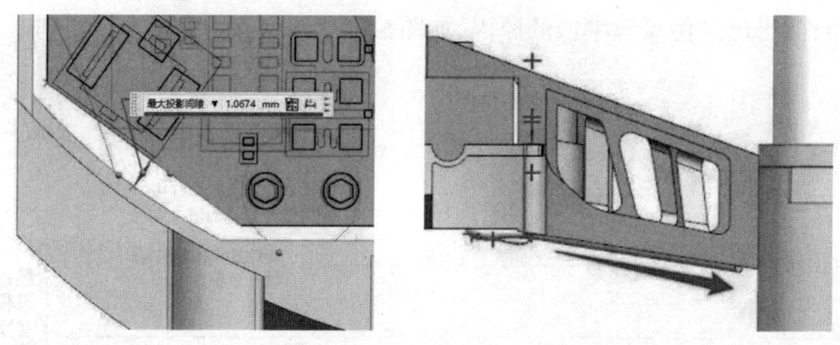

图 5.17　电路板安装示意图

3. 热设计

即使是大公司，专门搞热仿真/热设计的从业人员也比较少，只有热设计工程师才可以使用仿真软件。所以热设计工程师一度是稀缺资源，硬件工程师也只能依赖热设计工程师进行仿真。而很多公司热仿真的工作是结构工程师完成的，也有些技术高超的硬件工程师自己建模仿真。这个取决于个人的技术宽度、公司的分工要求、产品复杂度、必要性等。不管是什么工程师来做这个工作，如果反复地仿真又没有好的结论，都是资源浪费，自然就会有热设计工程师拒绝反复仿真各种情况的案例。

我们在硬件设计过程中，由于芯片的性能越来越高，接口的速率越来越高，各种芯片的热耗也随之增大，所以热设计的挑战也越来越大。特别是产品竞争进入白热化之后，在有限的机框里面达到散热极限是很容易出现的。

热仿真的特点如下：

(1)器件功耗大，散热风险大。

(2)热设计仿真结果经常超过结温，或者不满足降额。

(3)有些给出的器件功耗值缺乏理论依据，不准确，导致过设计或散热风险。

(4)热仿真的过程需要多次反复，一次仿真的周期大约3天，效率低下。

有时候硬件工程师按照项目经验经多次调整，才能满足热设计的要求，而且不断地改热设计的输入条件，导致效率很低。

预布局、结构设计、热设计的关系和流程如图5.18所示。

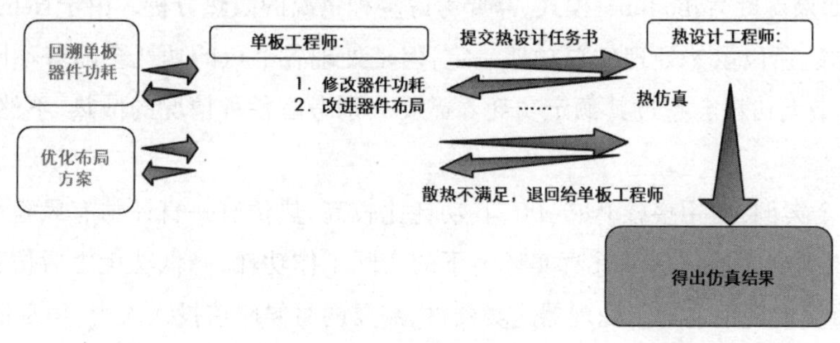

图 5.18　预布局、结构设计和热设计的关系和流程

分析上面的流程，得出热仿真效率低的原因，如图5.19所示。

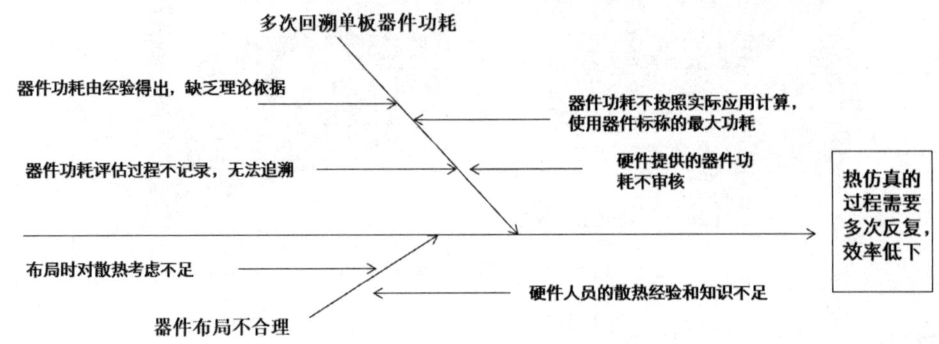

图5.19　热仿真效率低的原因分析

对于风险器件，我们需要做到两点：

（1）准确地给出器件实际功耗。

（2）考虑走线的前提下最优化的散热布局。

关于器件功耗评估，对于没有散热风险的器件，我们评估功耗的时候可以很粗略地给一个标称最大值。但是当这样简单操作给出一个最大值之后不能通过热仿真的时候，需要我们去调整这个值，评估出最准确的值。

例如，DDR3控制器支持高刷新率，则其结温可达到95 ℃，如果不支持高刷新率，则最高结温定为85 ℃。必要时，硬件实现提高刷新频率功能，则DDR3温度规格放宽为95 ℃。其他器件如果有硬件指标跟温度相关，一样要根据实际需求和实际场景去评估其温度上限要求。

对于散热风险较小的仿真模型，可以建立简单的电源模型，按照经验值输入。对于设计风险较大的单板，需要建立电源详细模型，硬件人员需要提前评估功耗，提供给热设计人员。特别是MOSFET，有时候为了简化模型，直接布放一个热源，进行仿真。但是由于功耗大，所以我们要根据MOSFET的实际使用情况，利用功耗计算公式，计算出其实际的功耗，然后再确定其功耗参数。同时，需要通过覆铜、亮铜等措施改善其散热，而不是简单地降规格妥协，或者换更贵更好的器件，这样要么影响产品竞争力，要么提升了成本。

CPU的功耗要根据其是否降频工作、超频工作的实际工作负载情况进行评估，不能拿最大功耗一刀切。X86处理如果支持Turbo Burst模式，需要考虑多种情况的散热分析。由于Nehalem架构处理支持Turbo Burst模式，所以虽然处理的总功耗一定，但是处理各个点的功耗会随着不同的Turbo模式，导致各个Core的最大功耗会超过其额定功耗。需要分别考虑各种情况的散热，不然超频的时候，单点功耗会比较高。

我们曾经有个案例，使用多核PowerPC，其功耗比较高，热仿真一直评估有风险。但是我们根据实际业务场景，重新合理地评估了其真实环境下的实际工作功耗，降低功耗之后仿真通过。后来实测，也不会出现过温的现象。对于处理器这类器件，需要的时候应该投入人力，用demo板对实际工作环境进行实测，提前做热测试，保障功耗评估准确。同样的，DDR也需要根据其实际工作速率评估其功耗，特别是FPGA的外挂DDR，有时没有想象中那么大功耗。

FPGA的功耗，一般厂家会提供评估工具。这时，一定要根据实际FPGA的资源占有情况进行评估，不要按照100%进行评估。评估值实在偏高，也可以用demo板实测功耗。

分享几条关于热设计的PCB布局、结构设计、生产工艺的经验。

(1)共用散热器，需要考虑器件公差及导热硅胶的厚度。

当时有个案例，我们有一个电路板上面的CPU和另外一个器件共用了散热器，自己公司的热设计工程师的仿真结论是温度比较高，而使用相同的仿真模型，器件厂家散热仿真模型的温度比较低，经过与器件厂家讨论，分析原因是器件厂家建立的仿真模型，CPU与散热器的导热胶厚度为0.13 mm，而我们目前仿真模型中使用的仿真模型是0.3 mm。这样导致器件厂家仿真模型中CPU的温度是95℃，而我们的仿真结果是大于116℃。自己公司的热设计工程师选择0.3 mm是参考两个器件公差得出的经验值，选取了概率比较高的一个参考值。

实际生产过程中，导热硅胶的厚度很难控制得那么精准，需要制造特殊的涂胶工装来保证其厚度。不然确实会出现大功率器件温度过高，出现过热保护的情况。建议最好不要多个器件共用散热器。由于器件高度公差的因素，可能导热硅胶厚度影响散热效果，如果多个器件共用散热器，需要充分考虑器件高度公差带来的影响。

(2)有些场景下，电路板的正面和反面都有DDR，为了方便走线，有些工程师把TOP面和BOTTOM面的DDR在空间上位置完全重叠。但是这样重叠设计，DDR的热量也会通过PCB板相互传递，不利于散热，可以考虑错开一点进行设计。在指标就差一点点的时候，这种设计能够起到良好的优化作用。

(3)散热器件后方如果有扣板等平板型物体，不一定会阻碍器件散热，有可能形成风道，加大局部风速。有时风道会改善散热。热仿真图如图5.20所示。

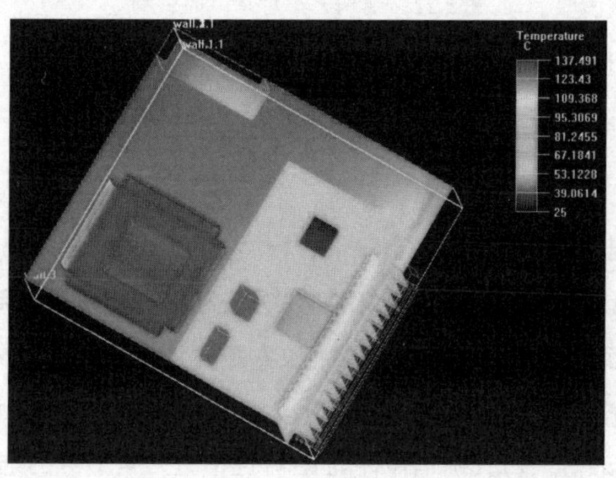

图5.20　热仿真图

(4)散热有叠加效应。如果存在很大散热风险，优先考虑将结温要求最苛刻、功耗大的器件放在进风口，例如DDR。

（5）过孔、亮铜会改善散热。

（6）加散热铜箔和采用大面积电源地铜箔。连接方式与结温的关系如图5.21所示。

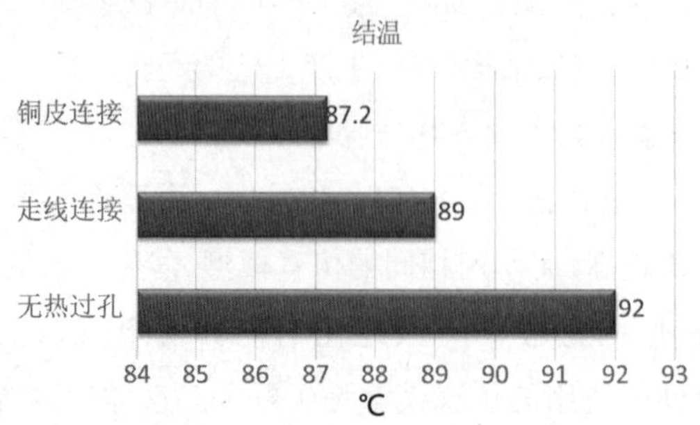

图5.21　连接方式对结温的影响

根据图5.21可以看到，连接铜皮的面积越大，结温越低。铺铜面积与结温的关系如图5.22所示。

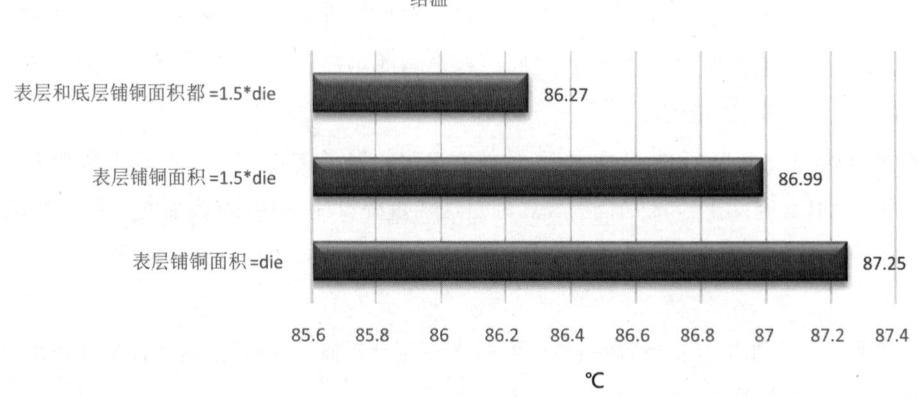

图5.22　铺铜大小对结温的影响

根据图5.22，可以看出，铺铜面积越大，结温越低。

5.4.4 SI前仿真

SI（Signal Integrity，信号完整性）仿真是对信号网络进行仿真并发现信号完整性问题。前仿真，顾名思义，就是布局或布线前的仿真，是以优化信号质量、避免信号完整性和电源完整性问题为目的，在众多的影响因素中，找到可行的乃至最优化的解决方案的分析和仿真过程。简单地说，前仿真要做到两件事：其一是找到解决方案；其二是将解决方案转化成规则指导和约束设计。

一般而言，我们可以通过前仿真确认器件的IO特性参数乃至型号的选择，传输线的阻抗乃至电路板的叠层，匹配元件的位置和元件值，传输线的拓扑结构和分段长度等。

以DDR4为例，其中有数据线DQ、数据选通信号DQS、时钟信号(Clock)、地址信号（Address）、控制和命令信号等。在JEDEC总线规范里面对它们都有明确的要求，比如对数据信号在接收端的眼图模板要求，如图5.23所示：

The DQ input receiver compliance mask for voltage and timing is shown in the figure below. The receiver mask (Rx Mask) defines area the input signal must not encroach in order for the DRAM input receiver to be expected to be able to successfully capture a valid input signal with BER of 1e-16; any input signal encroaching within the Rx Mask is subject to being invalid data. The Rx Mask is the receiver property for each DQ input pin and it is not the valid data-eye.

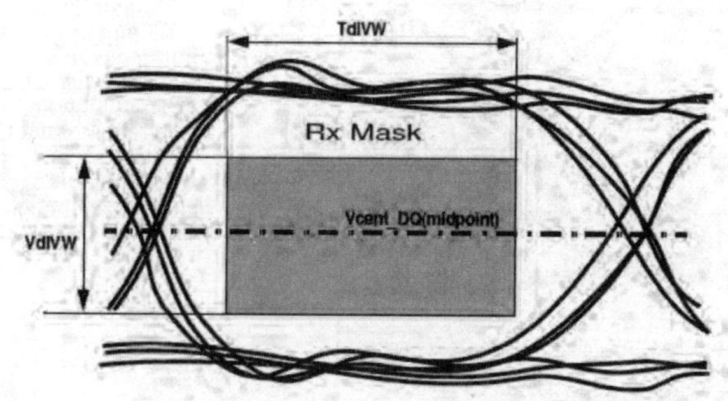

图5.23　JEDEC对DDR4数据信号在接收端的眼图模板要求

根据总线规范的要求，在设计之前就要对其进行仿真分析。分析其电气和时序要求，提取与信号完整性相关的要求。简而言之，就是从元器件手册和相关规范中找到与信号完整性相关的要求，例如建立时间、保持时间、变化沿斜率范围、最大过冲电压、最小下冲电压等，从而通过仿真分析找到符合这些要求或参数的解决方案。

DDR4是典型的并行总线，在选择仿真软件时要注意其特点和要求。可供选择的软件包括ADS、HSpice、Hyperlynx等。以ADS为例，其不仅能单独针对某一个特定的信号网络进行仿真分析，还可以针对整个DDR4总线进行仿真，其电路仿真的拓扑结构如图5.24所示。

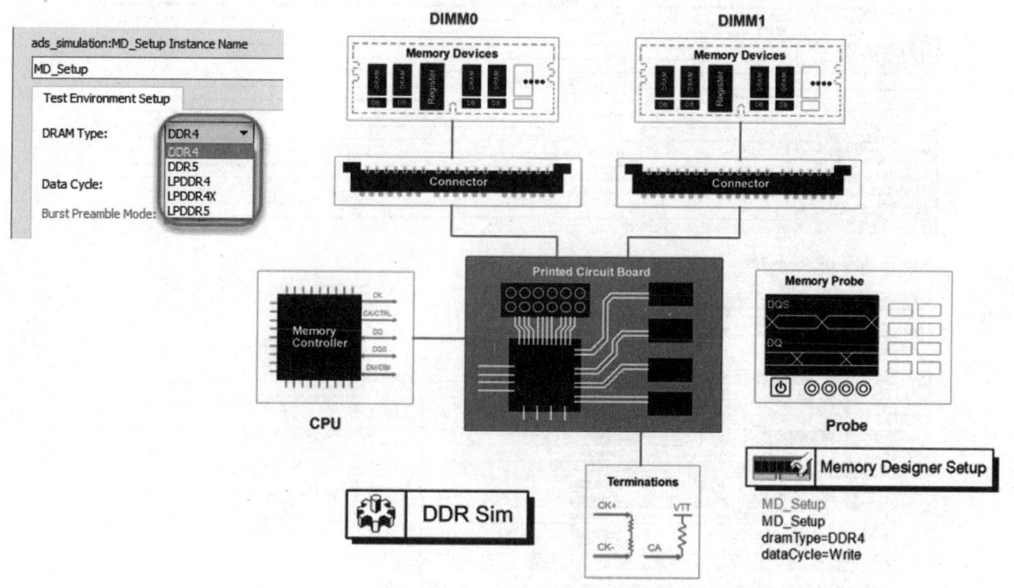

图5.24　ADS仿真DDR4的拓扑结构

仿真完之后，就可以获得其眼图结果，如图5.25所示。

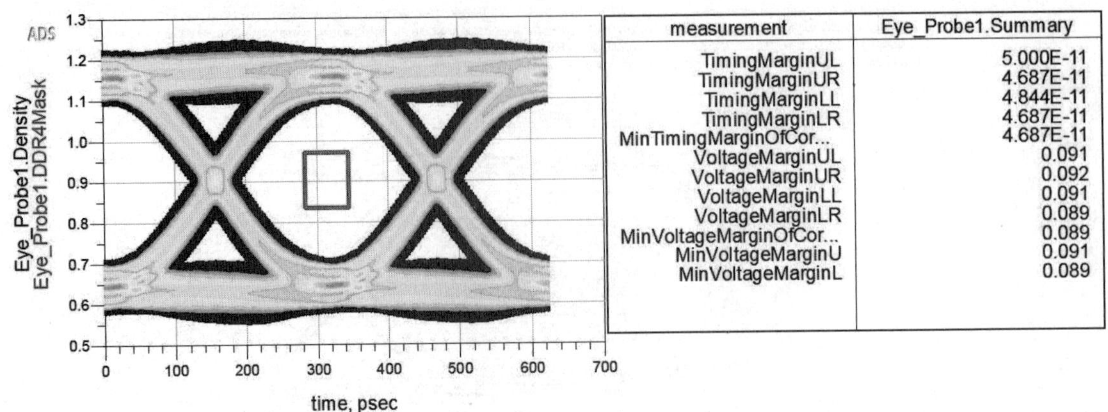

图5.25　DDR4数据信号网络的仿真结果

从仿真结果可以非常容易地判断设计是满足要求的，当然也能表明整个链路设计符合规范和系统的要求。对于DDR4数据信号，可以通过眼图结果判断其设计的合理性。对于数据信号和其他信号，也可以通过一致性的报告分析来判断其是否满足总线和设计系统的要求。图5.26为一份DDR4仿真一致性报告的部分内容。

DDR4 Test Report

Pass

Test Configuration Details	
Device Description	
Custom Data Rate [MT/s]	2400
Test Mode	Custom
Burst Triggering Method	Rd or Wrt ONLY
LPDDR4	No
LPDDR4X	No
Test Session Details	
Run Mode	ADS Automation
Infiniium SW Version	6.30.516.0
Infiniium Model Number	N8900A
Infiniium Serial Number	No Serial
Application SW Version	2.99.9040.0
Debug Mode Used	No
Compliance Limits	DDR4-2400 Test Limit (official)
ADS Version	hpeesofsim (*) 510.gdevelop
ibis_type	4.0
bit_rate_gbps	2.4
Last Test Date	2019-01-10 12:07:16 UTC -08:00

Summary of Results

Test Statistics	
Failed	0
Passed	18
Total	18

Margin Thresholds	
Warning	< 5 %
Critical	< 0 %

Pass	# Failed	# Trials	Test Name (click to jump)	Actual Value	Margin	Pass Limits
	0	4	VSEH(Clock Plus)	930.916000000 mV	100.0	Information Only
	0	8	Overshoot amplitude (Address, Control)	-120.844700000 mV	301.4	VALUE <= 60.000000000 mV
	0	4	tCK(abs) Rising Edge Measurements	828 ps	100.0	Information Only
	0	4	tjit(CC) Rising Edge Measurements	8 ps	90.4	VALUE <= 83 ps
	0	4	tCK(avg) Rising Edge Measurements	833 ps	0.0	833 ps <= VALUE <= 937 ps
	0	4	tjit(per) Rising Edge Measurements	8 ps	40.5	-42 ps <= VALUE <= 42 ps
	0	4	terr(2per) Rising Edge Measurements	-7 ps	44.3	-61 ps <= VALUE <= 61 ps
	0	4	terr(3per) Rising Edge Measurements	-6 ps	45.9	-73 ps <= VALUE <= 73 ps
	0	4	terr(4per) Rising Edge Measurements	-6 ps	46.3	-81 ps <= VALUE <= 81 ps
	0	4	terr(5per) Rising Edge Measurements	-7 ps	46.0	-87 ps <= VALUE <= 87 ps
	0	4	terr(6per) Rising Edge Measurements	-7 ps	46.2	-92 ps <= VALUE <= 92 ps
	0	4	terr(7per) Rising Edge Measurements	5 ps	47.4	-97 ps <= VALUE <= 97 ps
	0	4	terr(8per) Rising Edge Measurements	-5 ps	47.5	-101 ps <= VALUE <= 101 ps
	0	4	terr(9per) Rising Edge Measurements	5 ps	47.6	-104 ps <= VALUE <= 104 ps
	0	4	terr(10per) Rising Edge Measurements	-5 ps	47.7	-107 ps <= VALUE <= 107 ps

图5.26　DDR4仿真一致性报告

不管是眼图模板的对比判断，还是使用总线一致性的要求判断，目的都是用来规范设计及提升高速电子产品的一致性成功率。

对于USB这类高速串行总线(SerDes总线)，其评估手段与DDR这类的并行总线并不完全一样。因为它们的设计难点和要求并不完全相同。如图5.27为USB3.0的全链路的仿真拓扑结构。

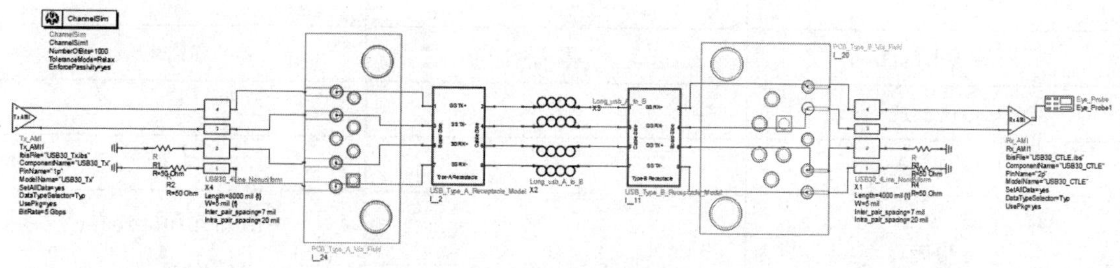

图5.27　USB3.0全链路仿真拓扑结构

在链路中包含了发送和接收端的芯片、连接器模型以及PCB的模型。完成仿真之后，其仿真结果如图5.28所示。

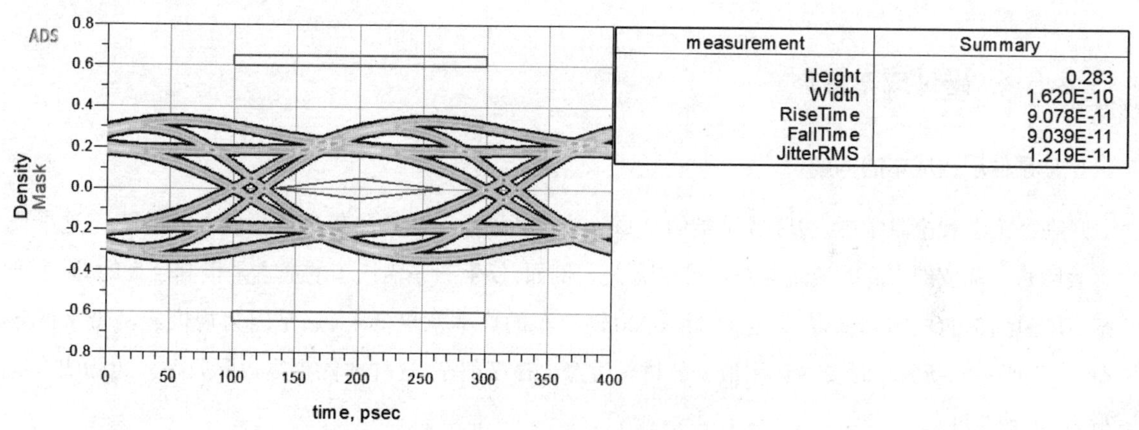

measurement	Summary
Height	0.283
Width	1.620E-10
RiseTime	9.078E-11
FallTime	9.039E-11
JitterRMS	1.219E-11

图5.28　USB3.0仿真结果

可以看到，对于DDR4和USB3.0，不管是仿真拓扑结构，还是仿真结果，都有其异同点。图5.29是针对Ser Des总线和DDR总线的一个对比。

	SerDes	DDR
应用	PCIE，SATA，USB3……	DDR3，DDR4，DDR5……
拓扑结构	点对点	点对点 T 型，Fly-By
信号传输线类型	差分对	差分对 单端
端接电阻值	固定	不固定
通道长度	长	短
编码方式	有	没有
均衡	有	DDR3、DDR4 没有； DDR5 有
时钟	嵌入数据中	外部时钟
同步开关噪声	弱	强

图 5.29　SerDes 与 DDR 总线对比

5.4.5 硬件成本管理

1. 硬件项目成本的构成

在经济学和金融学中，边际成本指的是每一单位新增生产的产品带来的总成本的增量。这个概念表明每一单位的产品的成本与总产品量有关。例如，仅生产一辆汽车的成本是极其巨大的，而生产第 101 辆汽车的成本就低得多，生产第 10000 辆汽车的成本就更低了（这是因为规模经济带来的效益）。生产一辆新的车时要尽量用最少的材料生产出最多的车，这样才能提高边际收益。边际成本简写为 MC 或 MPC。

这是软件产品对比硬件产品最开心的地方，当我们海量发货的时候，说："现在终于熬出头了，发货真爽。"但是负责软件产品的朋友慢悠悠地说一句："发 license（许可证）才爽。"

我们说硬件成本，不仅仅是硬件单板和整机的成本，硬件项目的成本有很多方面构成，包括研发成本、产品边际成本、服务成本、基础成本等，如图 5.30 所示。

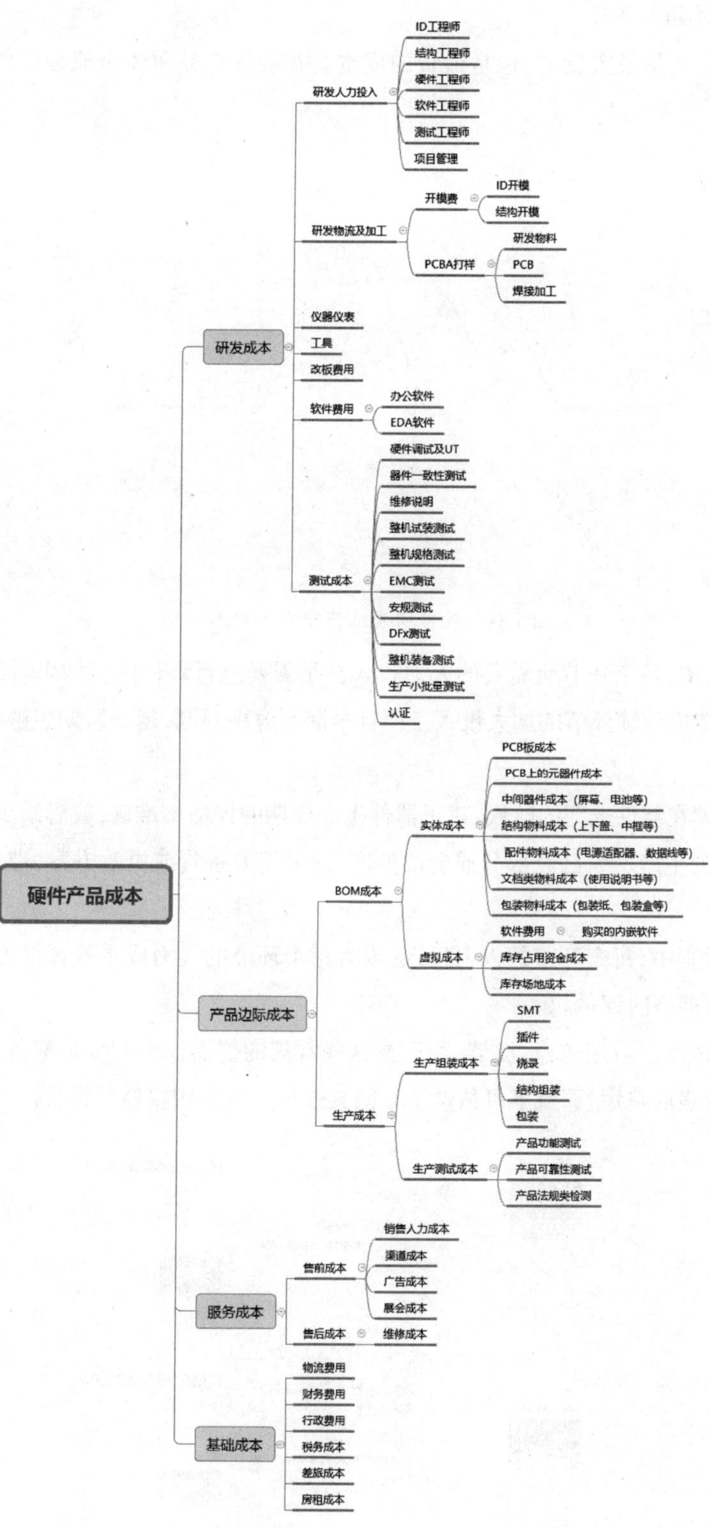
硬件产品成本
研发成本
研发人力投入
ID工程师
结构工程师
硬件工程师
软件工程师
测试工程师
项目管理
研发物流及加工
开模费
ID开模
结构开模
PCBA打样
研发物料
PCB
焊接加工
仪器仪表
工具
改板费用
软件费用
办公软件
EDA软件
测试成本
硬件调试及UT
器件一致性测试
维修说明
整机试装测试
整机规格测试
EMC测试
安规测试
DFx测试
整机装备测试
生产小批量测试
认证
产品边际成本
BOM成本
实体成本
PCB板成本
PCB上的元器件成本
中间器件成本（屏幕、电池等）
结构物料成本（上下盖、中框等）
配件物料成本（电源适配器、数据线等）
文档类物料成本（使用说明书等）
包装物料成本（包装纸、包装盒等）
虚拟成本
软件费用
购买的内嵌软件
库存占用资金成本
库存场地成本
生产成本
生产组装成本
SMT
插件
烧录
结构组装
包装
生产测试成本
产品功能测试
产品可靠性测试
产品法规类检测
服务成本
售前成本
销售人力成本
渠道成本
广告成本
展会成本
售后成本
维修成本
基础成本
物流费用
财务费用
行政费用
税务成本
差旅成本
房租成本

图 5.30　硬件成本组成

下面对部分成本进行说明。

(1)人力成本。人是最宝贵的,也是最贵的成本。在硬件产品研发全流程中的人力投入粗略评估,如图5.31所示。

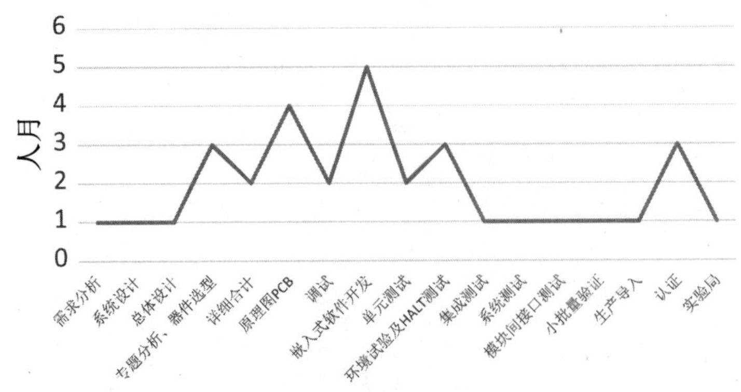

图5.31　硬件研发流程中人力投入评估

整个研发流程中,各个环节所需要的人力投入都是需要进行评估的。如果对某一个环节在前期投入不足,一定会造成后续环节的加大投入。而且早期不解决问题,越到后期想解决所付出的代价就会越大。

例如,如果早期在器件选型的时候,对于器件生命周期的评估不准确,或者缺少评估,当产品量产后,发现关键器件的生产厂家已经部分或全部停产,这时需要备货或更改方案,带来的人力成本是非常高昂的。

在整个研发过程中,每个环节的人力投入,或者每个环节的人力成本预算都不可以省略,或者进行削减时需要进行严格的评估。

(2)仪器仪表成本。万用表、示波器、稳压源这些常规的仪器仪表必须要配备。电路设计、射频、等所需要的仪器仪表的费用,那就不可估量了。图5.32是一些常用仪器的报价。

图5.32　仪器价格

频谱分析仪、网络分析仪、信号发生器配齐，发现一套二线城市的房子没有了。曾经有一个同事用6G带宽的示波器测试电源，被领导怼了："你怎么拿着宝马测试电源?"还有个同事整天拿着一个低噪声的频谱分析仪出差，也是胆战心惊，总说自己拎着房子在出差。

(3)工具等易耗品成本。除了仪器仪表外，还有一些易耗品，搞硬件各种工具少不了。螺丝刀：大的、小的、十字的、一字的；钳子：斜口钳、剥线钳、尖嘴钳；烙铁类：烙铁头、烙铁芯、吸锡器、热风焊台、焊锡丝、吸锡扁带、助焊剂、松香、洗板水；镊子：弯头镊子、直头镊子等。

工具管理得不好，或者大家不爱惜的话，很容易丢失或损坏。而且有些工具是消耗品，例如镊子，很容易变形，变得不能夹起0402封装的电容电阻。

(4)改板成本。PCB制板，往往不是一次成功，可能会有一些错误或不稳定的因素，需要通过重新加工新版本的PCB进行方案优化。如果在调测阶段改板，主要浪费的是制板费、SMT、物料费用等。如果在项目交付接近尾声的时候改板，则所有相关的环节都需要重新做一遍，造成的浪费和损失将会更大。

(5)直通率影响成本。直通率是对产品从第一道工序开始一次性合格到最后一道工序的参数，能够了解产品生产过程中在所有工序下产品直达到成品的能力，是反映企业质量控制能力的一个参数。如果产品直通率不高，所带来的成本有可能是产品报废率的成本，或者是维修的人力成本，都是极大的浪费。直通率不但要关注SMT，还需要关注其他生产环节、结构件装配、生产测试等。

(6)税费。税费主要包含增值税和企业所得税，根据企业的形式，有不同的税率，这一块的成本是需要核算进去的。

(7)BOM清单中容易忽略的费用。除了元器件的采购外，还有结构件开模费、线缆费用、连接器费用、包装、电源、外置天线等，这些BOM清单里面的成本往往容易被忽略。

(8)生产加工。包括PCB加工、SMT、整机装配、整机调测、包装。有一些产品在生产环节还需要特殊工艺，例如需要做三防、打胶，有一些甚至需要做水密测试。

(9)维修、维护费用。硬件产品售出之后，不是一卖了之。器件都有一定失效率，器件甚至包括一些结构件，不可能完全不损坏。现场的故障需要有人能解决，质保期的产品还需要维保。

(10)现场安装、升级。如果是远程搞不定的问题，可能还需要人去现场安装、升级、调测。其中产生的差旅费、返修件、替换件等，都需要成本支出。

(11)呆死料。呆死料形成原因：设计改型后，原先的材料有新的替代料；采购过程中没有进行配套采购，多余的料就形成了呆死料；库房盘点不及时，对库存台账没有进行分析；材料没有保质期管理，长时间后，可用料变成无用料。

2. 硬件成本是设计出来的

我们重点讨论一下硬件单板和整机的成本控制，硬件产品的成本控制是设计出来的，因为硬件产品设计一旦定型，就很难通过硬件修改来大幅度降成本，并且所有的修改也都是有成本代价的，还有可能会导致延期。

在项目的各个阶段都要进行成本设计和成本控制工作。

(1)硬件立项的时候定成本目标。硬件产品的立项阶段，要设定产品的成本目标。由市场要求确定定价策略，并根据规格定义明确竞争策略，做定价参考，然后根据一些经验数据核算出成本要求。立项阶段做产品规划时，要考虑聚焦核心目标，降低一些无意义的技术复杂性。

(2)硬件总体设计阶段分解成本目标，从架构设计和方案设计开始降成本。这个阶段会把成本目标分解到各个子领域，总体成本差距和子领域的成本短板都会显现出来，针对预估成本和成本目标的差距，启动总体设计阶段降成本分析，讨论降成本的各种备选方案，大家要一起为产品成本竞争力出谋划策。

在制订设计方案的时候，硬件项目经理和硬件工程师需要召集项目相关人员一起讨论，仔细去分析架构的合理性，特别是针对那些导致整体架构变复杂的节点，要逐一探讨分析，权衡各方因素，判断设计是否合理，计算成本代价是否能够接受。总体设计完成时，成本达成情况也基本清晰了，可以判断这个产品是否有成本竞争力了。

这个阶段还有一项工作对成本达成影响很大，就是确立了主芯片方案后，需要完成关键芯片的谈价工作，大部分硬件产品中主芯片占整体成本比重很大，主芯片的价格谈得好，产品整体收益很大。

(3)硬件详细设计阶段把控设计细节，做到硬件成本最优。硬件原理图和PCB设计要强调的是一次把事情做对，减少改板次数，追求“一板成功”是降低硬件项目成本的重要手段。

硬件详细设计是硬件细节掌控能力的比拼，这个阶段工作都是手艺活，包括：

①单板硬件设计的简洁化和归一化，应用“免、减、归”的精益设计思想去除冗余。

②硬件PCB设计降成本，如PCB降层，海量发货单板由4层板降到2层板，框式复杂单板由12层板降到10层板，这些都能带来可观的成本收益。

③电源、整机等外购件的降成本。

④通过设计改进，优化工艺路线，降低制造成本。

⑤采购谈价降成本。

为啥说这些都是手艺活，因为降成本这些措施中PCB layout、外壳ID设计、硬件模具开模、各种五金塑胶制品的加工工艺，产品设计不能导致批量生产变复杂等，这些都需要硬件工程师有全面的硬件工程实现能力。

(4)硬件测试阶段做好可靠性和成本平衡。硬件测试阶段我们要针对设计方案中的降成本策略进行专项验证，我以前在做成本敏感的产品时会把这个作为测试验证阶段的重点工作，在产品发布前全部完成验证，并入修改点。

硬件测试阶段测出可靠性和一致性问题，比如电源模块选型不满足满供时的降额要求，防护规格没法满足8 kV的加严要求等，测试人员希望通过用更大的电源、更多的防护器件解决这些问题，这时候需要硬件工程师动脑筋，找低成本的解决方案，避免或降低成本的增加。

(5)发货后持续降成本。产品上市开始发货之后，降成本工作还要持续去做，这些工作都会贯穿于硬件产品生命周期始终。这些持续的点滴工作,每省下来一分钱成本就是在每个发货产品上增加了一分钱的利润,随着发货量增加会有持续收益。可以做的工作包括如下几条。

①硬件设计优化,包括持续简洁化消除冗余设计、提高直通率、进行低成本器件替代。

②解决方案降成本,根据发货后客户使用情况减少辅料、优化典型场景互连方式等。

③结构件等降成本,发货量增加后持续谈价降成本。

④制造成本优化,包括工艺改进、减少生产工序、提高生产自动化率等。

⑤物料采购优化,做好市场需求预测和原材料采购之间的平衡,减少呆死料,减少库存。

3. 平衡可靠性和成本

(1)客户要求的是产品整体可靠。可靠性是一系列方法的整合,可靠性整合是指无缝地、紧密地把不同可靠性方法融合在一起,从而以最小成本得到最佳可靠性。也就是说,可靠性方案是几种方法协调使用的整体,而不是一堆无序的可靠性任务。

产品由各种部件和组件构成。产品的可靠性在设计生产过程中,涉及学科主要有机械学、电子学、软件学、光学、化学,所有这些学科共同作用于产品,应该重视这些学科之间的关系和总体的效果。设计的思考过程也应该更全面,而不仅仅是从某个部件的角度思考,或者仅仅从某个学科的维度去思考和解决问题。产品的可靠性,不单指电路设计的可靠性,还包括硬件、软件、结构、运输、包装。产品级别的可靠性,是机械可靠性、电气可靠性、软件可靠性的集合。在有些公司里面,软件可靠性和硬件可靠性是分别制定的,并没有进行整合。因此当故障发生时,同事间往往只是相互怀疑,而不是相互协调。各个不同的开发部门往往都是从自己部门的专业出发去思考可靠性设计,甚至更糟糕的是一些大公司有些部门从自己部门的利益和KPI去考虑设计。有些设计人员设计的时候,做可靠性堆砌,不计成本地提升单部件的可靠性,导致过设计、过冗余、过度降额。

但是,客户要的是完整的产品,客户要求产品的各个部件在一起能正常、可靠地运转。可靠性表现是由最终用户进行衡量的,产品开发人员应该从产品和部件进行综合考虑,开发出可靠的产品。同时,产品的设计需要在可靠性和成本的平衡上进行引导,而不是追求单部件、单模块的高可靠性,造成过冗余和过设计。

(2)可靠性和成本的关系。可靠性设计可以减少保修成本、使用成本,提高客户满意度,同时可靠性设计也会造成开发成本、物料成本、生产成本上升。在硬件生命周期的各个阶段,我们提高可靠性,到底要实现到什么程度呢?我认为在保证达到业界标准、交付标准、客户需求等的前提下,应该是运用可靠性设计实现生命周期的总成本(Life-Cycle Costing,LCC)降到最低。

生命周期成本是指项目投资方要获得项目产品或资产的终身所有权所需的总体花费,包括以下方面。

研究和开发成本:包括产品设计开发过程中,设计、演示、论证各阶段所需的花费,可能还包括可行性分析、效益分析、原型开发和获取相关材料等方面的费用。

实施/生产成本：包括开发或制作产品模型的相关成本，可能还包括产开发或测试过程牵涉的人力、物力的花费，以及培训、获得许可证等方面的间接费用，或其他方面的成本。

构造成本：主要是指为产品开发新的相关设备或架设必要的物质基础等方面的成本。例如，开发新的相关设备、架设网络基础设施（如电缆、电话装置）等。

运行和支持成本：主要是指为了使产品能够运行而维持相应的支持系统所需要的成本，可能包括人员、备件或零件、维修、系统升级或管理等方面的成本。

淘汰或处理成本：这些是当淘汰或停止使用产品时所需的相关花费，可能包括转换成本，归档成本，或者设备的回收利用等处理成本。可靠性和成本的关系如图5.33所示。

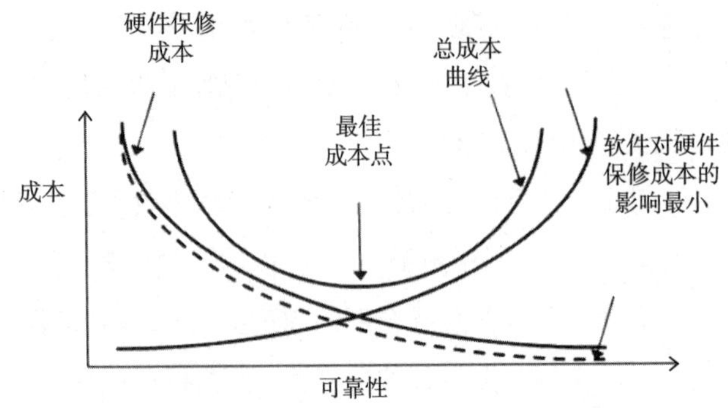

图5.33　可靠性和成本的关系

在产品定义中，制定合理的可靠性目标很重要，过高或过低的可靠性目标都对产品有伤害。我们增加可靠性成本会导致产品的总成本增加，当可靠性提升到一定水平就很难再进一步提高了，这时投资回报率会变差，并且产品的可靠性目标定得过高，客户会感知到成本增加，客户或许也不需要这么高的可靠性，他们可能就会选择更便宜的产品，或者相同价格中更时尚、更实用的产品。诺基亚手机摔不烂、砸不坏，但是卖不掉，客户不买单，这就是令人警醒的可靠性过高的例子。当然，可靠性目标过低也不好，可能造成返还件数量大增、维保成本上升，最重要的是会导致产品口碑变差，这是多少成本都换不来的。

提升硬件产品的可靠性也不是仅仅盯着硬件，我们在产品设计中有很多DFX设计，通过软件手段提升硬件可靠性，虽然不能直接降低硬件产品的成本，但软件能力提升可以减少安装和上线的时间、缩短故障维修时间、支持远程诊断降低维护人员工作量，还能提升客户满意度，建立好的口碑。所以通过提升软件能力提高可靠性，也可以节约成本。

5.5 总体设计方案细化

总体设计方案细化是详细设计之前的重要阶段，包含以下内容。

5.5.1 硬件逻辑框图

硬件框图

硬件规格明确了,要转化为开发人员能理解的框图。

总体设计会输出一张硬件框图,如图5.34和图5.35所示。有的工程师在框图中会画出很多细节内容,有的工程师只把主要的核心器件标一下,示意硬件方案整体逻辑。硬件框图的美观程度不代表硬件的绝对水平,只是一种个人习惯,重要的是把总体方案表述清楚。

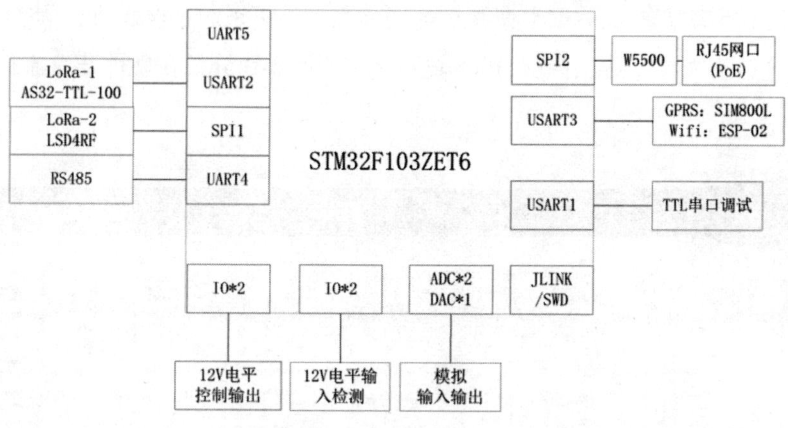

图5.34 硬件逻辑框图(1)

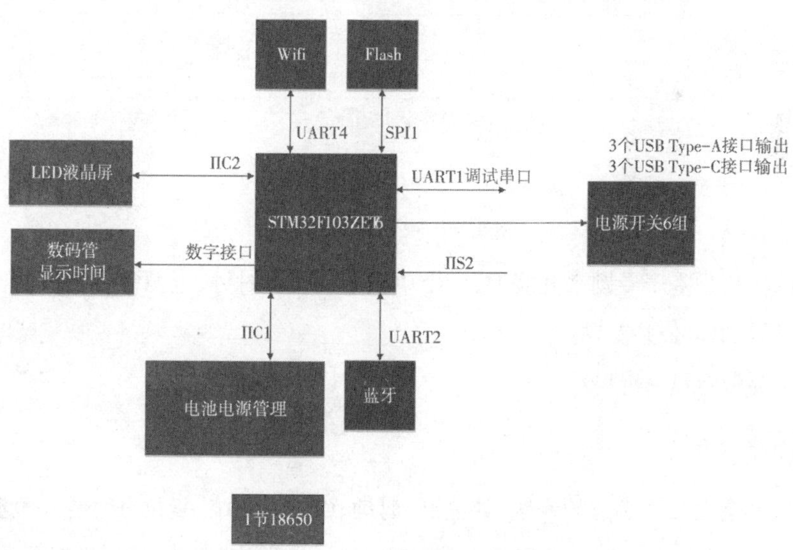

图5.35 硬件逻辑框图(2)

例子中的总体框图标示出核心的器件,还标明器件之间的接口。考虑接口的时候,就需要考虑接口的速率，我曾经看到一个方案设计的错误，想在I2C上走视频信号，这就是没有仔细比对视频信号的带宽需求和I2C总线能够承载的最大速率。

5.5.2 硬件专题分析

专题分析是总体设计阶段的重要工作，是基于硬件设计某些维度的渐进明细的设计过程。例如，在需求基本稳定和关键器件选型的过程完成之后，我们需要评估整个电路的供电方案形成电源专题。电源专题需要评估各个用电器件的功耗、电压、电流等要求，以及上电时序的要求。我们在电源专题，针对需求提出若干解决方案，然后逐步收敛方案，并最终明确下来的过程就是电源专题。电源专题最后应该交付一个分析文档，但是有些公司不做要求。硬件专题分析在硬件开发流程中的位置如图5.36所示。

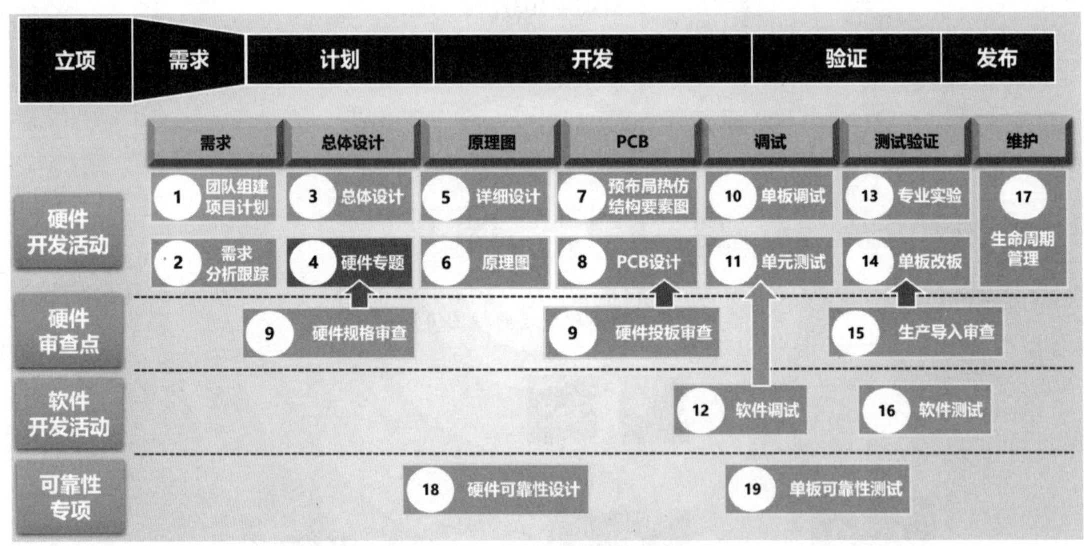

图5.36　硬件专题分析

硬件方案的分析是基于专题来开展的，一个单板至少包含时钟、电源等重要设计专题，项目组内部要统筹考虑，尽量提取公共专题。

哪些电路需要做专题分析呢？

1. 必选的电路分析

每个电路板都会做几个必选的专题，如电源、时钟、CPU小系统、复位方案等。电源专题，需要分析电源需求、每种电源的电压范围、电流需求、动态响应、上电时序；时钟专题，针对每个时钟的输入电平标准、频率、抖动等参数要求，以及时钟时序要求，选择合适的时钟方案。每个管脚怎么用，怎么接，对接管脚的电平是否满足要求，都需要分析清楚并文档化。例如电源专题，芯片厂家给出的是一些针对他自己器件的要求，图5.37所示是Intel对其电源上电时序之间的耦合关系的要求和一些先后顺序的描述。

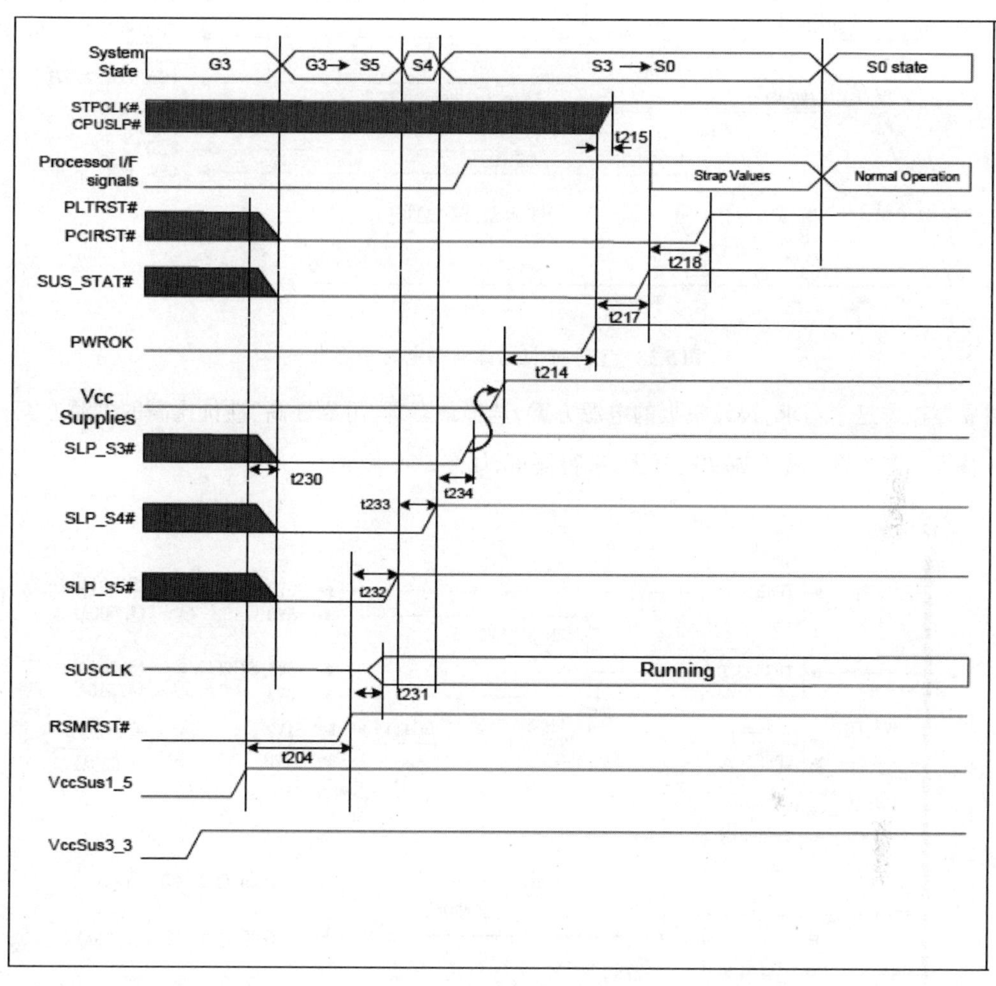

图5.37 Intel芯片组电源时序要求

但是我们怎么实现？另外，我们电路板上面还有其他器件，比如网卡、FPGA等也是复杂的供电方案，也有一定的上下电时序要求，并且这些器件之间有些电源是相同电压的，为了简化设计，绝大多数情况使用一个电源给所有相同电压的器件进行供电。例如3.3 V电源很可能只有一个电源输出，但是要给所有使用了3.3 V电压的器件都供电。这样就耦合在一起，并且需要考虑所有用电器件的需求以及其自身的上电时序要求。

我们会先梳理出所有器件的用电需求，然后再合并共性需求，整理出整个单板的供电需求以及供电时序的要求，如图5.38所示。

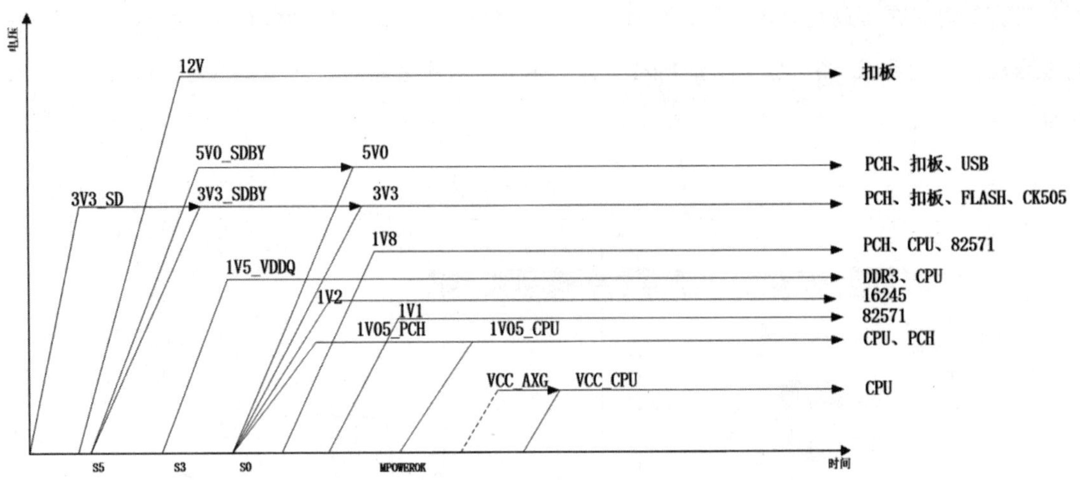

图 5.38　整个单板电源和供电时序要求

然后再根据这个需求，设计整板的电源方案，选择最合理、可靠性高、性价比高的电源方案，实现我们的整板电源方案。先形成功能框图，进行评审，如图 5.39 所示。

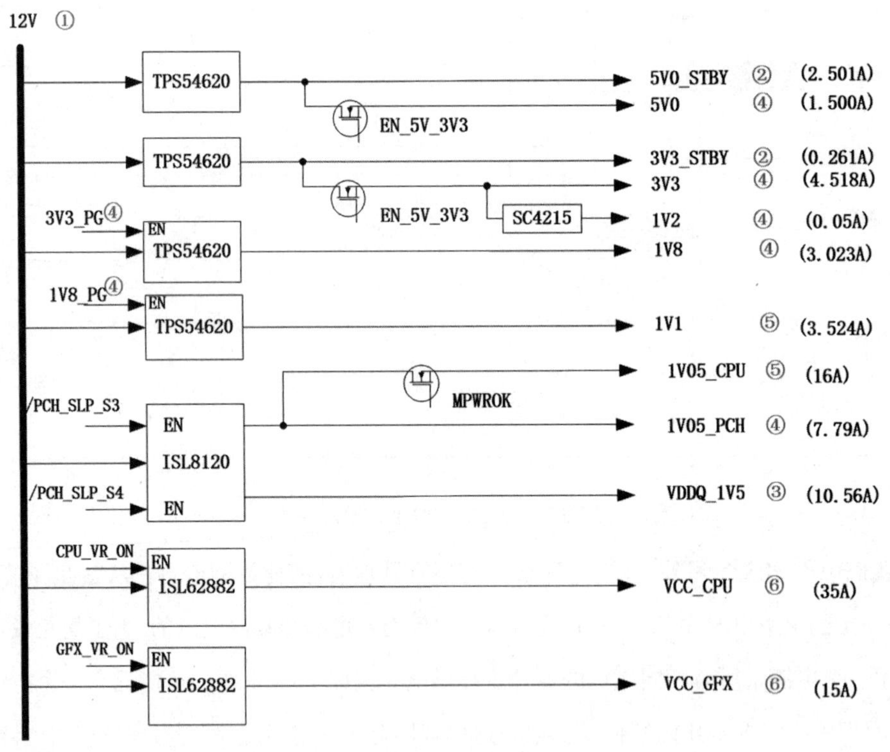

图 5.39　整板电源方案框图

然后再考虑一些归一化、电源供电效率、可供应性的一些问题，最终敲定方案，形成文档。这个过程是典型的电源专题分析的过程。

2. 新电路或重点电路分析

每次设计新单板时都会碰到一些新的问题，都是团队之前没有接触过的，这些需要做专题分析；或认为这个电路是重点、难点内容，也会专门做专题分析。例如，我们之前遇到过的双BIOS启动电路、摄像头的红外LED驱动、5G射频切换电路之类，就会把这些问题点先专项分析透。

例如双BIOS方案，我们需要考虑启动路径、内存分配、配置文件、远程升级、升级失败、版本回退等问题。在这个过程中，我们需要绘制出硬件电路的实现方案，支持两个BIOS在物理层面可以进行切换；同时需要考虑在整个使用过程中，一些使用场景的使用流程，特别是一些异常情况下的机制。在两个BIOS使用过程中，各种异常情况下，都能够成功引导进入OS，避免双BIOS的可靠性设计带来新的可靠性隐患。梳理出类似图5.40的流程图，供软硬件工程师及相关人员共同评审。

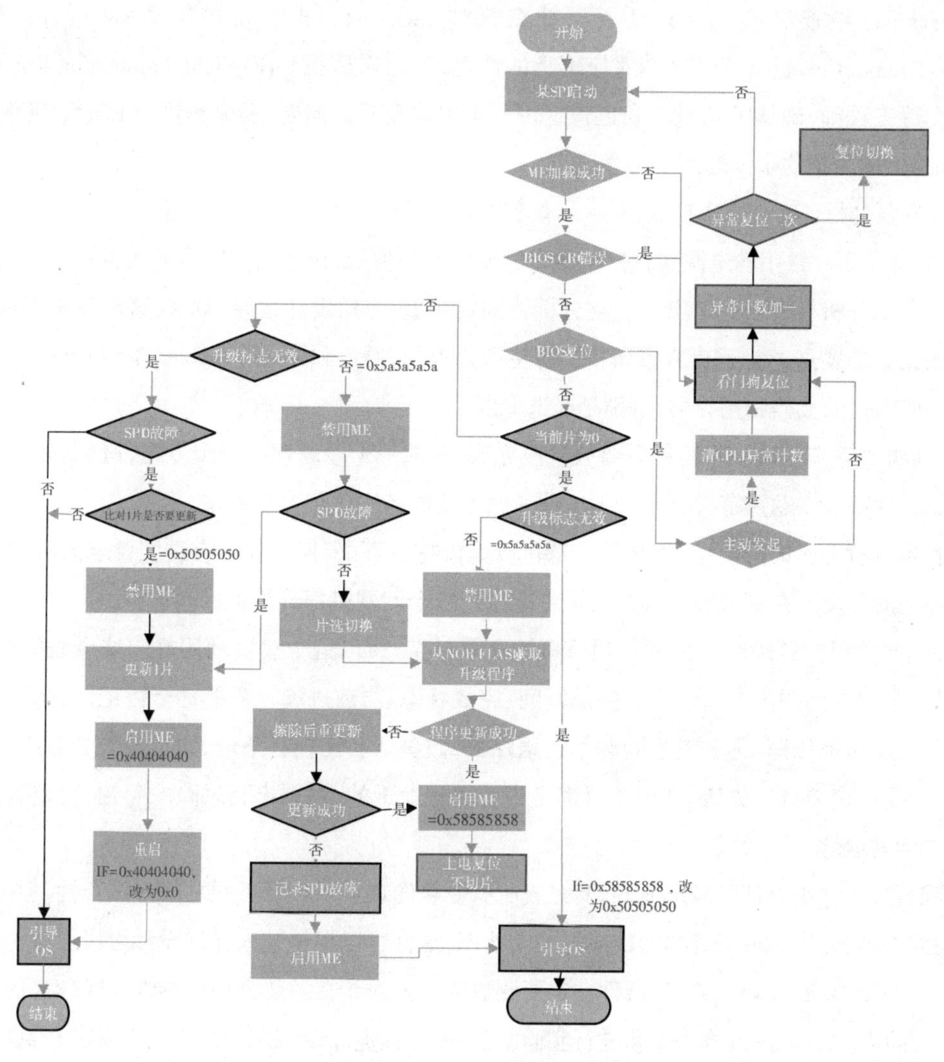

图5.40 BIOS流程图

研发一个新项目的时候，不可避免地会使用整个部门甚至整个公司都没有使用过的器件。

我们根据设计需求选定了基本方案之后，需要对新器件、关键器件进行应用分析，输出应用分析报告，并召集相关人员、管理者、有经验的工程师进行评审和分析。

方案分析过程中需要参考和更新器件的Bug List（问题列表）和设计注意事项。同时收集案例，并给出应对解决措施，提前预防已知问题。关键器件不仅仅局限于新引入的器件，还包括复杂的器件、开发人员及项目组经验积累都不足的器件。

3. 供应商Demo电路分析

大公司在开发硬件的时候，Demo（示例）只是作为参考，设计的依据都是来自Datasheet（数据手册），除了看芯片的各种手册之外，还要仔细查看Errata（勘误表），逐条核对与Demo的差异点，如果器件有Checklist（检查清单）文档，还要再补充核对Checklist。我曾经在开发AMD的时候，遇到Datasheet、Demo、Checklist三个文档对应不上的情况，列出来后找FAE（Field Application Engineer，现场技术支持工程师）确认了几遍。我也曾定位一个很难复现的问题，后来查看了Errata，发现厂家在最新Errata上已经把这个问题列了进去。

硬件专题分析还有三点需要注意。

（1）坚持积累。常用的电源、时钟、时序专题提供参考模板，请直接按照参考模板输出。其他专题根据通用专题分析模板格式输出。专题分析特别要注重“应用设计指导”章节，这部分是直接指导后续原理图设计的要点。对于PCB布局布线有特殊要求的，要单独列一个layout（布局）分析的章节，逐步形成一些固化的文档和指导书，特别是必选专题。

（2）问题要逐步收敛。专题评审要分阶段完成，完成一个专题评审一个专题，避免到全部专题结束时再集中评审。专题评审时要且必须邀请专题涉及的各个角色参与评审。

项目本身有交付时间要求，很多技术都可以无限挖掘下去，但是项目有进度要求的时候，我们需要把握专题的程度。在有限时间内其实不可能做到每个问题点都分析得深入透彻，那怎么办？首先，你就建一个《遗留问题跟踪表》，硬件项目事情又多又杂，所以这个表要利用好。这个表的形式很简单，就是逐条记录问题内容、责任人、完成时间、完成状态、当前进展。只要你坚持记录，坚持刷新，坚持用这张表做事务跟踪，你会发现问题不会跟踪丢，做事情会比较有条理，而且慢慢会有成就感。其次，对于问题一定要分优先级，任何项目都是带着风险前进的，识别出高风险的问题，优先解决，带着低风险的问题继续开展项目。

在项目进入详细设计阶段之前，需要完成所有专题的评审。虽然专题之间有耦合性，但是也可以进行单独的专题评审。可以基本形成问题关闭状态，这样可以尽早进入详细设计阶段。

（3）避免纸上谈兵，新电路、新器件一定要测试验证。对于在散热方面可靠性风险较高的器件，可在实验室采用电吹风、热风枪等工具进行实验室热测试，提前发现问题。所有的专题分析都应该是为电路设计做服务的，不能是套模板，应付差事，如果无端增加工作量，还不如不写。

专题阶段要识别出本部门未用过的新方案，如果方案在公司内部用过，要提前申请原理图来参考，如果公司内部都没有项目使用过，要搭建实际电路进行测试验证。对于分析有风险及没有实际应用过的电路，搭建电路进行实际测试，在测试时要模拟设计中出现的最恶劣情况，如高/低温、高/低压等条件。

5.5.3 硬件共用基础模块设计

CBB（Common Building Block）即共用基础模块，指那些可以在不同产品、系统之间共用的零部件、模块、技术及其他相关的设计成果，软件、硬件系统都有自己的CBB。在产品中我们鼓励共享和重用CBB，这样做好处很多，比如对于采购、制造这些领域，CBB可以降低采购成本，降低库存和出现物料呆死的风险，也更利于大批量制造。

我们重点讨论一下硬件CBB，硬件基础模块是硬件系统中一组实现特定功能、性能及规格的实体硬件单元，对外以硬件接口的方式呈现，而接口包含了硬件模块所提供的功能和应用它时所需的要素。硬件基础模块是构成硬件产品和硬件系统的单元，是基于硬件系统架构逐步抽象出来定义开发的，硬件CBB包括可共享硬件器件、可共享硬件组件/模块、可共享单板、可共享整机、可共享硬件系统等。

对于硬件研发团队而言，硬件CBB的价值很大，对CBB的坚定投资是有高回报的。首先，硬件技术、硬件模块若被大量共享，能够极大降低研发成本，提升研发效率；在硬件共享的基础上，增加新技术、新特性，新产品的开发将一直“站在巨人的肩膀上”，利于对市场做出快速反应。同时，工程师在一个CBB模块上持续发现、解决问题，提升CBB质量，打磨出高质量的CBB，这也是产品质量保障的有效手段，共享成熟度高的货架产品，能够大大增加产品稳定性和可靠性。另外，坚持共享，可以减少开发团队低水平重复投入，释放人力资源做更有价值的工作。

很多做硬件产品的大公司都把硬件CBB作为系统构建的核心资产，坚持通过CBB的开发和维护提高整体设计效率和设计质量，缩短开发周期。在大公司里有些高价值的CBB甚至可以跨产品、跨产品线共用，支持不同的应用系统，具备灵活方便的二次开发能力；产品或应用系统间界面清晰，能实现平行开发；硬件CBB模块功能规格、性能指标清晰，可测试、可维护，还有完善的资料手册。大公司把CBB的构建定义为平台战略的关键支点，是公司重要的组织资产。

硬件工程师要特别关注那些高价值硬件CBB的开发和维护。例如，你开发的无线路由器产品都会应用2.4 G或5 G的棒状天线，那么就要关注天线的性能指标、降成本空间、应用问题等；如果你是开发服务器产品的，可能70%的产品都会重用一款X86 CPU，那CPU CBB的硬件设计就是至关重要的，CBB交付后，你还要持续跟踪供应商，刷新器件问题列表，合入新的优化点。这些高价值CBB的持续投入，能够让借用这个CBB的多款产品都受益。

“好的CBB是管理出来的”，CBB管理过程不是一个独立的流程，而是嵌入在产品流程化的开发活动中。CBB管理可以分为4个阶段：规划定义、设计开发、使用监控、维护优化，下面详解一下这4个阶段的主要工作。

阶段一：规划定义阶段

在总体设计阶段就要规划CBB，针对不同种类的产品，CBB规划的侧重点就不一样。如复杂框式硬件，产品的生命周期很长，对于电源、风扇、拉手条等关键组件都必须要CBB化；各单板上对于背板的接口、各个单板子节点的监控也要定义为CBB，保证规则和设计要求一致。盒式海量发货的单板很多都是系列化的设计，在一个系列中核心模块是共用的，比如CPU模块、业务接口模块等，为了保证一个系列类所有单板都遵循统一规则，并且整个产品系列成本最优，这些核心共用模块都要规化为CBB。终端类产品的CBB更有学问了，这类产品的定制化诉求强烈，单个款型对成本都极度敏感。因此如果定义CBB，必须要和产品设计耦合度极低，避免对其他模块设计有影响，因为冗余设计导致成本增加。

阶段二：设计开发阶段

规划好后，我们要进行CBB的设计。首先要确定好硬件CBB的设计人员，由于CBB是一个通用模块，工程师设计CBB时要跳出单板，看到系列化的产品和这个产品的演进路径，心里有全景图，才可能做出一个有生命力的CBB。定了设计人员，就要认真分析CBB的各种接口，做好抽象的工作，这个设计很考验硬件工程师，接口定义不全就很难通用化，定义得过于复杂，冗余太多，又会在CBB上沉淀过多的成本，应用起来复杂度很高。例如，CPU这类核心处理模块定义CBB难度就很高，内存和Flash怎么定义？电源模块是放到CBB内，还是CBB外？集成方式是扣板还是直接放在主板上？这些问题都需要仔细考虑。定义完接口后就要做模块的原理图和PCB，想到你的模块会被大量借用，你就会感到自己责任重大了。最后，还要提醒一下，CBB一定要通过文档传递你的接口定义和关键的设计要求，方便借用者使用。

阶段三：使用监控阶段

好的CBB不是一蹴而就的，CBB交付后会在一块或几块单板上先使用，这时候你就要开始监控使用时遇到的问题，不管是在设计阶段还在产品上市发货后。硬件工程师要监控这些CBB模块在整机或系统被借用时使用是否方便，接口的定义对主板的设计限制是否太多了。模块在发货后适应不同单板和系统在不同场景应用有什么质量问题，比如是不是借用到室外产品后防护规格就不满足要求了。收集这些问题后，进行记录和整理，这个是进行CBB优化的依据。

阶段四：维护优化阶段

问题都收集全了，下一步就是进行优化了，切记每一个改动都要特别小心，要做好记录，改动点的验证要覆盖到这个CBB不同的场景上。这里还要强调一下，硬件CBB的修改是否影响软件系统要特别注意,我们在CBB设计阶段都会把硬件对软件的要求写清楚,和软件工程师做好澄清。但是在硬件CBB维护优化时,有时会疏漏针对所有借用CBB的单板或整机同步修改点,没有让软件工程师分析硬件模块化升级是否需要软件同步升级,导致产品一上线就暴露问题。

刚进入硬件团队的时候我被师傅安排去维护几个成熟的CBB,根据收集到的问题进行优化。那时候有两点体会,一是有些同事水平很高,设计出的CBB考虑非常全面,特别是对于场景适应性的考虑很细致,借用到单板或整机上问题很少,我维护起来很方便;二是CBB优化后的验证是个技术活,修改点要覆盖全,这逼着我去熟悉不同的电路板。

后来,我有机会去自己设计一个CBB,被应用到多个电路板中。那时候觉得很有荣誉感,当时我做了一个ARM CPU的CBB,做接口设计时天天都和软件架构师泡在一起,学习业务模型、软件规格升级要求等知识,觉得自己进步很快。还有一个让我印象深刻的事,当时我的主管要求我硬件CBB设计一定要文档化,文档要包括的主要内容有CBB整体介绍,包括功能描述和重要性能指标描述,限制条件设计及应用关注点;CBB电路设计,包括原理图和接口设计说明,关键接口设计要求等;CBB PCB设计指导,对于CBB电源、时钟、散热的设计要求都要重点说明;CBB对于软件的设计说明,对于一些需要配置的接口要特别写清楚。

等我成为硬件项目经理时,我更加能体会到CBB的价值和问题,规划好的CBB,对于设计效率、供应柔性、制造通用性帮助都很大。然而,我也体会到定义CBB也是一种"妥协"的结果,由于在资源、时间、成本等方面的限制,不同团队的核心目标可能会和CBB建设的目标发生冲突。这时候就需要项目经理站出来,去平衡各方利益,坚持对团队长期利益最优原则,说服大家使用CBB。

同时,我还希望大家多去思考并警惕过度CBB化给产品和团队带来的"负作用"。首先在产品设计中,由硬件CBB搭积木一样组合一个单板让硬件设计缺乏了很多美感,强行使用CBB导致有些设计很别扭,不得不进行妥协,硬件成本降不到极致。其次,CBB质量出问题会有蝴蝶效应,特别是核心CBB出问题对于产品而言就是灾难,一个单点出错导致系列化的产品都出错。2009年起丰田公司旗下的多款车型因加速踏板故障存在自动加速问题,导致多起伤亡,这个刹车门事件就是CBB应用的一个负面典型案例。最后,回到CBB对于硬件工程师的"负作用",过多依赖CBB使硬件工程师失去了对产品每个关键模块设计细节的控制力,由设计师变成了装配工人,有空心化的风险,很难培养出十八般武艺样样精通的高手。综上,不论对于大公司,还是中小公司,硬件CBB都不是万能的,我们在通过CBB获益的同时也要预防CBB给我们带来的问题。

5.5.4 硬件DFX设计

DFX的意义:为X而设计(Design for X),表示把某一个焦点作为主题,进行有针对性的改良设计。同时也可以发展成一套设计的原则。

X表示一种自由选择、自由发挥，它可以是：

- 为装配而考虑的设计（DFA，Design For Assembly）。
- 为质量而考虑的设计（（DFQ，Design For Quality）。
- 为成本而考虑的设计（DFC，Design For Cost）。
- 为可靠性而考虑的设计（DFR，Design For Reliability）。
- 为包装而考虑的设计（DFP，Design For Packing）。
- ……

从操作层面上来说，DFX技术是并行工程的支持工具之一，是一种面向产品全生命周期的集成化设计技术。这里的并行工程指的是在设计阶段尽可能早地考虑产品的可靠性、性能、质量、可制造性、可装配性、可测试性、产品服务和价格等因素，对产品进行优化设计或再设计。例如可维修性设计，不是在维修的时候再考虑可维修性，而是在需求和设计阶段，有针对性地做一些可维修性的设计。

关于DFX的具体执行，有很多文章和文档，但是其实说得都比较“虚”，偏重于理论和思想介绍。那么我来“解构”一下在实操的过程中，如何“面向产品全生命周期”。

1. 在每一个环节设置DFX专题

例如需求分析阶段，应该针对DFX专门讨论和评审需求。例如在需求跟踪表中，除了功能描述之外，专门增加DFX的分类：启动时间、可测试需求、螺钉种类、散热器拆装方式、远程升级等需求，都写入需求跟踪的列表。同样，在设计阶段，有专门的DFX的设计文档和需求满足度评审。

2. 问题前置

例如，如果有项目发现的一些问题，或者一些有效的经验，应该在更早的环节提出。例如，可采购性设计，即采购思考前置，我们在做需求和设计的时候应该充分考虑元件是否易于购买，成本、供货周期、样品、器件本身的生命周期、量产时间、停产时间，等等。可维修性设计，也就是维修思考前置，在做需求和设计的阶段，充分考虑维修时的痛点；同样的，可测试性设计、可维护性设计都是这个原理。这也充分体现了“并行工程”这个词的含义。

3. 问题总结回馈

在一些大公司，一般会有DFX的考核指标和成熟的DFX评审Checklist，大家只需要学习、执行、优化，即可出色地完成工作。这样的DFX方面的文档一般都是来自前人的积累、咨询公司导入。而初创团队、中小企业往往不具备这样的条件，DFX的完成度完全取决于人的水平。所以，往往产品的各项指标不是靠体制保证，而是靠人来保证。因此，往往会导致经验流失，技术不具备可复制性，工程变更烦琐。高水平的人的疏忽也会导致问题，人力不足的时候，问题更加凸显。

而小公司往往就会延续这种小作坊的方式，持续进行，主要依靠技术骨干的技术能力。小公司也会总结，而往往总结都是针对人，而不是通过总结建立起机制来避免问题重复。所以，每次项目总结的结论应该是形成指导下次研发活动的依据，并且应该设立项目节点，在项目节点针对过往的错误进行Checklist检查。小公司既然很难做到不犯错误，那么就应该努力做到"不重复犯错误"。进行持续改进之后，让团队达到新的高度。问题总结回顾流程如图5.41所示。

图5.41　问题总结回顾流程

4. DFX应该做单维度深度思考

在大公司，由于设置有众多角色，在各个项目节点，通过多角色参与，进行评审，围堵问题流入后续环节。例如，在需求阶段，各种代表会出席评审会议，如生产代表、采购代表、客户代表、技术服务代表等。各个维度的负责人，对自己的维度进行死守，公司通过KPI直接进行管控。而小公司不具备这样多的角色，那么在执行过程中，就会出现研发人员去考虑这些维度的时候，挖掘得不够深入，思维还没发散就进行收敛。因为进攻方和防守方都为同一个人，所以不会产生剧烈的讨论和冲突，在设计过程中直接给出折中的操作办法。所以即使是小公司，如果想把DFX做好，也应该在关键阶段进行关键DFX设计的会议讨论。

其实，我们的设计团队如果人数、人的素质、人的水平确定之后，是否执行DFX，发生的问题总量是不会变化的。但是通过DFX设计思考、DFX设计评审，能够把认知范围内的问题前置。这样避免问题在后续环节发现，导致更多的返工和更恶劣的影响。

图5.42是一个生产相关DFX优化的效果图。

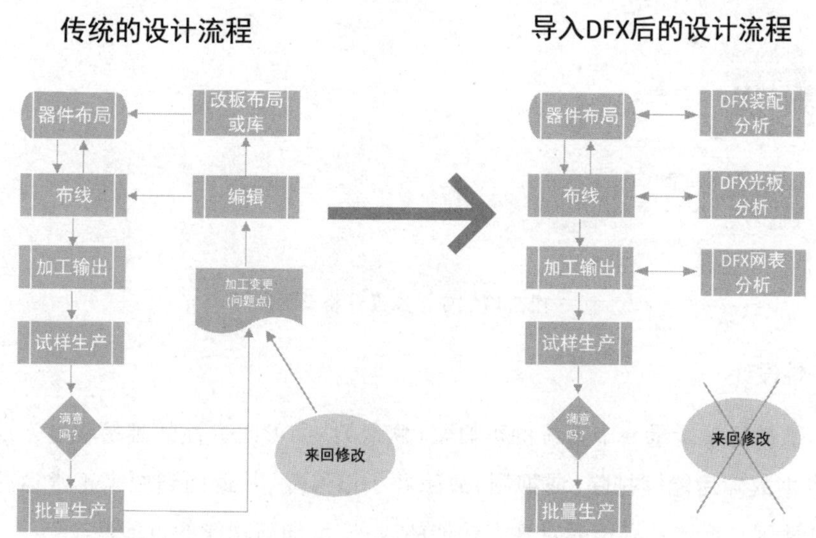

图5.42　DFX优化效果图

我的一位老师曾经说过："小孩跟大人的区别在于，扫地不扫墙角根，洗脸不洗耳朵根。"其实也就是用一种通俗的说法表达成熟的衡量标准：看问题的全面性，以及对后续可能发生的结果的预判和应对措施。

同样，一位成熟的工程师与一位初级工程师的典型差异在于DFX方面的能力和素养。

下面分别以可靠性设计、可维护性设计和可维修性设计为例，进行说明。

1. 可靠性设计

可靠性设计涉及的内容比较多，也比较广。我们将安排专门的书籍展开可靠性设计的内容，大致可能涉及的内容如图5.43所示。

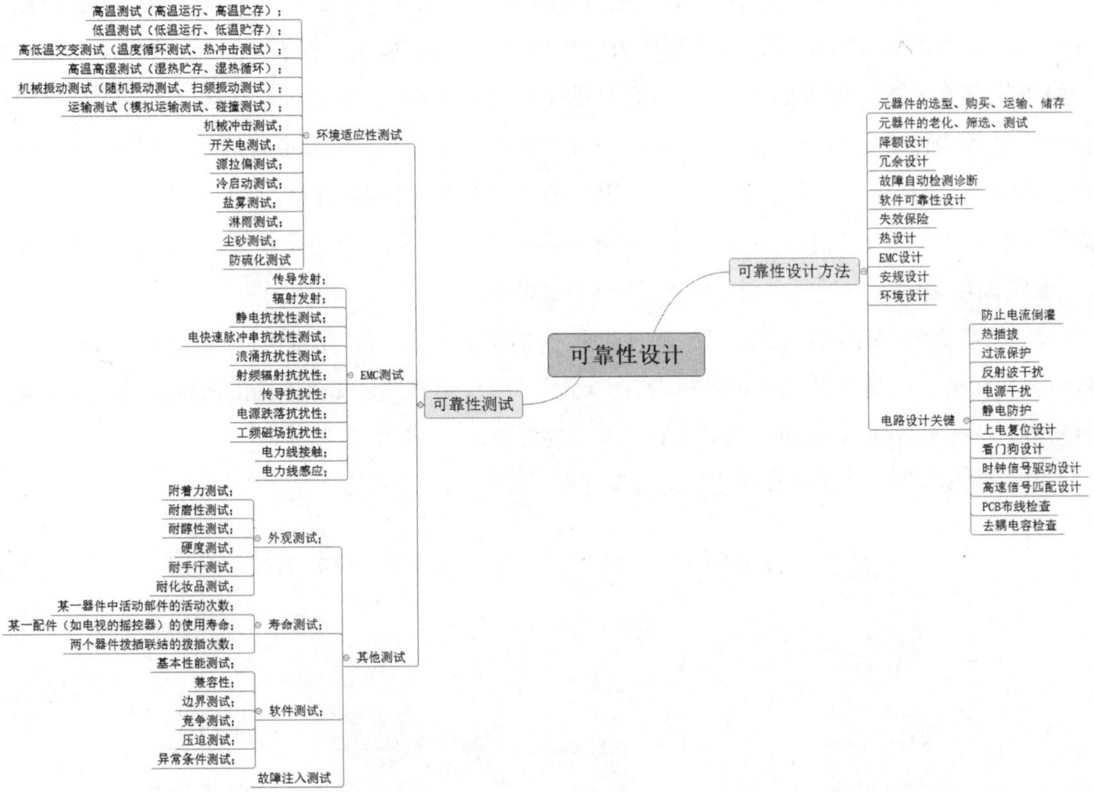

- 可靠性设计
  - 可靠性设计方法
    - 元器件的选型、购买、运输、储存
    - 元器件的老化、筛选、测试
    - 降额设计
    - 冗余设计
    - 故障自动检测诊断
    - 软件可靠性设计
    - 失效保险
    - 热设计
    - EMC设计
    - 安规设计
    - 环境设计
    - 电路设计关键
      - 防止电流倒灌
      - 热插拔
      - 过流保护
      - 反射波干扰
      - 电源干扰
      - 静电防护
      - 上电复位设计
      - 看门狗设计
      - 时钟信号驱动设计
      - 高速信号匹配设计
      - PCB布线检查
      - 去耦电容检查
  - 可靠性测试
    - 环境适应性测试
      - 高温测试（高温运行、高温贮存）；
      - 低温测试（低温运行、低温贮存）；
      - 高低温交变测试（温度循环测试、热冲击测试）；
      - 高温高湿测试（湿热贮存、湿热循环）；
      - 机械振动测试（随机振动测试、扫频振动测试）；
      - 运输测试（模拟运输测试、碰撞测试）；
      - 机械冲击测试；
      - 开关电测试；
      - 源拉偏测试；
      - 冷启动测试；
      - 盐雾测试；
      - 淋雨测试；
      - 尘砂测试；
      - 防硫化测试
    - EMC测试
      - 传导发射；
      - 辐射发射；
      - 静电抗扰性测试；
      - 电快速脉冲串抗扰性测试；
      - 浪涌抗扰性测试；
      - 射频辐射抗扰性；
      - 传导抗扰性；
      - 电源跌落抗扰性；
      - 工频磁场抗扰性；
      - 电力线接触；
      - 电力线感应；
    - 其他测试
      - 外观测试；
        - 附着力测试；
        - 耐磨性测试；
        - 耐醇性测试；
        - 硬度测试；
        - 耐手汗测试；
        - 耐化妆品测试；
      - 寿命测试；
        - 某一器件中活动部件的活动次数；
        - 某一配件（如电视的摇控器）的使用寿命；
        - 两个器件拔插联结的拔插次数；
      - 基本性能测试；
      - 软件测试；
        - 兼容性；
        - 边界测试；
        - 竞争测试；
        - 压迫测试；
        - 异常条件测试；
      - 故障注入测试

图5.43　可靠性设计全景图

2. 可维护性设计

系统的可维护性是衡量一个系统的可修复（恢复）性和可改进性的难易程度。所谓可修复性是指在系统发生故障后能够排除（或抑制）故障并予以修复，并返回到原来正常运行状态的可能性。而可改进性则是系统具有接受对现有功能的改进、增加新功能的可能性。

因此，可维护性实际上也是对系统性能的一种不可缺少的评价体系，它主要包括两个方面：首先是评价一个系统在实施预防型和纠正型维护功能时的难易程度，其中包括对故障的检测、诊断、修复及能否将该系统重新进行初始化等功能；其次，则是衡量一个系统接受改进，甚至为了进一步适应外界(或新的)环境而进行功能修改的难易程度。

事实上，可维护性是可信性属性中一项相当重要的评价标准。可维护性的优劣可能直接影响到系统的可靠性和可信性。

之前我待过的一家公司，企业网一些产品是从运营商产品借用过来的，包括一些软件架构、硬件架构都不适用于企业网，同时一些细节也没有做到企业用户可用的程度。

当时，我们用了两天时间搭建了一个企业的业务环境，过程可谓历尽艰辛。我们碰到一些产品远程维护的问题，打热线电话或问技术支持人员，都不能给予解答，一般是需要问研发人员。所以客户自行维护路径也就比较复杂，如果客户每个问题都不能通过说明书解决，而都需要研发支持的话，那么维护成本太高了。

一方面硬件的配置还是比较复杂，即使是Web的配置界面，还是需要客户具备太多的专业知识，另一方面软件升级还是依赖命令行。软件升级能否像“电视机顶盒”一样简单，点击确定键即可呢？

由于企业市场一般依赖渠道商、施工方等，所以客户返还路径也比较复杂。客户不能自己解决问题，或者代理商不能自己解决问题，那么问题就会走到研发或直接单板返还。这样的例子屡见不鲜。而企业产品的维护人员也是深陷维护泥潭不能自拔，也没有时间做什么技能提升，持续改进。

我们给客户的命令说明应该是怎样的？

个人理解，企业产品需要像家用电器一样便于使用，销售渠道应该可以打通网络销售，如同终端产品一样，在欧洲，小规格的企业产品就是在电商进行销售的，类似于京东和淘宝的销售渠道。首先我们现在紧盯的是类运营商市场，这没有错误，因为这块是我们的优势，那么为什么不能走类消费者市场与渠道呢？

如果走电商渠道，客户会不会因为不会用我们的设备而把我们的服务热线打爆掉？

当时产品复杂的安装、配置、设置、维护，是不能走“免技术服务”渠道的一个原因。我们的产品必须要技术支持、研发支持，才能维护，完成安装，也许这是吃掉了我们最大利润的地方。

维护的三把斧是“复位”“下电”“插拔单板”。可维护设计，本质是利于设计者在远程能够实现“复位”“下电”“插拔单板”，同时支持一些接口的测试和功能模块的隔离。

为了提高客户满意度，降低维护成本，必须要能快速、准确、方便地定位问题和解决问题。通信的单板由于做了数据帧的产生与测试功能，用户服务人员维护时可以不用携带仪表。例如，不需要特殊线缆(miniUSB)；不需要特殊转接头DP转VGA；不需要特殊工具六角螺丝刀；不需要特殊仪表示波器、万用表。

为了方便运维和研发人员不用到现场就可以定位问题，可维护性设计需要考虑以下需求：

(1)故障检测。系统进行线上设备的定时检测,用于发现线上设备可能出现的故障。

(2)有效获取定位信息。能够实现故障分模块检测功能,实现故障的快速检测和定位。

(3)获取网上应用场景。通过搜集网上在线设备的业务资源等信息,建立镜像测试环境。

3. 可维修性设计

可维修性设计(Design for Serviceability,DFS)在于研究产品的维修瓶颈,用以改进设计组合、简化拆卸步骤、权衡零件寿命与维修困难度,确保使用者的满意度及降低产品维修成本。而产品维修的难易度主要取决于能否迅速断定哪一个零组件需要维修,同时是否能容易地拆装该维修零件,产品维修性分析可从六个方面来探讨。

重要性(Importance):组件故障将导致产品部分机能失效,而其组件的重要性应由该组件对产品机能及顾客需求的影响性来决定。

出现性(Occurrence):组件在生命周期中失效的概率需权衡零件成本与维修成本,提升零件质量可降低失效机率,减少维修成本,但须衡量对零件成本的影响。

可诊断性(Diagnoseability):产品故障维修的第一步是诊断哪一个组件失效,可诊断性指不借助特殊昂贵的检测设备诊断出问题所在的难易度。

可达性(Accessibility):失效概率较高的组件应安排在产品较外层的位置,并且提供足够的工具维修空间,否则须拆解影响维修的零件,导致维修时间加长。

易拆卸性(Reassemblibility):零件的接合方式决定更换该零组件所需的时间、工具与技术。当零组件常因产品故障而需维修时,应采用适宜反复拆装的接合方式。

可修复性(Repairability):若组件只需调整或清理,而不需更换整个零件,其调整或清理的容易度称为可修复性。若该零件需要特殊的修复技术,或不能修复需要整个更换,则其可修复性较差。

对智能硬件产品来说,设计的首要任务是应用的安全,其次就是利润。而利润的产生有两个途径:开源和节流。开源是为了让产品具有更多的附加值,使产品多销售,这样的方法包括了可使用性的设计,通过便捷舒适的操作体验、时尚的外观增加客户的购买欲望;而节流的核心则是可维修性,因为维修产生的成本支出蚕食的都是产品的纯利润,这里的花费包括了维修人员的工资补助支出和差旅费用、备品备件的库存、维修工具仪器仪表等。因此,可维修性的设计宜从这几方面入手降低其费用。

可维修性设计的通用准则如下:

可维修性设计的思路是通过简化产品和维修操作来提升可维修性,在设计阶段需要对产品的功能进行分析,裁剪非必要功能,合并类似或相同的功能。在满足设计需求的前提下,减少产品的元器件的种类和数量,简化结构和形状。对于易磨损或易损耗器件,要按可拆卸的方式进行设计,便于快速维修或更换。避免更换某个器件时需要拆掉周围的多个器件。

可维修性设计的主要原则如下:

(1)采用模块化设计原则,尽量选择通用化、标准化的模块。这条原则能提升不同产品之间的模块共用性,简化生产工艺、降低生产和维修成本,提升维修速度和可维修性。

(2)简化设计原则。在满足设计需求的前提下,通过裁剪非必要功能、合并相同或类似功能、减少零部件的种类和数量来简化产品的功能。

(3)良好的可达性。在维修的时候能够清楚地看见被维修零部件,能够便利地接触到被维修零部件并且有足够的操作空间。

(4)易损件的易换性设计原则。容易损坏或者损耗的零部件,在设计时需要考虑零部件是否容易更换。

(5)贵重件的可修复性设计原则。产品上的贵重零部件和关键零部件需要具备可修复性,部件失效后可快速修复。

(6)可测试性设计原则。可测试性就是能够快速而准确地获取产品的工作状态,并且能够对故障部件进行隔离。在产品设计阶段,需要根据可维修级别的需求放置测试点的种类和数量。

测试点放置时要注意具备良好的可达性,测试点不能放在易损坏的部件上。

(7)防误插措施和识别标志。在结构设计上需要考虑防误插,连接器反插或者连接器型号错误的时候无法插入,并且在连接器附近增加明显的提示标志。

(8)可维修性的人机环境工程要求。在设计时,需要考虑维修人员的可操作性,并预留维修工具的操作空间。对于噪声、辐射等超过人体安全承受范围、可能对维修人员造成危害的情况,应增加警示性标志。

(9)易拆卸性设计原则。对于容易损坏的部件,设计时需要考虑用最短的时间、最简易的工具、最少的操作步骤进行拆卸。

(10)预防性维修设计。产品设计时应尽量提升可靠性,减少或避免维修。

(11)维修安全要求。设计时应确保系统在故障状态下进行维修操作是安全的。需要关注防机械伤害、防静电、防电击、防辐射,防火、防爆。

5.5.5 专利布局

专利布局是指企业综合产业、市场和法律等因素,对专利进行有机结合,涵盖了企业利害相关的时间、地域、技术和产品等维度,构建严密高效的专利保护网,最终形成对企业有利格局的专利组合。作为专利布局的成果,企业的专利组合应该具备一定的数量规模,保护层级分明、功效齐备，从而获得在特定领域的专利竞争优势。

专利布局是产品知识产权保护的重要手段，其实在产品立项之前就需要进行专利分析和专利布局，寻找合适的技术方案，确保设计出的产品有自主知识产权，避免专利侵权。但是早期的专利评估，比较粗略，只会大致看看你想要投入开发的产品有没有同质化的产品专利。专利申请时，外观专利和实用新型比较容易通过，保护知识产权的能力也不强，发明专利最难通过，保护效果也最好。但是发明专利也是目前最难申请的。所以，本节的内容都是针对发明专利。

首先来看看，专利是什么？从字面上讲，专利（patent）是指专有的利益和权利。"专利"一词来源于拉丁语 Litterae patentes，意为公开的信件或公共文献，是中世纪的君主用来颁布某种特权的证明，后来指英国国王亲自签署的独占权利证书。专利是世界上最大的技术信息源，据实证统计分析，专利包含了世界科技技术信息的90%~95%。

授予专利权的发明和实用新型，除了应当具备新颖性、创造性和实用性外，还应当具备"适度揭露性"。

适度揭露的定义：为促进产业发展，国家赋予发明人独占的利益，而发明人则需充分描述其发明的结构与运用方式，以便利他人在取得发明人同意或专利到期之后，能够实施此发明，或是透过专利授权实现发明或者再利用、再发明。如此，一个有价值的发明能对社会、国家发展有所贡献。

每一个产品都包含了多项技术，每一项技术都有相应的标准组织负责标准化运作，比如3G、4G再到5G、USB type-C等技术，都有相应的标准组织。一般大公司都会派人参与到这些标准组织中，推动自己的技术方案写入标准，同时在这些技术方案涉及的领域布局专利。一旦自己的技术方案被写入标准，相应的专利就很容易成为核心专利，所有用到这项专利的企业都必须交专利费。就像国内的手机厂商，都必须给高通交专利费，因为高通在4G和5G领域有很多核心专利。

对于一些初创公司，没有足够的资源参与标准组织，怎么布局专利呢？专利布局首先要进行专利分析，了解业界已经有了哪些专利。利用专利的公开性，我们就可以知道哪些事情别人已经想到、已经试过、已经成功。站在巨人的肩膀上，更容易成功。

专利布局可以通过专题进行，也可以在产品立项之前专门通过一个预研项目进行。首先通过专利网站检索出产品涉及的技术领域已经有哪些专利，这些专利的权利要求（保护点）是什么，然后再选择合适的技术方案，避开这些专利的保护点，对于无法避开的专利，需要研究如何取得专利授权，避免产品发布后面临专利侵权风险。国内专利查询可以上"专利检索及分析"网站查询，欧洲的专利可以上"https://worldwide.espacenet.com/"查询。

专利分析时可以做一个表格，包含专利名称、发明人、申请日期、有效期和权利要求等。然后再分析技术方案涉及的标准文档，通过专利分析表格和标准文档，就能很快得出结论：产品的技术方案是否有专利风险。如果有专利风险,就需要想办法获得授权。获得授权有两种方式,一种是直接授权,一种是间接授权。直接授权就是找专利发明人获取授权。间接授权就是从已经获取授权的公司购买产品,间接获得授权。

通过分析,如果发现产品的技术方案在业界还没有使用过,没有专利风险。那就要抓紧进行专利布局,确保产品发布之前向专利局提交专利申请文件。因为产品发布时就相当于对产品涉及的技术方案进行了事实披露,这之后再去申请专利,就很难通过。专利布局最重要的是产生有创意的Idea,在专利分析的基础上,借用一些创新方法,比如头脑风暴和TRIZ理论等,能够快速地进行发明创新。

对于没有撰写过专利文件的公司,建议通过代理机构来申请专利。因为撰写专利里面的权利要求需要有丰富的经验。与代理机构合作很简单,只需要提供专利交底书给代理机构即可。

1. 如何让开发者产生专利

对于缺乏知识产权基础的公司,建议先有量,再有质。先把专利布局搞成全员运动,让员工对专利形成条件反射,然后再去提升专利的"质"。

(1)先把专利布局做成一场运动。

可以通过配套的管理方法来鼓励专利申请。利用KPI和即时激励引导员工全员参与专利布局。每个开发者在开发中的创新才是专利真正的源头,需要全员都有专利意识。如何发动全员参与专利布局? 总共分三步走。

第一步,把专利做成KPI,形成全员专利布局的态势。将专利布局变成一种常态,甚至有些技术预研项目的交付目标,就是交付专利。

第二步,建立一个完善的、帮助员工输出专利的平台。要保持知识产权方面的持续积累,大量资金和人员的投入是第一位的。在整个研发流程中,需要关注如何帮助员工取得专利。

第三步,绩效和激励机制。有效的激励机制是实现知识产权积累的保证,对于提出专利Idea的员工,可以设置丰厚的奖金。另外,可以在公司内部设置"专利墙",对于重要专利的发明人,在"专利墙"上进行宣传和表扬。这种荣誉感可以激发研发人员进行技术创新的积极性。对于普通的专利,只要通过Idea评审,就会给予现金奖励。

(2)专利势头起来之后,开始优化体制,提升质量。

人人专利,每个项目都挖掘专利。这个势头起来之后,很多人就会为了专利而专利。这可能会产生一大堆的垃圾专利。于是,"先固化,再僵化,再优化"的绝招,又一次运用到"专利"上面来了。

当专利数量上来以后,通过改变激励机制进行引导,不再追求专利数量,开始追求专利的质量。在专利的评审方法上，也严格要求“创新性”“可举证性”等。专利考核，不但考核数量，同时考核申请成功率。

（3）把专利做进开发流程。

我们曾经在一个产品的问题上面，苦苦找不到解决答案。一个问题攻关2年多，尝试了各种手段，都没有进展。后来，就用相关的设计，去找一些专利，希望得到一些启示。结果通过这些专利给我们的启发，不但解决了问题，同时还找到创新点，发明了自己的专利。通过供应商了解友商的解决措施，通过专利的反查规避业界专利的风险，并挖掘出新的专利。

我们通常是碰到知识产权纠纷或者问题之后才细致地研究专利，如图5.44所示。

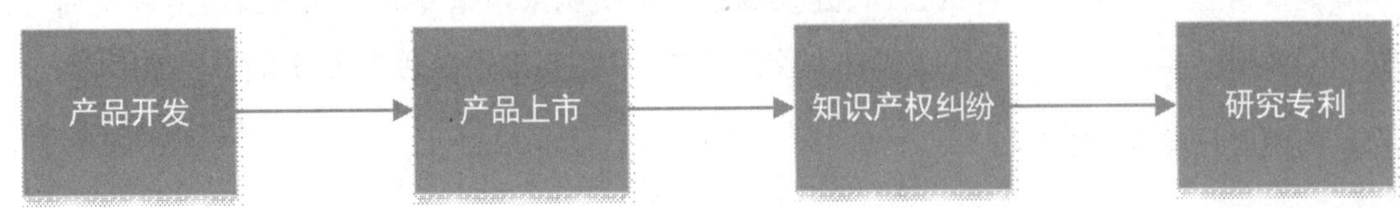

图5.44　一般公司的专利接触时间轴

我们把专利布局放在整个开发环节的“总体设计”阶段，如图5.45所示，是希望大家在总体设计阶段就可以通过反查对手的专利，在设计阶段能够借鉴竞争对手的方案。同时，在设计阶段就需要考虑到规避专利纠纷。同时在产品设计中，进行知识产权布局。另外专利是充分公开的，可以通过别人的专利内容得到很多思路和启发。

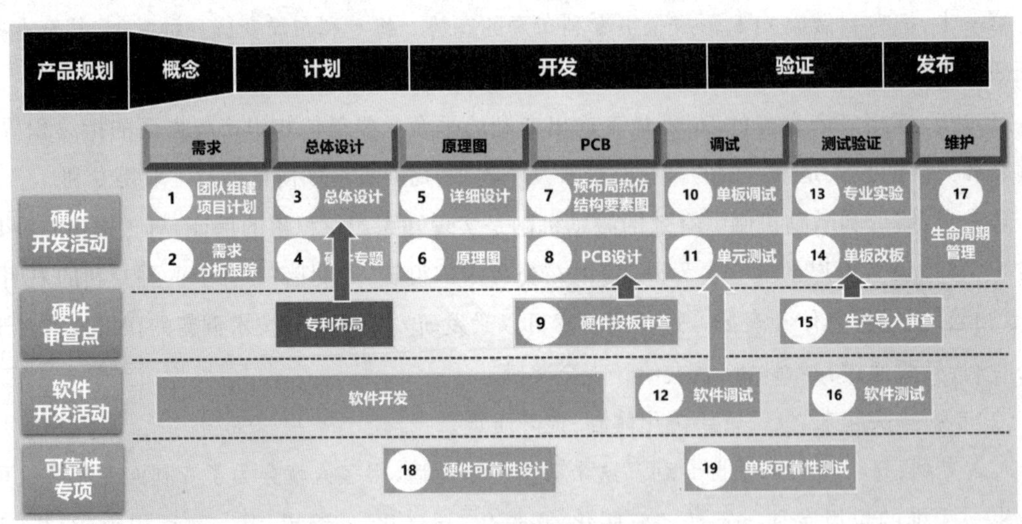

图5.45　专利布局时间点

初创公司应该注重知识产权保护。

初创公司的产品，还是应该找到自己的创新点，这样才有东西可保护，而不是简单地做别人做过的事情。通常对于科技型创业企业来说，创业期的工作是艰难的，可能很多创业人都无暇顾及知识产权的保护，但是这并不是放弃知识产权权利的理由。权利一旦失去，后果将不堪设想。

用“万燕VCD”的案例来进行说明。大多数人在20世纪80年代到90年代初期应该都听过一句广告词“世界上第一台VCD诞生的地方——万燕”，但是万燕的存活期也仅仅不到一年，为什么？不可否认万燕是真真正正第一个做出VCD的厂家，其老总在研究了MPEG2的相关技术后，对其进行改进，形成了当时风靡全国并且具有中国特色的VCD产业，但是在随后的市场上，我们更多听到的是新科、爱多、先科等其他牌子的VCD，唯独没有万燕，为什么呢？据了解，万燕的首批量产机出来后，大部分被其他厂家买去进行解剖仿造，就这样带动了一批VCD厂商的出现。但是万燕没有辙，为什么？时隔多年后，记者采访当时万燕的老板江万勐，他也承认未申请VCD技术的相关专利是其失败的主要原因。

需要做知识产权方面的风险评估，避免产品出来之后被下架，前期的所有投入都付诸东流。例如，大量国产扭扭平衡车在美国因为专利侵权被全面下架。

2. 专利布局的模式

(1)路障式布局。路障式布局是指将实现某一技术目标必需的一种或几种技术解决方案申请专利，形成路障式专利的布局模式。

路障式布局的优点是申请与维护成本较低，但缺点是给竞争者绕过己方所设置的障碍留下了一定的空间，竞争者有机会通过回避设计突破障碍，而且在己方专利的启发下，竞争者研发成本较低。因此，只有当技术解决方案是实现某一技术主题目标所必需的，竞争者很难绕开它，回避设计必须投入大量的人力、财力时，才适宜用这种模式。

采用这种模式进行布局的企业必须对某特定技术领域的创新状况有比较全面、准确的把握，特别是对竞争者的创新能力有较多的了解和认识。该模式较为适合技术领先型企业在阻击申请策略中采用。

例如，高通公司布局了CDMA的基础专利，使得无论是WCDMA、TD-SCDMA，还是CDMA2000的3G通信标准，都无法绕开其基础专利这一路障型专利。再如，苹果公司针对手机及电脑触摸技术进行的专利布局，也给竞争者回避其设计设置了很大的障碍。

(2)城墙式布局。城墙式布局是指将实现某一技术目标的所有规避设计方案全部申请专利，形成城墙式系列专利的布局模式。

城墙式布局可以抵御竞争者侵入自己的技术领地，不给竞争者进行规避设计和寻找替代方案的任何空间。

当围绕某一个技术主题有多种不同的技术解决方案，每种方案都能够达到类似的功能和效果时，就可以使用这种布局模式形成一道围墙，以防止竞争者有任何缝隙用来回避。

例如，若用A方法能制造某产品，就必须考虑制造同一产品的B方法、C方法等，具体的例子是，从微生物发酵液中提取到某一活性物质，就必须考虑通过化学全合成、从天然物中提取以及半合成或结构修饰等途径得到该活性物质，然后将这几种途径的方法一一申请专利，这就是城墙式布局。

(3)地毯式布局。地毯式布局是指将实现某一技术目标的所有技术解决方案全部申请专利，形成地毯式专利网的布局模式。

这是一种"宁可错置一千，不可漏过一件"的布局模式。采用这种布局，通过进行充分的专利挖掘，往往可以获得大量的专利，围绕某一技术主题形成牢固的专利网，因而能够有效地保护自己的技术，阻止竞争者进入。一旦竞争者进入，还可以通过专利诉讼等方式将其赶出自己的保护区。但是，这种布局模式的缺点是需要大量资金以及研发人力的配合，投入成本高，并且在缺乏系统的布局策略时容易演变成为专利而专利，容易出现专利泛滥却无法发挥预期效果的情形。

这种专利布局模式比较适合在某一技术领域内拥有较强的研发实力，各种研发方向都有研发成果产生，且期望快速与技术领先企业相抗衡的企业在专利网策略中使用，也适用于专利产出较多的电子或半导体行业，但不太适用于医药、生物或化工类行业。

例如，IBM的专利布局模式就是地毯式布局的典型代表，IBM在任何ICT技术类目中专利申请的数量和质量都名列前茅，每年靠大量专利即可取得丰厚的许可转让收益，而无须巧取豪夺、兴师动众。IBM被称为"创造价值的艺术家"。

(4)丛林式专利布局。也有人称此种布局为糖衣式，就像糖衣一样与基础专利如影随形，就像大树周围的丛林环绕在基础专利的四周，进不来也出不去。此种布局可以分成两种情况：一是基础性专利掌握在竞争对手的手中，那么就可以针对该专利技术申请大量的外围专利，用多个外围专利来包围竞争对手的基础专利，就像大树周围的灌木丛一样。这样就可以有效地阻遏竞争对手的基础专利向四周拓展，从而极大地削弱对手基础专利的价值。必要的时候，还可以通过与竞争对手的专利交叉许可来换取对手的基础专利的授权。二是当基础专利掌握在自己手中的时候，不要忘了在自己的基础专利周围抢先布置丛林专利，把自己的基础专利严密地保护起来，不给对手实施这种专利布局的机会。

专利布局其实并无太固定的格式与规则，基本原则是根据整个市场的专利状况、自身的专利状况（包括财力、人力以及相关因素）综合考虑进行合理的规划。前述各种专利布局并未囊括所有类型，也不可能做到这一点，同时，各种基本的专利布局之间可以进行各种组合或变形，从而形成一个专利防护网。优质的专利防护网应该具有严密、有层次感且性价比优越的特点。所谓严密就是密不透风，不给对手以可乘之机，这不是说专利越多就越严密，更重要的是质量的把握、对于技术研发方向的研判。否则,可能是一大堆专利,然而大部分属于垃圾专利,如同一群散兵游勇,一触即溃,那就起不到防护或遏制的作用。所谓有层次感就是要有战略纵深,形成一个多层次的防护网,富有深度,是立体的而不是扁平的,需要将各种专利布局策略有效地组合起来。性价比优越其实非常能够体现智慧,以同样的费用与投入产出最大的效益,无疑是非常考验人的智慧的。优秀的防护网应该有两个功能,一个是防护自身的专利或非专利技术不受侵犯,二是能够成为攻击竞争对手的根据。这个网做得越好,其发挥的作用就越大。

6
第6章
详细设计

按照有些公司的流程，把"详细设计"这个阶段定义为：从开始原理图设计，到研发工程师完成所有功能测试，以及一些基本的可靠性测试，可以交付给测试人员进行测试验证的节点。详细设计主要是指原理图、PCB设计阶段，包含PCB投板前的所有活动，以及投板后的调试工作，直至设计稳定的这个阶段。详细设计主要包含硬件的设计行为有原理图绘制、PCB绘制、可编程逻辑设计、非功能性设计(DFX)的落地、功能调试等活动。

6.1 硬件详细设计

《硬件详细设计报告》是硬件开发过程中最重要、最正式的文档。但是很多公司的设计并没有这个文档，或者这个文档非常形式化，是完成图纸绘制之后为了应付流程要求而去补写的。但是这个文档如果认真去撰写，对项目交付质量有帮助，而且对设计者的水平提高也是很有帮助的。

在单板硬件进入详细设计阶段，应提交单板硬件详细设计报告。在单板硬件详细设计中应着重体现：单板逻辑框图及各功能模块详细说明、各功能模块实现方式、地址分配、控制方式、接口方式、存储器空间、中断方式、接口管脚信号详细定义、时序说明、性能指标、指示灯说明、外接线定义、可编程器件图、功能模块说明、原理图、详细物料清单以及单板测试、调试计划。有时候一块单板的硬件和软件分别由两个开发人员开发，这时候单板硬件详细设计便为软件设计者提供了一个详细的硬件使用说明，因此单板硬件详细设计报告至关重要。尤其是地址分配、控制方式、接口方式、中断方式是编制单板软件的基础，一定要详细写出。

6.1.1 为什么要写详细设计文档

《硬件详细设计文档》在很多人看来是摆设，是应付差事、应付流程。有些工程师把《硬件详细设计文档》当作负担，认为"有原理图、PCB就好了，干吗还要一个Word文档？"

硬件详细设计文档是电路设计细节的阐述，通过写作和评审，可以让整个团队参与设计与审视。将整个团队的力量结合起来，完成硬件设计。硬件详细设计文档其实是整个电路板的灵魂，阐述了原理图和PCB设计方案的产生过程。硬件详细设计文档写得好，设计思路才清晰。还有很多原理图和PCB以外的内容，需要通过《单板硬件详细设计文档》去体现。后续更换负责人，其他同事接手工作时更容易理解原设计者的设计思路。

所有的过程分析积累都应该形成文档，作为设计依据和问题回溯依据。我们现在有一个严重的问题是大家好像都不喜欢写文档。因为没有文档，好像也可以完成软硬件设计，但是额外增加了很多的工作量。所以很多工程师最讨厌"写文档、写注释"，但是交接工作的时候，又最讨厌"别人不写文档、不写注释"。

对于小公司，需要的实现方案，通常都是一个负责人在脑袋里想想该怎么实现，然后用邮件或电话找几个相关人员讨论一下，可能连个会议材料或会议纪要都没有。大公司因为分工合作复杂，考虑在项目周期中人员变更等情况，非常重视文档。它们认为一个人在脑袋里想的东西是不清晰、不全面的，有时候心里想的认为很正确的方案实际上可能存在致命缺陷。它们认为必须把心里的想法写成文档才能有效地避免这种问题。写文档的过程中，可以更加有效地、更进一步去整理思路。很多问题在你写文档的过程中就能发现。另外，文档写作多使用图表，无意义的文字尽量少用。我们曾经见过国外的系统工程师在系统架构分析中就画了五六十张图，即使不懂英文的人也能够很清晰地理解图的含义。

6.1.2 详细设计文档的概述

详细设计文档是一个完整的设计方案，其中一定需要将一些设计背景情况阐述清楚。但是我的个人经历，就是感受了不同的运行环境，需要考虑不同的设计指标需求，同时也会影响器件选型和整体设计。

1. 运行环境说明

第一部分是硬件详细设计的概述，这是很容易被忽视的内容。

一开始我所开发的电路板应用于电信设备，所以强调的是持续无故障时间的指标，对可靠性要求比较高，所以电路工作的温度范围比较宽。对于温度范围要求是两个时间长度分别要求的。

单板长期工作环境温度为0 °C~45 °C，湿度为10%~90%；短期工作环境温度为-5 °C~55 °C，湿度为5%~95%；存储环境温度为-40 °C~70 °C，湿度为10%~100%；运输环境温度为-40 °C~70 °C。需注意的是，短期工作条件是指设备连续工作不超过96小时和全年累计工作不超过15天。

我们在做热仿真的时候，需要考虑两个时间长度的不同的环境温度对单板的热冲击。这个55 ℃的环境温度对器件选型还是有很大影响的，特别是内存，X86的处理器都面临挑战。

由于低温需要考虑-5 ℃的情况，对于一些商业级器件选型时，需要考虑其低于0 ℃时的一些场景。

但是IT设备，例如一些机架服务器，工作温度直接定位为5 ℃~45 ℃。

2. 重要指标

我们需要罗列单板的一些重要指标。一方面检查关键指标是否满足应用场景要求，另外展示单板的一些特点，利于后续开发维护者掌握关键信息。

重要指标包括关键业务接口速率、处理器性能要求、关键无线通道、功耗要求、无线通信距离及功率。我们会明确电路板的应用场景和环境的要求，当我们的场景确定之后，有些功耗则变成了一些硬件设计的硬性要求。

对于盒式设备来说，盒子的大小及产品系列选择适配器或内置电源的规格，是总功耗的一个硬性要求。对于框式设备来说,每个单板槽位的功率上限也是有要求的。一方面供电要满足要求,并满足裕量;另一方面散热要满足要求并满足裕量。对于特殊供电设备,例如USB供电、PoE供电等设备功耗由协议确定了的,功耗上限也是电路板关键指标。

6.1.3 详细设计文档的设计入口

(1)PCB工艺。

PCB基材(新板材);最佳表面镀层;长×宽×厚及特殊尺寸公差(装配、铆接、压接等)、孔径公差等要求;层间结构的对称性设计方案(防变形要求);拼板设计方案;满足生产设备加工能力的设计方案;PCB最小线宽、线距,最小孔径、过孔最小间距等设计方案。

作为PCB传送边的工艺边应分别留出大于等于6 mm的宽度,传送边正反面在离边10 mm的范围内不能有任何元器件或焊点,如图6.1所示。

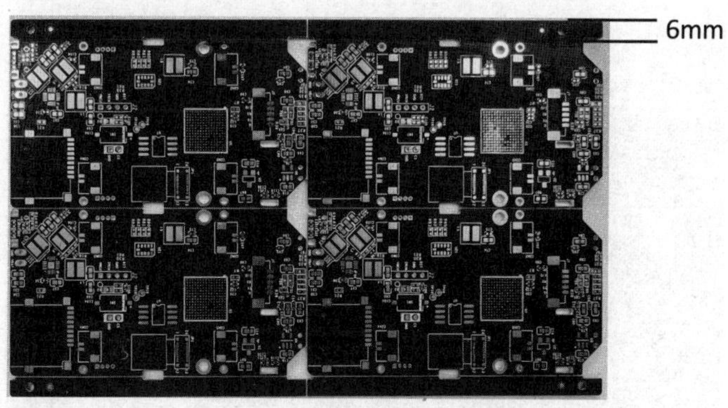

图6.1　PCB传送边工艺要求

能否布线视PCB 的安装方式而定,导槽安装的PCB经常插拔,最好不要布线,如图6.2所示。其他方式安装的PCB可以布线。

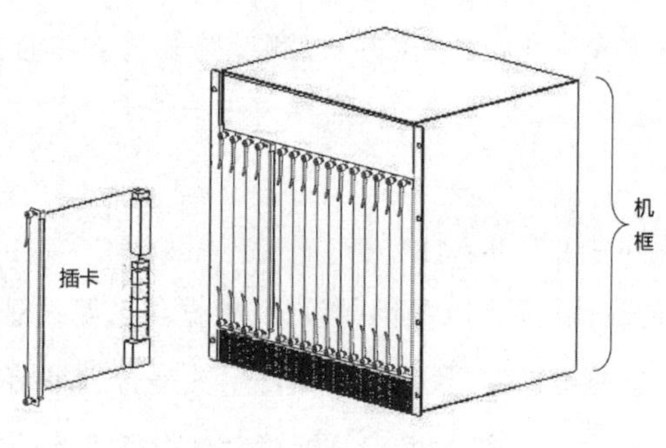

图6.2　导槽安装的PCB

工艺边的四个角为圆弧角,半径为5 mm,防止在传输过程中卡板,如图6.3所示。

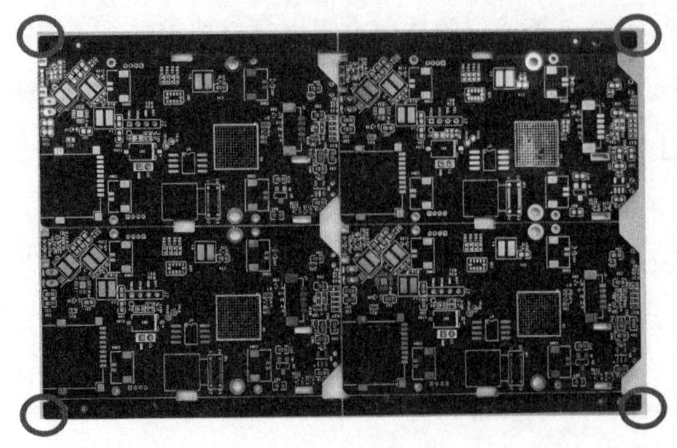

图6.3　PCB工艺边四个角的要求

工艺边设置与过炉方向一致，要求有明显的指向标志，指向标志表示过炉方向。工艺边与母板的连接方式一般采用V-CUT工艺，而不采用邮票孔连接。V-CUT剩余厚度为板厚的1/3。V-CUT工艺如图6.4所示。

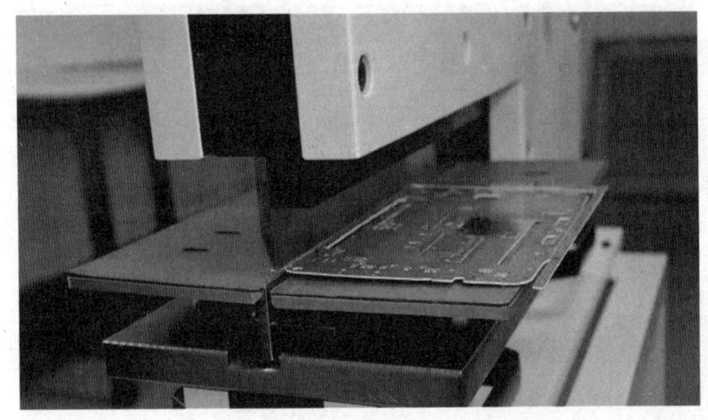

图6.4　PCB V-CUT工艺

(2)工艺路线设计。

根据器件密度、PCB尺寸、相关设备产能、加工效率等设计单板加工路线，包括根据产品防护方案确定的组装后处理方式（如涂覆等），以及老化方式、测试路线等。单板加工直通率预计，单板返修考虑。

(3)元器件工艺解决方案。

(4)温度、湿度、静电敏感器件加工可靠性分析。

特殊器件（含新器件）封装确认、焊盘以及钢网设计；根据工艺路线选用非核心器件，以及它们的优选封装；确认器件种类总数是否超过生产线上限；器件尺寸是否满足结构设计、PCB厚度等要求；器件加工过程中对特殊辅料的要求（型号、组装要求）；连接器件设计方案（对单板平面度的要求，压接还是焊接式等）。

确定单板工艺结构设计方案。单板的安装及紧固方式；单板上紧固件的种类及可装配性、可操作性、禁布区;小板和大板装配方式、装配空间、紧固方式、装配精度要求;散热器件的安装要求(方法及其空间);板上光器件、内存条、硬盘、拉手条、散热器等的装配要求(含光纤布放空间)及所处的加工工序和加工要求;有装配要求的器件的装配精度;器件的成型、安装、固定方式(如两脚晶体,发光二极管);特殊安装孔的公差要求;不仅要考虑装配上的可操作性,拆卸的可操作性也要考虑;连接器布局设计(导向、防误插设计)。

6.1.4 EMC、ESD、防护及安规设计

(1)电源相关的EMC、ESD、防护及安规设计。

①防护设计:单板电源输入端口应有相应的抑制浪涌电压和电流的设计。

②缓启动设计:为支持热插拔,电源输入端口应有相应的缓启动电路,可参考相应规格的规范电路。

③EMC设计:单板上的电源模块应有相应的EMI滤波电路设计,包括电源模块及电源芯片的输入滤波和给分电源的输出滤波设计。对于芯片一侧的滤波电路也应给出简单描述。

(2)关键器件和关键信号的EMC设计。

①列举单板设计中时钟、高速信号、复位信号的种类与频率,以及这些信号对EMC的要求、实现的方式。

②注明对电源有特殊要求(如幅值、纹波、电流等)的关键器件的型号及其EMC要求、实现的方式。

③对PCB布局布线有特殊要求的关键器件型号及实现的方式。

④描述对单板有局部屏蔽要求的电路及关键器件型号、实现的方式。

⑤描述接口电路的接口类型、速率,对应的器件型号,接口电路的EMC/ EMI和ESD配套设计。

(3)安规设计。

① 安规器件。下面的安全器件均需要有VDE and UL证书(如果销售到加拿大,还需要CUL证书):

变压器(骨架、绝缘胶带、聚酯绝缘胶带)、滤波器(骨架、绝缘胶带、聚酯绝缘胶带)、光耦、Y电容、X电容、PCB材质、可燃性塑胶材质(包括前面板、电源板支撑胶柱、电源板绝缘PVC、保险管座、电源线插座VH-3等)、保险管、热缩套管、大容量的电解电容、各类线材、光模块。

② 安规设计关键特性。

a.空间距离(clearance) / 电气间隙。在两个导电零部件之间或导电零部件与设备防护界面之间测得的最短空间距离。

b.沿面距离(creepage) / 爬电距离。沿绝缘表面测得的两个导电零部件之间或导电零部件与设备防护界面之间的最短路径。

c.防护界面(boundingsurface)。电气防护外壳的外表面,对于可触及绝缘材料可以认为是在材料

表面上压贴了金属箔那样的表面。

d.抗电强度。又叫电介质强度测试，英文为hipot test，大概是最多人知道的和经常执行的生产线安全测试。hipot测试是确定电子绝缘材料足以抵抗瞬间高电压的一个非破坏性的测试。这是适用于所有设备为保证绝缘材料足够的一个高压测试。进行hipot测试的其他原因是，它可以查出可能的瑕疵，譬如在制造过程期间造成的漏电距离和电气间隙不够。

测试方法就是在交流输入线之间或交流输入与机壳之间将零电压增加到3000V交流或4200V直流时，不击穿或拉电弧就合格。

e.温度。安全标准对电子电器的要求很严，并要求材料有阻燃性，开关电源的内部升温不应超过65 ℃，比如环境温度是25 ℃，电源元器件的温度应小于90 ℃。但一般来说，不管是UL还是CE认证的测试中，都是按照元器件(特别是安全器件)的安全证书所标识的耐温限值为标准。安规测试中表示温度单位为K(热力学温标又称开尔文温标，或称绝对温标，它规定分子运动停止时的温度为绝对零度，记符号为K)，它是减去室温才得出的结果。

f.接地测试。亦称接地连续性测试，接地测试必须对所有一类产品(Class I)进行。测试的目的是保证产品上的所有在单一绝缘失效的情形下会变成带电体，并且可以被使用者接触到的导电性部件被可靠连接到电源输入的接地点。换句话说，一个接地测试使用大电流的低电压源加到接地回路来核实接地路径的完整性。

通过测量连接在保护接地连接端子或接地触点和零件之间的阻抗来判断是否符合标准要求，阻抗不超出产品安全标准确定的某个值则认为是符合要求的。一定要记住，从结构和设计观点来看，用作保护接地的导体不应该包含任何开关或保险丝。

g.漏电流测量(leakage current measurement)。UL与CSA标准规格中需要所有露出的固定金属组件必须予以接到大地端，而且经由连接至地端的1500 Ω电阻器来测量漏电流；VDE标准规格则规定在1.06倍额定电压下，由1500 Ω电阻器与150nF电容器并联来测量漏电流。

通过隔离变压器在电源的火线或零线与易触及的金属之间串接电流表，开关电源的漏电流在260 V交流输入下不应超过3.5mA。

h.绝缘电阻(insulation resistance)。在VDE标准规格中，输入端与SELV输出电路之间需要有7.0 MΩ的最小电阻值，而输入端与较容易受变动的金属组件之间，则需要有2.0 MΩ的最小电阻值，而其外施电压则为1分钟500 Vac。

6.2 原理图绘制

原理图绘制首先需要用到工具。下面介绍一些常用的原理图和PCB绘制工具。

6.2.1 原理图和PCB绘制工具

PCB(Printed Circuit Board,印制电路板)设计软件经过多年的发展,不断修改和完善,或优存劣汰、或收购兼并、或强强联合,现在只剩下Cadence和Mentor两家公司独大。

Cadence公司推出的SPB(Silicon Package Board)系列,原理图工具采用Orcad CIS或Concept HDL,PCB Layout采用的是Allegro。

Mentor公司有三个系列的PCB设计工具,分别是Mentor EN系列,即Mentor Board Station;Mentor WG系列,即Mentor Expedition;PADS系列,即原来的PowerPCB。

另外,AltiumDesign公司的AD也有非常好的群众基础,也有不少历史存留用户在使用Protel99,非常易学易用。所以也有不少用户是学生时期选择AD入门,然后走向社会之后沿用了AD的软件。对于开发人员或对于硬件公司,如何从这众多的PCB设计工具中选择一款适合自己的工具使用呢?

在软件选型的时候,其中一个很现实的标准就是看它的市场占有率,也就是它的普及和流行程度。AD系列,在很多高校里都有开设相关课程,对于高校师生还有很多的用户,但是不得不承认,其在高速和复杂的硬件设计时功能和性能表现一般,所以在大型的硬件企业很少被选用;Mentor PADS,也就是以前的PowerPCB/PowerLogic系列,是低端的PCB软件中最优秀的一款,因其界面友好、容易上手、功能强大而深受中小企业的青睐,在中小企业用户占有很大的市场份额。

Cadence Allegro、Mentor EN和Mentor WG都是最高端的PCB软件,一些大型公司都是使用这些高端的设计软件。其中,Cadence Allegro现在几乎成为高速板设计中事实上的工业标准,其学习资源也比较丰富。初学者如果是出于公司使用的需要,也就没有选择的困惑了,公司使用什么工具,当然就学习什么工具。目前,随着国产化进程不断推进,陆续有很多国产EDA的软件诞生。但是市场渗透率、产品成熟度还不够,还需要持续发展进步,但是国产化一定是必然趋势。

6.2.2 原理图绘制规范

原理图绘制时,有很多注意事项。各个公司根据各自的产品特点,都能总结出各自的原理图设计规范。由于不同产品之间的差异性,很难总结出适合所有产品的设计规范。所以,本小节重点介绍有普遍适用性的原理图绘制规范。

(1)你是否爱你的原理图,每一个字符放的位置都认真确认,没有相互干涉,整齐清洁。原理图是你的孩子,请爱护好你的孩子。原理图绘制时的整洁性要求如图6.5所示。

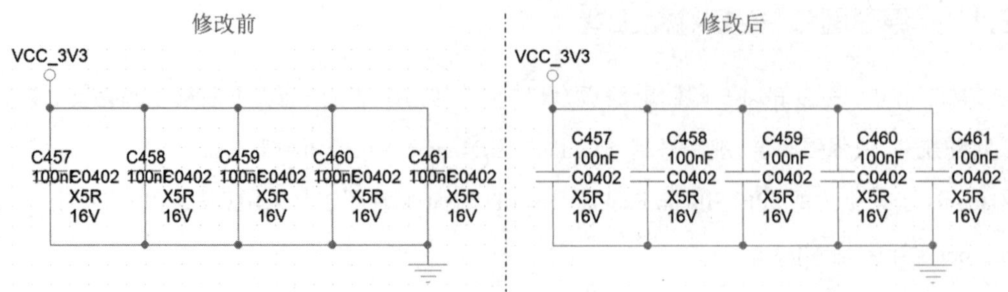

图6.5　原理图绘制整洁性要求

(2)上拉就有一个上拉的样子，该有交叉点的地方就应该有交叉点，没有交叉点的地方，就没有多余的东西。总线的连接，要熟悉接口的特性，不能干出“并联SPI接口的事情”。复用管脚，适当增加文字说明，便于检视和读图。原理图交叉点要求如图6.6所示。

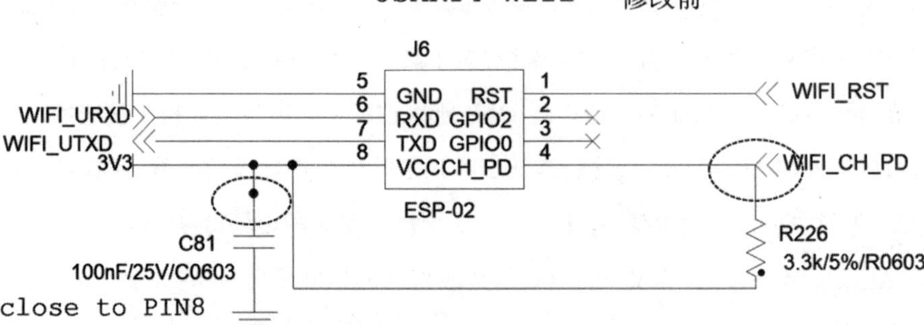

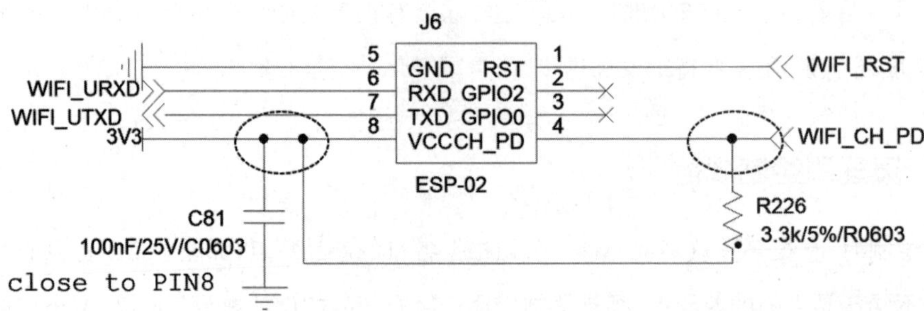

图6.6　原理图交叉点要求

(3)认真对待每一个PIN的名称，就像你不喜欢别人叫错你的名字一样，它也有自己应该有的名字。虽然，你可以用错误的名字把电路连对，但可能带来很多不必要的麻烦。PIN名称要求如图6.7所示。

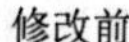

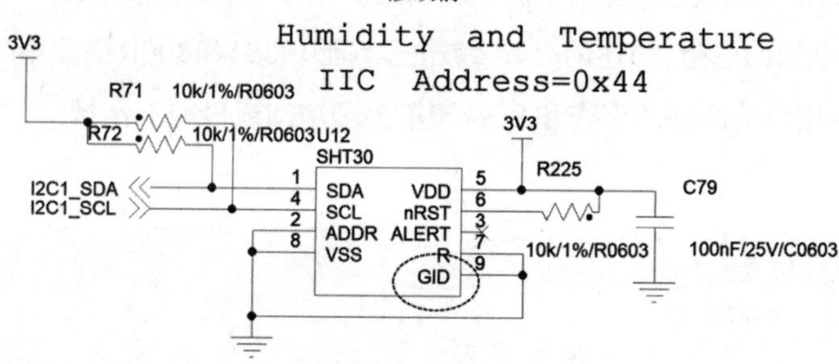

修改后

Humidity and Temperature

IIC Address=0x44

图 6.7 PIN 名称正确性要求

(4)地线是非常重要的，特别是模数混合电路、隔离电源的电路。一定要认真地搞清楚每个地线的含义，以及每个器件的地线到底接哪个线。

(5)每个一个元器件的Symbol都有它应该有的意义和标识方法。认真地画出它的含义，帮助你去理解原理图的工作原理。千万不要干出用一个8脚的连接器代替一个MOSFET这样的事情，还说出"反正都是8个脚，封装对就可以了"这样的话。MOSFET绘制要求如图6.8所示。

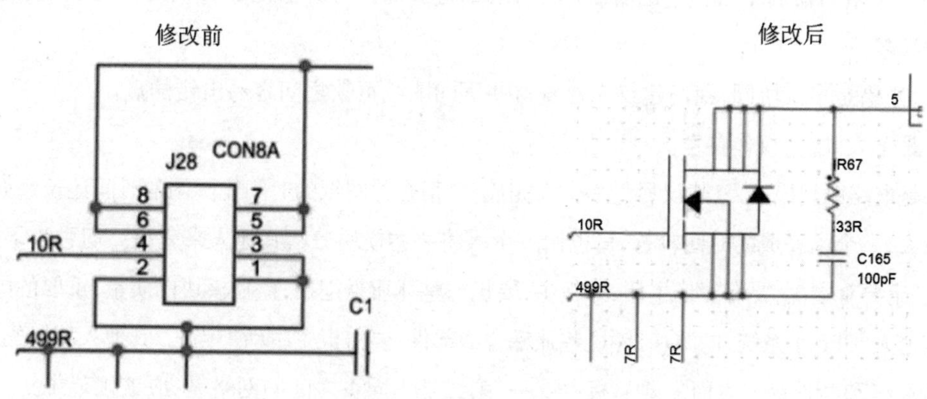

图 6.8 MOSFET绘制要求

后来成为高手的人，并不是所有的都有什么特别的天赋。只是每次碰到问题，都有条不紊、抽丝剥茧地去面对、解决问题。解决的问题多了，也就熟练了、自信了。工程师不是科学家，不需要有什么特别的天赋，只需要用心做好每一件事情。

(6)symbol符号和描述要统一，避免一份原理图前后描述不一致的情况。特别是电阻、电容和电感的描述。比如100欧姆的电阻，描述的时候要统一，不能100 Ω和100R混着用。0.1uF的电容，不能104和0.1混着用。混用会给原理图审查和BOM清单整理增加成倍的工作量。

6.3 原理图审查

关于原理图审查，很多朋友说了："我们也审查啊，这有什么稀奇的？"但是一般公司的原理图检查，有以下几个特点。

(1)自己只检查自己的原理图。

(2)检查原理图的时间比重在项目中占得非常小。

(3)一般检查出的问题有限，大多数是依靠调试来发现和解决问题。

那么我来说说，一般是怎么检视原理图的。

第一步，有些工作，尽量是在画图之前解决的，或者是在画图的过程中解决的。

例如，多人画一张图，我们需要约定好symbol需要统一，不要各人用各人的，导致最后器件不能归一化。一种做法是把常用的器件(特别是阻容)放在每一页的原理图的图纸边框外面，需要使用时就拷贝，不重复到器件库里面去找。

再如，一些网络名需要统一和规范，例如PCIe的正负是用N、P，还是+、-；PCIe的收发信号的定义方法，需要提前约定，否则命名容易乱掉。

另外电源和GND的命名要规范，比如系统电源采用3V3还是3.3V命名，都需要提前明确好。避免由于某个网络名命名不规范，使得某一块网络成为孤岛。等开始画PCB的时候再发现，返工的工作量就极其多。

所以，如果是多人协同，我们建议先检查这些不同图纸页数之间容易出错的点。

以下是个人观点，仅作参考。

如果是电路图规模不大，建议尽量一个人完成，免得合并图纸的时间比画图的时间还长。如果图纸规模比较大，一个人完成的时间较长，可以由一个人将一些模块分给其他人来完成。切忌为了公平，平均分配，一定要有主次，要有责任主体，即板主，要担当整体质量把控，监控模块的质量，重要的内容不要分配给其他人(CPU小系统、电源、时钟这些强耦合的部件，要由板主主动担当)。其他人积极配合板主，第一是从风格和器件选型方面需要与板主统一，第二是不同页之间的网络名，应该规范统一。

第二步，自检。

这个阶段需要绘图者自己去保证原理图的质量，此时如果不去仔细检查，原理图的低级错误就容易流入后续环节，造成问题不收敛。后续环节检视出来的问题如果太多，板主就会疲于奔命地去修改问题，没有精力去挖掘电路的深层次问题。最容易造成交付质量差，回板后调试出很多问题，导致改板等现象。

第三步，项目组自检。

所有参与原理图绘制的人员，进行自我检查。如果电路板就一个人完成，就邀请同一个机柜或者做过相同工作的同一个项目组的同事，总之是利益相关人员进行检视。这个阶段还处于原理图早期，会有很多低级的问题，所以责任主体和利益相关的人员，现阶段去检查，会很容易发现这样那样的问题。另外，由于这个阶段的责任主体是利益相关人，也就是说如果这个电路出了问题会影响这个团队的绩效，自然影响在团队中的绩效的比例分配，影响大家的奖金等利益，所以大家的投入度从某种程度上来说，是可以得到保证的。所以这个阶段，板主要充分调动所有人员的参与度，并提前做好准备，把电路的原理和设计思路与参与检视的人员沟通清楚，文档、datasheet整理好，以便参与者最小代价完成投入，发现问题，产生效果。

第四步，领域专家投入检视、专项检视。

这个阶段，首先是你拿出来的电路质量需要过硬，因为质量是研发的自尊心。你这个版本需要给周边领域的相关人员进行检视，这个版本的质量代表了你部门的水平和颜面。所以，不要把低级错误留给相关人员。

工艺、装备测试、互连、背板、结构、热设计、EMC、器件、安规、环境等人员会从自己的专业角度对原理图进行检视，给出其专业领域的意见，相对地比较有深度，但是他们只会从自己的专业角度去看问题，往往广度和全面性没有那么好。当几个维度出现矛盾时，需要硬件人员进行协调、折中、分析和决策。这里的决策不是拍大腿决策，而是基于数据和理论分析决策。

曾经一个会议上，一位同事很果决地说："这事我定了，就怎么怎么样……"结果话音刚落，我们几个人就跳起来了："你凭什么决策，你有数据吗？你有足够的理由吗？"

所以在这个阶段，硬件人员的协调力和项目管理能力就非常讲究。

同步的，这个阶段责任主体（板主和参与者）都在进行专项检视，例如JTAG专项、电平匹配专项、信号完整性专项、电源专项、归一化……也在按照某个领域，逐步进行检视。每个领域，都按照规范一一排查，然后再检查部门的案例，再检查公司使用过器件的相关案例（特别是本部门没有涉及过电路设计、新器件、新功能模块，等等）。

第五步，公司专家检视。

这个阶段，邀请公司或部门的一些高手，来看看电路设计上有没有什么不妥的地方。这些高手往往工作都比较忙，其实没有太多的精力帮助你来检视原理图。但是如何用好这些稀缺资源呢？第一，要熟悉专家的擅长点，让专家检视自己擅长的模块，而不用全板去检查；第二，多让专家从宏观上把握一下方案，往往这个比发现的一些细节错误更为可贵，毕竟专家长年积累，他们的技术悟性和敏感性还是很强的；第三，多交流，多给专家讲解你的电路，引导对方的思考和投入。

第六步，封闭检视。

这个阶段是再次利用部门的资源，搞个"小黑屋子"，安排好电脑，提前把原理图、PCB、设计文档、

datasheet拷贝到电脑上，然后把电脑断网。把项目组里面的小伙伴分批次请到小黑屋“坐牢”，当然备好巧克力、咖啡、龙井茶、香烟等。让检视的人员关闭手机，下指标，检查出多少问题，然后才可以离开。但是这个刚性不是那么好执行，是基于你平时为别人原理图检视贡献的力量，别人欠你的人情，另外就是部门的主管需要构建这种互帮互助的氛围。

第七步，原理图走读。

这个阶段大家对原理图已经滚瓜烂熟了，每根线、每个网络、每个器件都烂熟于胸了。所有的利益相关人员坐在一起，一个网络一个网络地点击，然后讲解为什么这样设计。这个方法看似效率低，但是只要投入有保证，是非常有效果的，因为只有讨论，才能把问题暴露。

第八部分，测试人员的检视。

相对于其他公司，华为对测试的投入力度非常大。一个项目，底层软件:硬件:硬测:软测比例=4:2:1:2，可见测试的投入占到开发的一半。测试人员，在早期就会涉及电路的测试方案，在电路图阶段就会参与检视，并思考测试方案针对当前设计可能的后果。然后测试人员会针对电路的“故障注入测试”“FMEA”“降额”等可靠性方面进行检视。这个环节贯穿整个硬件设计过程，所以我写的是第八部分，不是第八步。由于测试人员也是利益相关人员，责任主体会非常投入和负责。

以上都是原理图的检视的各种方法的形态，不拘于形式，也不拘于顺序(以上是我推荐的顺序，是我实践出来觉得不错的顺序)，主要是把问题尽早地暴露，因为问题越早发现，解决起来的代价就越小。以前有位领导说过:“如果信息安全允许，有本事你们找中兴的人来检视原理图;为了一个好的结果，应该发动你所有的社会(公司)关系才对。”

原理图审查还有两个点需要注意。

(1)善用《原理图问题跟踪表》。

原理图问题发现了之后，需要记录，华为有“在线检视”工具，一般公司可能没有这样的条件。但是可以通过Excel进行记录，例如问题的类型、页数、是否修改等关键信息，防止问题漏改、错改、忘记修改理由等情况出现。

(2)善用《度量表》。

对于超完美主义者来说，原理图的问题是永远都找不完的，所以我们什么时候停止开展新一轮的检视呢？这得查看问题的收敛程度。我们通过《度量表》查看一轮一轮的问题是否呈现出收敛状态(每轮的检视规模没有减少，参与的人数没有减少，检视时间没有减少，但是发现的问题逐步减少)，如果收敛到问题已经非常少了，呈现出十几个或个位数问题，基本能够说明原理图的质量非常好了，反之，则需要组织更大规模的检视。另外，所有轮次发现的问题汇总起来，与整个公司的统计数据进行对比，平均缺陷密度与新增规模的比值，应介于公司统计值的上限和下限之间。当然很多公司没有这么好的条件，但是建议正处于成长期的公司可以尝试慢慢建立起来。

另外，检视这件事情，应该是从上而下的一种公司文化，公司有奖励机制，鼓励员工在完成本职工作的同时互帮互助。例如华为的一些部门会在绩效上对这个维度进行考核，同时，整个公司会对员工检视问题进行统计，折算出技术积分的一个方面，用于技术等级的佐证（至少公司在面子上是这么做的）。

所有的板主都应该对检视的人员有一种感激之情，即在平常多帮助别人，积累“人品”，另外对于别人提出的问题，都应该首先感谢，然后再讨论问题是否修改，这样别人才愿意说问题。

总之，投板前，好好研究研究原理图，好好研究研究PCB，再投板，是非常有好处的。一板成功不是我们追求的最终目标，但是为了做到一板成功，我们做出的努力，会让我们对单板的每个细枝末节都理解得非常透彻深入，使得电路达到意想不到的质量高度。

6.4 归一化

归一化包含器件归一化、单板归一化、平台归一化和网络架构归一化。

1. 器件归一化

硬件工程师一般都能够理解，在一个板子上面尽可能地选择成本更低的器件，选择更少种类的器件，便于集中采购，同时也便于加工。但是有些公司的器件归一化工作可能做得没有那么细致。

(1)对于一些大公司，整个公司使用的器件种类非常多，所以如果减小一个器件编码，带来的收益是十万到几百万元人民币，而其他公司可能达不到这么高的收益。所以，对于一些大公司，如果能减少一个编码，宁愿选择成本更高的器件。但是这个也需要按照每年的器件直接成本收益×器件发货数量，与编码成本+加工成本差异进行对比的。不过器件归一化之后，器件的价格又可以跟供应商重新谈，这个收益是迭代的。所以，有时即使是成本占优，也会倾向去器件归一化的结论。例如，逐步去除5%精度的电阻，归一化到1%。

(2)器件归一化，都是需要进行专题分析的。因为也有工程师为了归一化，对电路原理没有充分分析，导致归一化带来“问题引入”。所以，当时我的部门有一个Excel表格《器件归一化分析.xls》，把每个器件原来选型、归一化的选型、更改的原因都做好记录和原因分析。一是让每个做归一化的员工都充分考虑分析，二是问题都有记录，便于评审，三是出了问题，好追根溯源。

2. 单板归一化

除了器件归一化外，更高一个层次的归一化就是单板归一化。（“单板”这个概念，我稍微澄清一下，我刚到华为的时候，也觉得这个词很奇怪。因为通信设备都是机框、背板加各个功能模块的电路板，各个功能模块的电路就叫作“单板”，硬件工程师一般也称其为“单板硬件”。）

单板归一化带来的好处，首先是电路的种类少，好处有三个：一是生产成本降低，二是硬件维护成本降低，三是软件开发和维护成本降低。单板归一化要注意以下几点。

(1)单板归一化的先决条件首先是处理器归一化。其实，华为有的产品这点做得不好，X86、MIPS、ARM、PPC全部都用个遍，所以一个硬件平台，需要配备各种软件人员，开发各种操作系统，VxWorks和Linux、BIOS各种配套要齐全。

(2)单板的归一化，要注意产品的衍生。第一个版本的机框上的单板所实现的功能，如果后续的产品可以使用，应该直接可以用，不需要再开发。如果不注意这点，第一个版本的单板到第二版本时，发现不能相互借用，导致反过来再修改第一个版本的电路板来适应新版本。有时问题更糟糕，就是完全不能兼容，只好重新开发。单板的规划显得非常重要。

(3)单板归一化时，虽然电路部分兼容了，但是结构件不兼容，对于市场人员的配置来说，仍然是两种配置，一样是失败的。

3. 平台归一化

如果发现不同的硬件平台的架构雷同、功能类似，那么机框也可以归一化。只需要制作不同的电路功能模块，就可以实现不同的功能需求。

但是不同的硬件形态都是有它存在的意义的，如果强行归一，市场未必会接受这种事情的发生。例如用一个运营商的平台去归一一个企业应用或家庭应用的产品，就未必能够成功。

4. 网络架构归一化

这个说法是我自己想的，早在2008年的时候，华为就在讨论“云管端战略”了，当时不是很理解。当我们一个运营商平台部门跟“服务器”的部门合并的时候，似乎理解了点什么。

当X86处理器足够强大的时候，所有的运算，不管是否性价比最高，都送到云端进行处理，那么所有中间的存储和计算都显得不重要了。那么整个网络的结构，就是终端+管道+云存储和云计算。

既然计算和存储设备都是一样的，那作为运算和存储的设备，也就不需要那么多样化了。这时网络存储设备和服务器就显得尤为重要。这也是华为成立IT产品线，做重点战略投资的重要原因。所以现在也就不需要那么多网络节点和网络平台了，只需要超强的处理和存储能力，以及宽广的通道和多样的终端。

我们在器件选型的章节，提到了“归一化”，那么我们就对这个研发行为进行具体的阐述。

为什么我们要具体阐述这个行为呢？因为归一化做不做，往往不影响功能交付结果。收益在短期往往不明显，甚至会导致直接成本的上升。一些小公司往往意识不到做这个动作，一些初级工程师也没有方法论做这套工作。

其实大多数工程师在开发的过程中，器件选型时的出发点就是“归一化”，例如选择公司已经做过的设计作为参考，选择公司已经采购过的器件，选择自己用过的器件。这样的选型出发点，可以达到一些归一化的结果，但是这个结果不能得到保障，并且不能够量化衡量是否满足设计的归一化要求。

因为这样完全依赖工程师的经验、水平、意识，结果往往不可控。

我们为什么需要归一化？

(1)减少不必要的人力投入。以前老工程师会跟我们说，由于"技术不传染"，项目组之间没有什么技术沟通，相互之间的原理图、PCB、文档、案例基本不共享、不交流，大家的一些模块功能是一样的，但是设计结果各式各样，在设计阶段就重复劳动，当出了问题之后，其实大家面对相同的功能模块，在解决不同的问题。例如，音频的放大模块，频率其实基本上在0~30 kHz之间，都是交流耦合。设计时考虑单电源、双电源，高电源电压、低电源电压，R-8、RM-8等不同情况的兼容性，做几种类型的设计，尽量做到归一化，做几种类型的设计。从设计上面来说，所有人都有参考标准。如果碰到新问题，现有的设计模块不能满足时，再引入新器件及新设计。例如，平时大家的放大量都是100倍，按照增益带宽积，已有设计能够满足很多场景的带宽(同时单位时间的电压上升率也满足)；出现10000倍放大需求的时候再评估是否需要引入新模块设计。

但是实际的设计都是放羊式设计，你喜欢ADI的，我喜欢TI的，他喜欢用MAX的……所以每人手上一套放大电路，每个人的滤波电路都不一样，ADC选型和设计也是各式各样。这样会造成相互之间无法借鉴，特别是出问题的时候，解决问题的过程无法和其他人讨论，解决问题的经验也无法分享给其他人。

(2)降低总体的采购成本。举个例子，贴片电阻如果按照一盘进行采购，大约25元有5000片。你只买100颗相同的电阻，可能拿到的采购价格是5元。

我们可以简单对比单价：按整盘采购单价是0.5分，按照散装采购价格是5分，单价相差10倍。其实通过这样的简单对比，我们很容易理解，在器件采购方面批发价比零售价便宜很多，有非常明显的特性。

除了类似于电容、电阻、电感等分立器件有这个特性外，在半导体器件采购上，这个特性更明显。为什么呢？因为大家知道，半导体的主要原料是二氧化硅，也就是这个世界上取之不尽、用之不竭的物质"沙子"。在一个芯片被成功设计和量产之后，其原料成本是非常有限的，主要的成本都是早期投入，例如研发投入、生产线投入，而这两部分的投入支出都非常庞大。

几乎所有的芯片都是阶梯价，也就是你采购量越大，得到的价格就越便宜。

我曾经就职于华为的硬件平台部门。其实在硬件平台部门，主要的目标就是把公司各个业务承载在相同的硬件上，用最少量的硬件研发人力承载最大的营收，减少重复的研发投入，并且降低总体的采购成本。但是其实我们阶段性的成果造成的局面是一个硬件平台，处理有X86、单核PPC、多核PPC、MIPS和ARM等多种处理器。从器件采购上面来说没有形成优势，从研发上面来说，每套开发的人员需要的技能都不一样，在开发和维护阶段的人力投入都非常巨大。在器件采购上面，每种器件的使用量都比较有限，在商务上没有特别的突破。

(3)更高的产品质量。如果产品设计形成合力，相同的器件、相同的模块、相同的电路，其发货量比较巨大，暴露出来的问题往往也是概率性的，层次也比较深入。一些低级的问题，由于涉及的人员比较多，投入度也得到保证，所以在设计早期就已经解决得比较充分，并且当设计新电路的时候，可借鉴参考的内容也比较多，可讨论的同事也比较多。如果你选用一款器件，而这款器件被同事选用，已经产品化，并且海量发货，那么你选用这颗芯片的时候，不但这颗芯片被大批量验证过了，而且设计已经解决了已发现的问题，同时由于你的选用，可能增加这颗芯片的发货量，进一步增加商务谈判的砝码。

我们如何实施归一化？

平台归一化，这个设计场景比较少，架构师在考虑平台归一化的时候，往往是业务驱动。通过现有产品，发现哪些业务可以通过重新规划电路的功能集合，完成新的电路模块的划分，实现新的硬件平台可以涵盖更多的使用场景。例如经典的硬件平台ATCA。

ATCA（Advanced Telecom Computing Architecture）标准即先进的电信计算平台，它脱胎于在电信、航天、工业控制、医疗器械、智能交通、军事装备等领域广泛应用的新一代主流工业计算技术——CompactPCI标准。ATCA总线主要针对电信运营级应用，为下一代通信及数据网络应用提供了一个高性价比、模块化、兼容性强并可扩展的硬件构架，同时以模块结构的形式呈现，以符合现代对高速数据传输的需求，为新一代电信运营设备提供了一个“可靠、可用、适用”的解决方案。

正是由于ATCA优越的“高性价比，模块化合理，兼容性强，可扩展性强”的特点，ATCA具备特别强的生命力。与ATCA类似的还有其他种类的硬件平台，往往没有这么长的生命周期，或者没有这么大的市场占有率。

硬件单板归一化，强调的是在架构设计的时候，模块划分比较合理，模块的复用度高，模块间的耦合度低。ATCA这样的硬件平台归一化的时候，合理地拆分功能模块，才能实现其可扩展性和兼容性的特点。在硬件单板设计、模块设计的时候，就需要考虑规格设计，涵盖场景等因素。

器件归一化，是硬件工程师经常需要面对的问题，此处做重点描述。

（1）处理器选型归一化。需要考虑软件归一化，如果选用相同的处理器，那么即使软件功能模块可能不一样，但是其大多数公用模块都可以借用相同的处理器，操作系统可以保持一致，同时驱动等底层软件都可以借用。给软件开发的便利性带来了很大的优势。特别是多版本的大规模发货的产品，由于产品本身有很多的沉淀需要传承，操作系统的变更可能导致很多功能需要重新开发。

例如，华为在变革操作系统的过程中，部分业务从VxWorks切换到Linux上，非常痛苦。首先大量的业务软件原本运行在Dopra（Dopra是在不同OS之上的一层封装，提供统一接口，提供编程框架），当你选用新的Linux版本的时候，Dopra都需要跟随进行补丁，或者重新确立版本。另外，大量的生产测试是基于VxWorks进行开发的，如果需要移植到Linux上，则需要花费大量的人力、物力。一些运行Linux的电路板就运行双操作系统，在业务状态下，电路启动之后就先进入VxWorks，如果需要进入生产装备等状态，则操作相关按键进入。如果是正常业务，再次引导Linux进入Linux进行业务运行。

所以我们在成熟平台上进行处理器选型时,尤其要注意电路的继承性。

(2)内存类型的选型归一化。一个平台的生命周期需要考虑其所有器件的生命周期的健康性,而内存类的器件,往往其生命周期并没有平台的生命周期长。所以在器件选型的时候,需要注意两个生命周期的配合。选型某款DSP的时候,其外围的存储器件只能选用SDRAM,但是同一平台的其他器件已经进入DDR2时代。但由于X86更新换代比较快,很快配套内存选用DDR3。当平台发布没多久,几个大的存储器件厂家宣布SDARAM停产了。由于整个平台只有这么一个设计的位置选用了SDRAM,导致备货都无法开展。根据发货量预测到平台生命周期结束,对SDRAM进行备货至关重要。所以我们在选型的时候,哪怕有各种规格的DDR,也需要考虑归一化,这样哪怕备货的时候,也能形成批量采购获得价格优势,或者加大发货量去影响其生命周期,或者扶持一些小的器件厂商进行替代。

(3)电阻、电容等分立器件。电阻,我们需要在电阻精度上面进行归一化。若干年前,当时生产的电阻,其精度还不那么容易控制,我们需要根据设计,选用精度相对不那么高的电阻以降低成本。但是目前来说,1%精度的电阻与5%精度电阻的价格差异不再那么大,我们可以统一选用1%的,不但增加了统一采购的数量,以此来获得批量采购的价格优势,同时由于减少了器件的种类,降低了生产的时间。在阻值方面也可以做一些归一化的工作,例如在一些对阻值不是那么敏感的设计中,我们可以进行一些器件归一化,例如一些远离有用信号的RC滤波,相对不需要那么准确的精度,我们可将27欧姆归一化到33欧姆,这种对滤波结果影响不大的场景,可以选择归一化。同时,有些阻值的电阻(20千欧姆),整个单板只用到一个,我们可以选择两个电阻的阻值之和(两个10千欧姆)来实现归一化。

但是我们不能为了归一化而归一化,在减少器件种类或减少器件数量的时候,一定需要考虑归一化之后对电路的影响。当年我们开发Corei7嵌入式版本,第一版的工作都是正常的,调测完成之后,进入产品化阶段。但是回板之后,电路无法正常工作。原来是硬件人员没有进行评估,把处理器的外围晶振的对地电容18pF归一化到30pF,导致晶振不起振。

6.5 软硬件接口文档设计

一般的产品都包含硬件和软件两部分,产品设计阶段需要确保硬件开发人员和软件开发的沟通准确、高效。所以需要一份书面的文档来承载软件和硬件之间的沟通细节。以下面的细水雾除尘设备为例进行讲解,涉及软件和硬件的接口,系统框如图6.9所示。

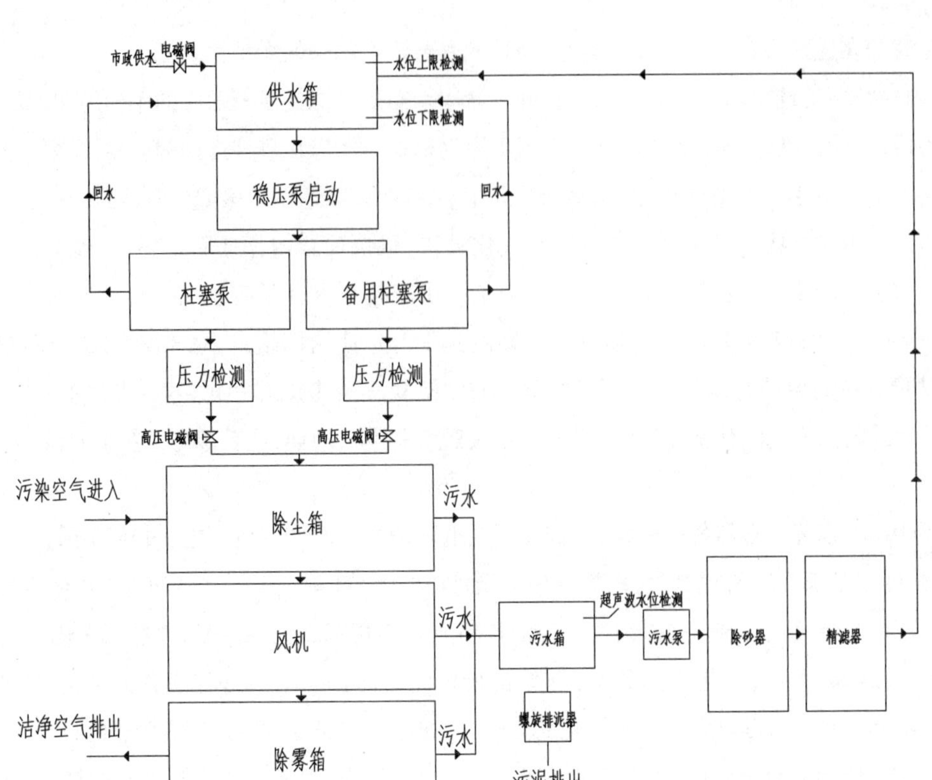

图6.9　细水雾除尘设备系统框图

整套系统中，通过一个网关来控制水雾除尘设备的工作，网关的具体命令由远端APP界面或触摸屏下发。APP和触摸屏部分的软件由软件团队负责开发，网关里的嵌入式软件由硬件团队负责开发，APP及触摸屏与网关之间的控制协议就需要通过软硬件接口文档来定义。

软硬件接口文档的参考格式见表6.1。

表6.1　软硬件接口文档示意图

序号	名称	数据长度（字节）	源端	终端
1	快捷组合命令	8	HMI	GateWay
2	开关离散量	8	HMI	GateWay
3	开关信息周期发送	8	GateWay	HMI
4	快捷组合命令反馈	8	GateWay	HMI
5	开关离散量反馈	8	GateWay	HMI
6	传感器离散量	8	GateWay	HMI
7	传感器模拟量	11	GateWay	HMI

名称	类型	赋值	定义
标识符01	UINT8	0x55	
标识符02	UINT8	OxAA	
类型标识	UINT8	见定义	0x01: HMI至Gateway开关离散量
开关标识	UINT8	见定义	0x01:供水电磁阀开关 0x02:供水稳压泵开关 0x03:主高压泵电磁阀开关 0x04:备高压泵电磁阀开关 0x05:主柱塞泵电源开关 0x06:备柱塞泵电源开关 0x07:泄压电磁阀开关 0x08:风机电源开关 0x09:污水处理进水阀开关 0xOA:污水处理出水阀开关 0xOB:滤沙器进水阀开关 0x0C:滤沙器出水阀开关 0x0D:滤沙器反洗进水阀开关 0x0E:滤沙器反洗排水阀开关
动作标识	UINT8	见定义	0x01:闭合 0x02:断开 其他:无效
备份01	UINT8	0x00	
备份02	UINT8	0x00	
校验字	UINT8	见定义	累加和,标识符不参与计算

软硬件接口文档中要明确所有涉及软件和硬件之间交互的接口、线序、命令字、寄存器等。

6.6 FMEA分析

1. 概念

FMEA(Failure Mode and Effects Analysis,失效模式与影响分析)是一种可靠性设计的重要方法。它实际上是FMA(故障模式分析)和FEA(故障影响分析)的组合。它对各种可能的风险进行评价、分析,以便在现有技术的基础上消除这些风险或将这些风险减小到可接受的水平。

下面简述FMEA的发展历史。

20世纪50年代初,美国第一次将FMEA思想用于一种战斗机操作系统的设计分析;

20世纪60年代中期，FMEA技术正式用于航天工业（Apollo计划）；

1976年，美国国防部颁布了FMEA的军用标准，但仅限于设计方面；

20世纪70年代末，FMEA技术开始进入汽车工业和医疗设备工业；

20世纪80年代初，FMEA进入微电子工业；

20世纪80年代中期，汽车工业开始应用过程FMEA确认其制造过程；

1988年，美国联邦航空局发布咨询通报，要求所有航空系统的设计及分析都必须使用FMEA；

1991年，ISO-9000推荐使用FMEA提高产品和过程的设计；

1994年，FMEA又成为QS-9000的认证要求。

我们做FMEA的目的是能够容易、低成本地对产品或过程进行修改，从而减轻事后危机的修改；找到能够避免或减少这些潜在失效发生的措施。益处显而易见：

（1）可指出设计上可靠性的弱点，提出对策。

（2）针对要求规格、环境条件等，利用实验设计或模拟分析，对不适当的设计实时加以改善，减少无谓的损失。

（3）有效地实施FMEA，可缩短开发时间及开发费用。

（4）FMEA发展初期，以设计技术为考虑重点，但发展到后来，除设计时使用外，制造工程及检查工程亦可适用。

（5）改进产品的质量、可靠性与安全性。

2. 质量是设计出来的，不是测试出来的

在我看来，FMEA不单纯是一种故障后果防范的工具，更是一种设计理念。也就是说，在你设计电路或设计软件的时候，就需要考虑某个部件如果损坏了，可能对系统的影响，并且在设计的时候就能够预见，并制定对策。

可靠性不是靠测试出来问题、解决问题实现的，而是设计出来的，也就是我们经常说的"质量是设计出来的"。在设计概念阶段就介入可靠性的设计，而在计划阶段和开发阶段的起始，就需要完成FMEA的分析报告。这样做有以下几点意义。

（1）帮助决策者从各种方案中选择满足可靠性要求的最佳方案。

（2）通过系统级FEMA分析并确定系统最合理的可靠性架构、功能模块划分、冗余策略、复位策略、集中式/分散式控制策略等。

（3）通过板级/器件级FEMA保证所有单元的各种故障模式及其影响都被周密考虑。

（4）找出系统的可靠性薄弱环节，分析每个单元故障后对系统功能影响及其影响程度，为进一步改进产品可靠性设计及可靠性定量计算提供资料。

产品的可靠性可以理解为三个规定，即规定条件下、规定时间内、产品完成规定功能的能力。

从用户的角度考虑，可简单地理解为几个层面的要求：

(1)硬件不出故障。

(2)硬件故障，仅对性能有部分影响，设备的功能不受损。

(3)硬件故障，设备部分或全部功能受损，但能尽快恢复业务。

3. FMEA的基本思想：遍历性、系统性

我们可以在很多FMEA的教材上面看到这两个概念：遍历性、系统性。那么这两点在硬件设计的过程中是如何体现的呢？

FMEA的分析方法：

(1)硬件法，从硬件的角度，对每个器件管脚输出分别去考虑故障模式、故障影响、检测补偿措施。(因为我们遍历了每一个器件、每一个器件的每一个管脚，所以这里体现了遍历性。)

(2)功能法，每个产品可以完成若干功能，而功能可以按输出分类。这种方法将输出一一列出，并对它们的故障模式进行分析，对应系统级、单板级分析。(此处按照功能和场景，对故障模式分别进行遍历和分析。)

4. FMEA分析操作步骤

首先确定严重等级，从严到轻依次如下：

(1)这种故障会导致整个系统崩溃或主要功能受到严重影响。

(2)这种故障会导致系统主要功能受到影响、任务延误的系统轻度损坏或存在较大的故障隐患。

(3)系统次要功能丧失或下降，须立即修理，但不影响系统主要功能实现的故障。

(4)部分次要功能下降，只须一般维护的，不对功能实现造成影响(一般告警或指示灯故障等)。

然后描述结构图，清晰功能模块之间的相互关系和主要输入/输出信号。

接着设计FMEA表格。我曾经在开发过程中，也非常急于出成果。但是真做成硬件产品后，往往忽略一些功能设计之外的考虑，最后导致返工。

可靠性设计，包含FMEA的设计是很重要的。磨刀不误砍柴工，从设计阶段就要融入可靠性、预防失效的思考，让你的设计上升一个台阶。

然后是降额审查。关于"降额"的概念，有些工程师可能没有涉及过这样的概念。我讲个故事，大家就都理解了。我上初中时，自行车失窃的现象比较普遍。所以家里人都把自行车扛上楼，然后用软锁锁在楼道里面，以防止自行车失窃。我家住在六楼，每天骑车放学回家，就自己把一辆大自行车扛到六楼。邻居看到了，就跟我父母说："小孩子扛自行车上楼，小心压伤了，以后身高不长了。"后来我们家人就想办法搞了个储藏室存放自行车。其实我是能扛得动自行车的，也就是我的额定负载能力是大于自行车重量的，但是家人为了提高我的使用可靠性，所以对我进行降额使用，不让我接近负荷

地使用。这个就是降额使用的思路。

降额设计的定义：设计时元器件或设备工作时承受的工作应力适当低于元器件或设备规定的额定值，从而达到降低基本失效率，提高使用可靠性的目的。

降额为什么能提高可靠性？

(1)减小处于应力边缘状态的元器件在系统寿命期内失效的可能性。

(2)降低元器件参数初始容差的影响(如器件个体之间的差异、批次波动、工艺更改)。

(3)减小元器件参数值的长期漂移带来的影响。

(4)为应力计算中的不确定性提供裕量。

(5)针对意外事故提供裕量，比如机房空调故障、电压峰值瞬变应力等。

降额涉及的阶段如下。

(1)器件选型阶段：应该参考降额规范，选型应该符合降额要求的器件。

(2)电路设计阶段：包括相应的热设计和热仿真，应该遵循降额规范进行降额设计。

(3)电路测试阶段：测试工程师对电路进行实测审查，判定是否符合降额规范，有产品可靠性工程师在，对降额审查和测试这一活动的执行情况及问题解决情况进行把关。

降额的原则：

(1)禁止器件超规格应用。

(2)严格按照器件降额要求应用器件。

降额是多方面因素综合分析的结果或经验累积的传承，在实际应用中必须满足该规格要求，否则将影响产品的使用可靠性。对于完全按照本规格降额要求执行的，都应该在降额审查与测试中解决，不解决的问题视为产品风险。

(3)器件降额幅度要适合，避免降额不足及过降额。

降额幅度应能达到提高器件使用可靠性的目的，重点考虑“不降额”和“降额不足”导致的器件质量问题，“过降额”导致器件选型成本增加、热设计等工程实践的可行性。

降额的指标来源：

① 不降额或降额不足导致的实际产品的质量问题；

② “过降额”导致器件选型成本增加，热设计等工程实践的可行性分析、行业标准、优秀厂家的指标、器件质量现状(质量情况、批次离散度等)、经验。

(4)此规范给出的降额要求，在产品规格要求的最恶劣环境条件下皆应满足。产品热测试条件为产品最大功耗配置、高温条件。

(5)热测试的环境温度，应使用被测试设备的规格最高温度。例如某产品规格温度0~50 ℃，则测试的环境温度应该涵盖0~50 ℃的范围。

(6)部分器件温度下限也有要求,比如晶振、二极管的工作温度参数。

(7)部分器件的降额要求,根据应用场合、条件的不同,其降额要求也不同,例如,电磁继电器的连续触电电流参数的降额要求,根据其负载类型的不同而有所不同。

(8)若厂家同时提供结温、壳温、环境温度,原则上这几个温度参数皆应满足器件手册的要求。器件温度参数是否满足规格和降额的判据,根据实际数据的可获得性等情况,首选壳温,次选结温,最后选环境温度。

(9)温度参数的测量、计算、评估方法应遵从的顺序。

优先遵从厂家正式提供的温度测量、计算、评估方法。其次遵从各类器件相应公开的、权威的、广泛接受的应用和标准。最后遵从降额规范中各类器件的温度测量、计算评估方法。

(10)降额分析,需要分别考虑"稳态"和"瞬态"。

分别按照"稳态"和"瞬态"进行分析电阻的功耗降额。

电阻的瞬态降额:电阻的功率降额是在相应的工作温度下的降额,即是在元器件符合曲线所在规定环境温度下的功率的进一步降额。为了保证电阻器正常工作,各种型号的电阻厂家都通过试验确定了相应的降功耗曲线。因此在使用过程中,必须严格按照降功耗曲线设计。

厂家额定环境温度为70 ℃,低于这个温度的时候,直接按照60%进行降额。当超过这个温度的时候,额定曲线是一个斜线。最大温度的降额为121 ℃,然后绘制一条红色的斜线,按照斜线进行降额。

瞬态降额只要时间足够短,电阻可以承受比额定功率大得多的瞬态功率。要参考厂家资料中的最高过负荷电压参数,再在此基础上降额。

瞬态功耗,又要按照单脉冲和多脉冲分别进行讨论和分析。具体的原理本节不赘述,本节重点强调降额设计的思路。

(1)设计人员在器件的选型中,主要在功耗、温度、耐压这几个维度进行重点的降额设计。

(2)有些器件,应注意一定条件下的额定值,需要将这些内容写入设计文档并进行跟踪。例如,DDR3内存的工作额定温度有两个值,对应着不同的刷新率。相关设计需要协同软硬件和热设计,并建立专题分析或写入详细设计文档。

(3)测试人员在设计阶段对降额设计进行核查,在测试阶段进行有针对性的测试。

(4)器件可靠性工程师在产品的转测试阶段和转生产阶段,都需要对产品的降额设计进行审查。

(5)定期进行可靠性相关的活动和持续改进,并形成持续完善《降额设计规范》的工作,定期刷新,不定期事件触发式刷新降额规范。

降额是"可靠性设计的一部分",但是也是非常重要的一部分。

6.7 PCB工程需求表单

PCB工程需求表是PCB设计的入口条件，以硬十开发的一块单板为例，表6.2所示的PCB工程需求表单明确了Signal Integrity（SI，信号完整性）和Power Integrity（PI，电源完整性）的要求。

表6.2　PCB工程需求表单

1. 总线信号							
总线类型	网络名称	网络类型	信号速率	阻抗控制	相关器件	新器件模型	备注
SPI	SPI1 SCK	0	10 MHz	50 ohm	LSD4RF		
SPI	SPI1 MISO	I	10 MHz	50 ohm	LSD4RF		
SPI	SPI1 MOSI	0	10 MHz	50 ohm	LSD4RF		
SPI	W5500 SCK	0	18 MHz	50 ohm	W5500		
SPI	W5500 MOSI	0	18 MHz	50 ohm	W5500		
SPI	W5500 MISO	I	18 MHz	50 ohm	W5500		
2. 非总线关键信号							
信号种类	信号名称	信号速率	阻抗控制	相关器件	是否多负载	新器件模型	备注
时钟信号	OSC IN, OSC OUT	25 MHz	50	Y2—>U1	一驱一		
时钟信号	0SC32 IN, 0SC32 OUT	32.768 KH:	50	Yl—>U1	一驱一		
时钟信号	W5500 X0, W5500 XI	25 MHz	50	Y3—>U7	一驱一		
复位信号	SHUT ALL PWR		50	U5—>Q28	一驱一		

电源种类	电源网络名	电压值(V)	使用器件	对应器件的最大电流	最大压降	噪声要求	备注
开关电源	5 V	5 V	SIM800L	1 A	1.3 V	± 5%	3. 7~4. 2 V

6.8 PCB详细设计

PCB设计包括布局和布线，以及信号和电源的仿真。

6.8.1 PCB布局和布线设计

在硬件设计中，PCB设计是其中非常重要、不可或缺的一个步骤。对于一些简单的产品，PCB设计可能只是简单地把所有的器件、网络对应连接起来。而对于高速电路、射频电路，PCB的设计直接影响到产品的功能是否正常、产品是否能满足入市的要求。下面将从PCB设计的流程、PCB布局、PCB布线、PCB设计检查表四个方面做介绍。

1. PCB设计的流程

PCB的质量直接决定了一款电子产品的好与坏，那么一个好的PCB设计流程就至关重要。很多工程师认为，PCB设计就是简单地把所有的元器件摆好之后，再把所有相关的器件引脚连接在一起。这是一种狭隘的观点，一个好的PCB设计流程从原理方案设计时就已经开始，比如如何选择合适的方案、选择合适的电子元器件，等等。具体如图6.10所示：

原理图方案设计 → 机械结构导入 → 导入网表 → 叠层编辑 → SI/PI前仿真 → PCB布局 → 设计约束规则导入 → PCB布线 → SI/PI/EMC热后仿真 → DFM → 生成生产文件

图6.10 PCB设计流程图

具体包含了原理图方案设计、机械结构导入、原理图网表输出和导入、层叠结构设计和编辑、信号完整性/电源完整性前仿真、PCB布局、设计约束规则导入、PCB布线、信号完整性/电源完整性电磁兼容性(EMC)/热后仿真、设计可制造性(DFM)检查、生成生产文件(Gerber)。这些工作可能是一个工程师完成的，也有可能是多个工程师合作完成的。当然，并不是每一个产品的PCB设计流程都是一样的，具体的产品可以根据这个流程进行适当的细化、增加或删减。

2. PCB布局

在设计中，布局是一个重要的环节，布局结果的好坏将直接影响布线的效果。因此可以这样认为，合理的布局是PCB设计成功的第一步。简单地理解，PCB布局就是把所有的元器件按照功能结构、模块化、满足DFX的要求、满足顺畅布局布线等原则进行。

考虑整体美观。一个产品的成功与否，一是要注重内在质量，二是兼顾整体的美观，两者都较完美才能认为该产品是成功的。在一个PCB板上，组件的布局要求要均衡，疏密有序，不能头重脚轻或一头沉。某PCB的布局如图6.11所示。

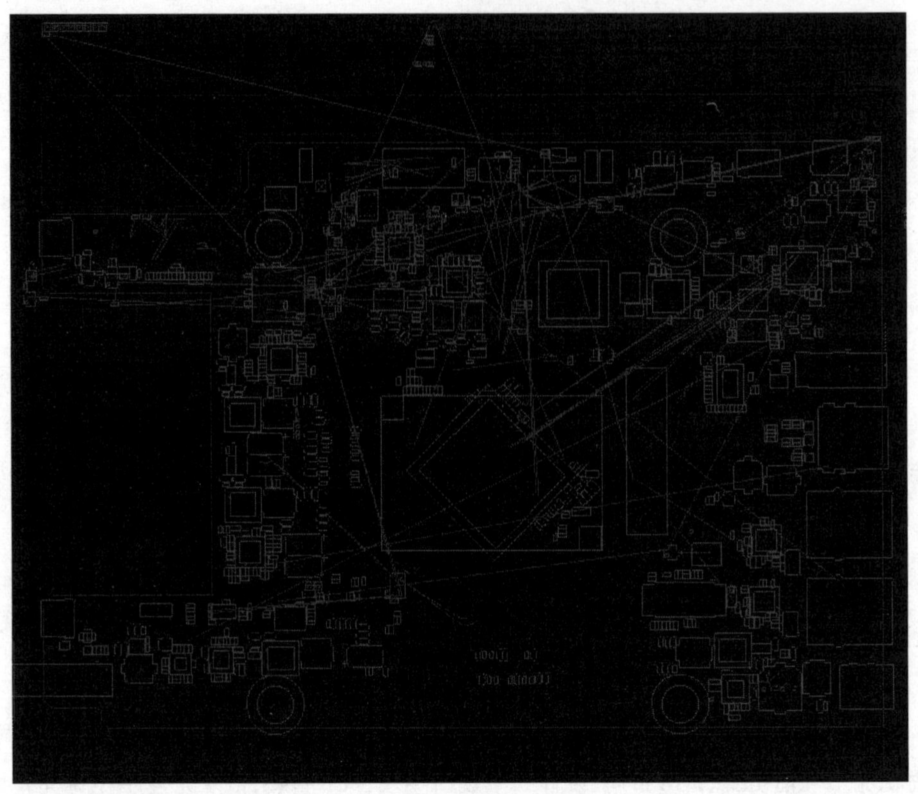

图6.11　某PCB的布局

上面说到的只是一些大的方向和要求，其实PCB布局需要考虑到的因素非常多，比如常常会按照“先大后小，先满足结构后满足美观，先难后易”的布置原则，把重要的核心单元电路、高速电路、射频电路、核心元器件、接口电路优先布局，然后再把一些辅助性的电路布局好。在进行PCB布局设计时具体可以遵循以下原则进行布局。

(1)布局中应参考原理框图，根据单板的主信号流向规律安排主要元器件。布局应尽量满足以下要求：

在没有特殊要求时，使布线的总长度尽可能短，关键信号线最短；去耦电容的布局时依据电容的大小尽量保证越小的电容越靠近IC的电源管脚，并使之与电源和地之间形成的回路最短；减少信号回流路径，不要出现跨分割现象。

(2)元器件的排列首先要满足功能的要求，同时还要便于后续调试和维修，即小元件周围不能放置大元件，需调试的元器件周围要有足够的空间，太紧凑就会导致无法下烙铁。

(3)相同结构电路部分，尽可能采用“对称式”标准布局，按照均匀分布、重心平衡、版面美观的标准优化布局。

(4)同类型插装元器件在X或Y方向上应朝一个方向放置。同一种类型的有极性分立元件也要尽量在X或Y方向上保持一致，便于生产和检验。

(5)发热元件一般应均匀分布,以利于单板和整机的散热,除温度检测元件以外的温度敏感器件应远离发热量大的元器件。除了温度传感器外,三极管也属于对热敏感的器件。

(6)高电压、大电流信号与小电流、低电压的弱信号完全分开。

(7)模拟信号与数字信号分开;高频信号与低频信号分开;高频元器件的间隔要充分。

(8)元件布局时,应适当考虑使用同一种电源的器件尽量放在一起,以便于将来的电源路径设计及与其他电源平面分割开。

对于一些特殊元器件的位置在布局时一般要遵守以下原则:

(1)DC/DC 变换器、开关元件和整流器应尽可能靠近变压器放置,整流二极管尽可能靠近调压元件和滤波电容器,以减小其线路长度。

(2)电磁干扰(EMI)滤波器要尽可能靠近 EMI 源。尽可能缩短高频元器件之间的连接,设法减少它们的分布参数和相互间的电磁干扰。易受干扰的元器件不能相互离得太近,输入和输出应尽量远离。

(3)对于电位器、可调电感线圈、可变电容器、微动开关等可调元器件的布局应考虑整块扳子的结构要求,一些经常用到的开关,在结构允许的情况下,应放置到手容易接触到的地方。元器件的布局应均衡、疏密有度。

(4)发热元件应该布置在 PCB 的边缘,以利散热。如果 PCB 为垂直安装,发热元件应该布置在 PCB 的上方。热敏元件应远离发热元件。

(5)在电源布局时,尽量让器件布局方便电源线布线走向。布局时需要考虑减小输入电源回路的面积。满足流通的情况下,避免输入电源线满板跑,回路圈起来的面积过大。电源线与地线的位置良好配合,可降低电磁干扰的影响。如果电源线和地线配合不当,会出现很多环路,并可能产生噪声。

(6)高、低频电路由于频率不同,其干扰及抑制干扰的方法也不相同。所以在元件布局时,应将数字电路、模拟电路及电源电路按模块分开布局。将高频电路与低频电路有效隔离,或者分成小的子电路模块板,之间用接插件连接。

(7)布局中还应特别注意强、弱信号的器件分布及信号传输方向路径等问题。为将干扰降低到最低程度,模拟电路和数字电路分隔开之后,高速逻辑电路、中速逻辑电路和低速逻辑电路也要在 PCB 上分隔开。PCB 板要按频率和电流开关特性进行分区。噪声元件与非噪声元件要距离远一些。热敏元件与发热元件距离远一些。低电平信号通道远离高电平信号通道和无滤波的电源线。将低电平的模拟电路和数字电路分开,避免模拟电路、数字电路和电源公共回线产生公共阻抗耦合。

3. PCB布线

当原理图网表导入 PCB 设计软件中时,所有的元器件相互连接的引脚都是通过“鼠线”连接的,这些并没有网络属性意义,如图 6.12 所示。

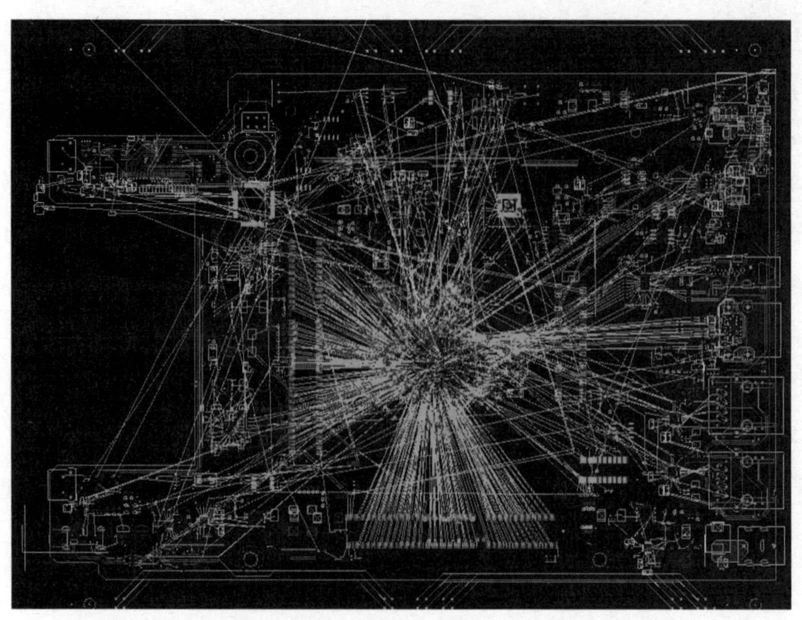

图 6.12　鼠线连接的PCB

这需要工程师把它们按照相应的设计约束规则相互连接起来。只有当所有的网络连接在一起时，它们才有电气特性。布线就是这样一个作用，即把所有的信号网络、电源网络和地网络都连接好。

在PCB布线时需要用到设计约束规则，这些规则就包含信号网络的线宽、差分对内的线间距、差分对之间的等长误差、传输线之间的间距要求、传输线的总长度、传输线对内或对间的分段等长要求等。图6.13为Intel某平台对PCIE设计的要求。

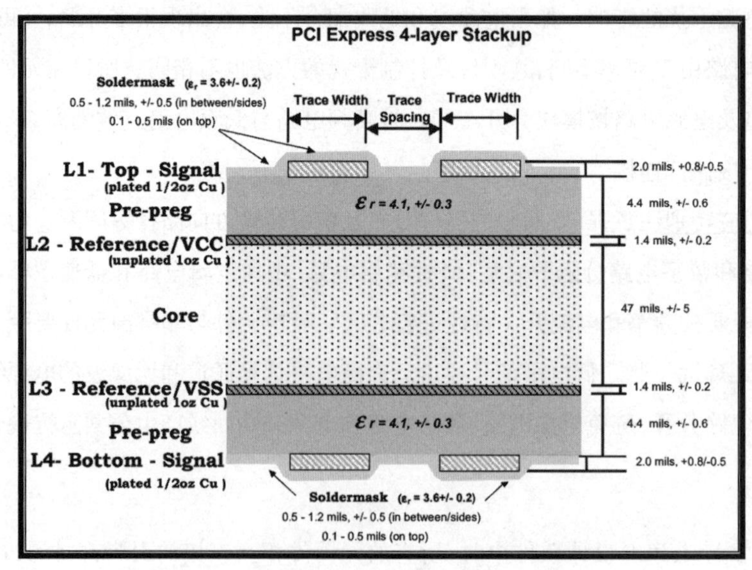

图 6.13　Intel某平台对PCIE设计的要求

按照相应的要求完成布局、布线之后，就得到了一份错落有致的PCB版图，图6.14为连接好的PCB版图。

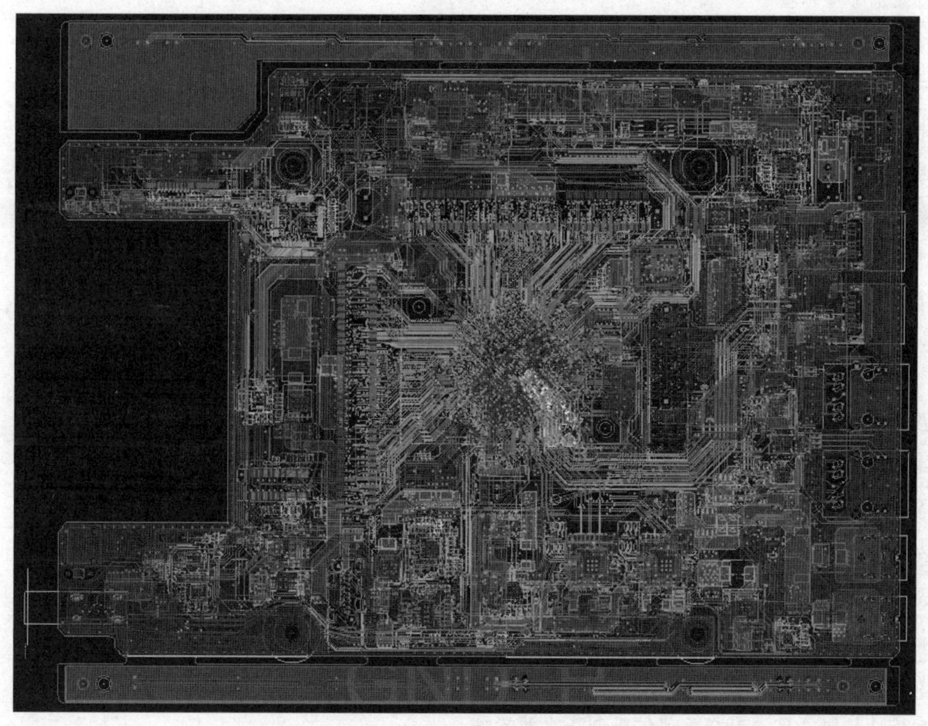

图6.14　连接好的PCB版图

PCB设计完成之后，就可以按照生产要求输出生产文件，一般包括PCB生产文件、PCBA生产文件、钢网文件等。

4. PCB设计检查表

在正式生成PCB生产文件之前，一般都会对PCB设计进行详细的检查，包括DFM、SI、PI、EMC、Thermal、可靠性等检查。如何检查呢？有的公司是通过工具进行检查，有的公司是通过各个工程师自己检查，不管是哪一种，其实都是依照一定的规则进行检查分析，也就是大家通常所说的PCB设计检查。表6.3为PCB设计审查表。

表6.3　PCB设计审查表

项目	检查内容	Y/N	备注
常规类检查项	禁止布局布线区域设置是否正确。(注意限高区)增加：晶振，电感，变压器。下方画好禁布区		
	结构是否更新正确，螺孔大小、接口定位与方向是否正确。对于有疑问的接口方向有没有与结构工程师确认		
	结构是否为最终文件		

续表

项目	检查内容	Y/N	备注
	封装是否经过检查		
	改版设计时,封装是否检查并更新(原点变化导致固定器件偏位等)		
	有出差工程师自建或临时替换的封装有没有进行复查和更正		
	光绘设置是否正确		
	每种电源是否都有来源,宽度是否都满足载流量,过孔数量是否足够		
	原理图和PCB文件网表否是最新的,导入是否一致		
	是否有未摆器件、是否有未连接网络、是否有多余线段		
	IPC网表是否对比,并确认没有断路和短路存在		
规则设置	叠层设置是否正确。(包括正负片)是否有按厂家的工艺制作说明进行规则设置		
	差分线、单端线等线宽、线距规则设置是否正确		
	高电压安规设置是否正确		
	等长误差与最大长度设置是否正确		
	保护地是否设置2 mm以上间距		
	是否有把相同分类的网络全部分配到对应的分组		
	相应规则是否打开		
	如果有隔离盘花焊盘,是否设置正确		
布局	确保结构限高区没有摆放超过限制高度的器件		
	有顺序要求的(如LED、按键)是否符合结构要求摆放		
	TVS、ESD保护器件是否靠近接口放置		
	数字、模拟、高速、低速部分是否分开布局。模拟布局是否保证主通路走线最短		
	相同模块是否相同布局		
	源端与末端匹配器件布局是否正确		
	晶体、晶振及时钟驱动器摆放是否合理		
	开关电源是否按要求布局、布线(回路是否最小,是否做单点接地)		
	每种电源、电压、电容是否均匀分布(0.1uf以下小电容每个电源管脚有一个)		
	热敏感器件是否远离电源和其他大功耗的元件(测温器件是否放在合适的位置)		
	绕线、电感是否平行摆放一起(建议相互垂直摆放)		
	射频电路是否考虑一字型或L型布局		
	隔离器件(如变压器)前后部分器件要分开布局		
	发热量大的器件也要相互分开,方便散热		
	确保禁布区没有放置器件		

续表

项目	检查内容	Y/N	备注
布线	锁相环电路、REF、电感两端走线是否加粗		
	信号或电源孔密集处是否增加回流地孔		
	电源引脚出线是否都有20mil以上或同引脚一样宽(包括热焊盘、上下拉电阻除外)		
	所有关键信号线走线是否有跨相邻平面层分割		
	射频线与天线是否处理正确(加粗控50 ohm阻抗,并加上相应的参考面,陶瓷天线按要求挖空,射频线周边加屏蔽地过孔)		
	模拟走线和不要求阻抗的线(如晶体时钟线、Reset等)是否加粗8mil以上		
	是否存在多余过孔和线,以及多余残桩(Stub)走线		
	是否存在直角和锐角走线		
	是否存在孤铜和无网络铜		
	有极性器件是否正确(特别注意二极管、极性电容、ESD、LED等)		
	布线拓朴结构是否合理		
	隔离器件(光耦、共模电感、变压器等)是否做隔离或挖空处理		
	静电保护地、保护地与工作地是否已做隔离设计(至少相隔2.5 mm)		
	电源模块、时钟模块是否有信号线走过,特别是开关电源电感下不能穿线		
	相邻信号层是否有平行走线。平行走线必需错开或垂直走线,不可以重叠		
	差分线和重要信号线换层处是否加有回流地过孔。最好对称加上两个回流地孔		
	对敏感信号是否进行了地屏蔽处理,每500mil是否有一个过孔		
	多层板板边是否每150mil加有屏蔽地过孔		
	平面层是否有通孔隔离盘过大造成平面割断导致电源平面电流不足		
	电源平面与地平面比较是否有内缩		
	平面层各块电源网络是否都有花盘连接		
	IC与连接器是否都有电源和地管脚且加粗走线		
	发热量大的器件铺铜面积是否足够大。是否在表层有加上散热开窗的铜皮		
	金手指下是否有铺铜,内层铺到金手指焊盘的一半的位置,金手指上是否有整块阻焊		
	器件(电阻电容电感等)引脚中间是否有过线		
	表层空白处是否有铺铜处理		
	两层板正反面是否连接良好。特别注意电源和地在换层的地方过孔是否满足载流能力		
	串口芯片(例如232、485、429、422)部分电容走线是否加粗		

续表

项目	检查内容	Y/N	备注
	时钟电路(包括晶体、晶振、时钟驱动器等)的电源是否进行了很好的滤波,对于时钟走线不能有残桩		
	做等长时,是否确保每个信号分组中的每一根网络都做到等长		
	重要信号线是否优先布线、走在最优布线层		
	电源平面压差较大时,隔离带是否相应加宽		
	同组高速信号线的过孔数是否最少且个数一致,尽量小于2个过孔		
输出产生文件检查	确定SMT器件是否有开钢网和所有器件开阻焊层		
	阻焊开窗是否与表层铺铜一致		
	确定器件字符及丝印标示方向是否正确,是否有干涉和文字错误上焊盘现象,器件1脚标示是否正确明显		
	走线线宽是否与生产说明一致		
	非金属化孔焊盘是否设置正确		
	板上标注是否正确(包括Drill层说明及误差标注)		

这是一个常规的PCB设计检查表,每一类产品使用的检查表大同小异。一般建议按照自身产品的特点制作特定的PCB设计检查表。

6.8.2 SI后仿真

后仿真,顾名思义,就是在PCB布线完成以后,对已经完成的关键网络进行仿真验证的过程。可以检查实际的物理执行过程(布局布线)是否违背设计意图;或是有已知的改动,通过仿真来验证这种改动给高速设计带来的影响。

进行后仿真的基本流程如下:把设计好的PCB文件导入ADS中,然后再通过SIPro和PIPro进行信号完整性和电源完整性的后仿真,仿真完之后,获得结果;也可以把仿真的结果或者提取的模型导出到ADS原理图页面,做进一步的仿真。

在ADS SIPro中进行信号完整性的后仿真可以获得S参数模型,同时可以查看信号网络的阻抗,并能导出S参数模型。在ADS PIPro中还可以进行电源完整性的直流压降仿真(PI DC)、直流电热联合仿真(Electro-Thermal)、热仿真(Thermal)、交流阻抗仿真(PI AC)和平面谐振仿真(Power Plan Resonance)。

在PIPro中还可以对PDN设计进行去耦电容自动优化,通过对不同的电容组合、电容种类进行自动分析,找到一种最合适的设计。也可以把PDN的S参数提取之后导出到ADS原理图中,在原理图中也可以进行优化仿真分析。

在信号完整性仿真阶段,EMPro也是不可或缺的工具,特别是对于一些比较复杂的结构,比如具有芯片封装、连接器、线缆的互连通道,就需要使用EMPro进行电磁模型的提取。

6.9 PCB审查

PCB审查需要从布局、布线和丝印等各个方面检查PCB的设计，一般在布局阶段完成后，先进行一次审查，审查问题修改完成后再进行布线，布线完成后进行第二轮审查，审查问题完成后再布置丝印，最后在投板前再进行一轮审查。每个阶段都有一些注意事项需要关注，下面以射频单板为例，讲述各个阶段的注意事项。

6.9.1 布局阶段注意事项

1. 结构设计要求在PCB 布局之前弄清楚产品的结构

结构需要在PCB板上体现出来，比如腔壳的外边厚度大小、中间隔腔的厚度大小，倒角半径大小和隔腔上的螺钉大小等。[换句话说，结构设计是根据完成后的PCB上所画的轮廓(结构部分)进行具体设计的。]一般情况，外边腔厚度为4 mm，内腔宽度为3 mm，点胶工艺的为2 mm，倒角半径2.5 mm。以PCB板的左下角为原点，隔腔尽量做到0.5倍栅格的整数倍，最少需要做到0.1倍栅格的整数倍。这样有利于结构加工进行加工，误差控制比较精确。当然，这需要根据客户的要求来设计。

图6.15所示为PCB设计完成后的结构轮廓图。

图6.15 PCB轮廓图

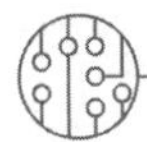

2. 布局要求

优先对射频链路进行布局，然后对其他电路进行布局。射频链路布局注意事项：完全根据原理图的先后顺序（输入输出，包括每个元件的先后位置和元件与元件之间的间距都有讲究的。有的元件与元件之间距离不宜过大，比如π网）进行布局，布局成“一”字形或“L”形。在实际的射频链路布局中，因受产品的空间限制，不可能完全实现，这就迫使我们布局成“U”形。布局成“U”形并不是不可以，但需要在中间加隔腔将其左右进行隔离，做好屏蔽。中间加隔腔的PCB如图6.16所示。

还有一种横向的情况也需要添加隔腔，即用隔腔把“一”字形左右进行隔离。这主要是因为需要隔离部分非常敏感或易干扰其他电路；另外，还有一种可能就是“一”字形输入端到输出端这段电路的增益过大，也需要用隔腔将其分开（若增益过大，腔体太大，可能会引起自激）。横向加隔腔如图6.17所示。

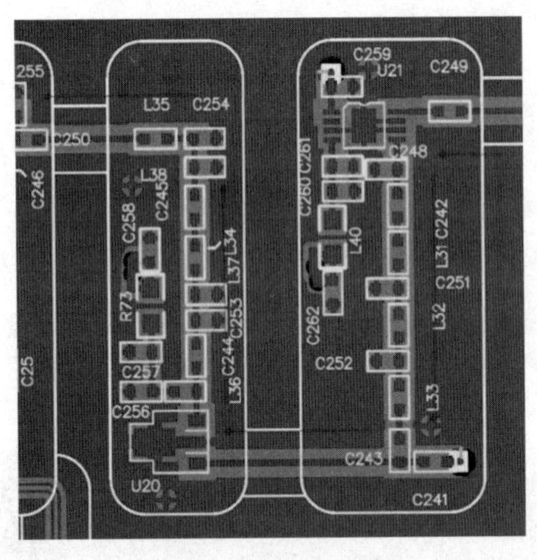

图6.16　PCB中间加隔腔

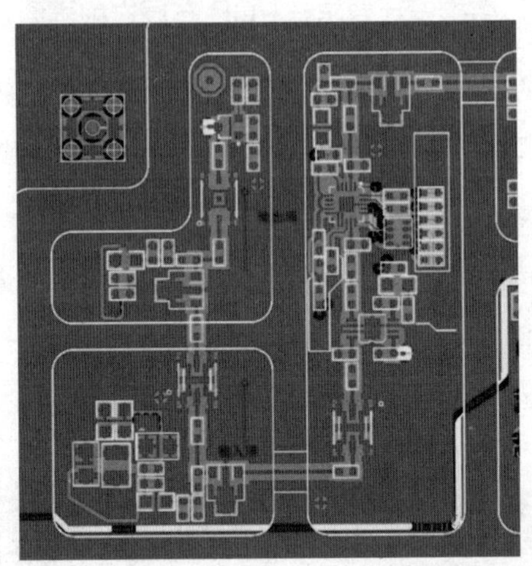

图6.17　PCB横向加隔腔

芯片外围电路布局：射频器件外围电路严格参照datasheet上面的要求进行布局，受空间限制可以进行调整。数字芯片外围电路布局就不多讲了。

6.9.2 布线注意事项

根据50欧姆阻抗线宽进行布线，尽量从焊盘中心出线，线呈直线，尽量走在表层。在需要拐弯的地方做成45度角或圆弧走线，推荐在电容或电阻两边进行拐弯。如果遇到器件对走线匹配有要求的，请严格按照datasheet上面的参考值长度走线。例如，一个放大管与电容之间的走线长度（或电感之间的走线长度）要求等。

在进行PCB设计时，为了使高频电路板的设计更合理，抗干扰性能更好，应从以下几方面考虑（通用做法）：

（1）合理选择层数。在PCB设计中对高频电路板布线时，利用中间内层平面作为电源和地线层，可以起到屏蔽的作用，有效降低寄生电感、缩短信号线长度、降低信号间的交叉干扰。

(2)走线方式。走线必须按照45度角拐弯或圆弧拐弯,这样可以减小高频信号的发射和相互之间的耦合。

(3)走线长度。走线长度越短越好,两根线并行距离越短越好。

(4)过孔数量。过孔数量越少越好。

(5)层间布线方向。层间布线方向应该取垂直方向,就是其为水平方向,相邻层为垂直方向,这样可以减小信号间的干扰。

(6)覆铜。增加接地的覆铜可以减小信号间的干扰。

(7)包地。对重要的信号线进行包地处理,可以显著提高该信号的抗干扰能力,当然还可以对干扰源进行包地处理,使其不能干扰其他信号。

(8)信号线。信号走线不能环路,但是包地要慎重。

6.9.3 接地处理

接地处理需要注意以下几点。

(1)射频链路接地。射频部分采用多点接地方式进行接地处理。射频链路铺铜间隙一般30mil到40mil用得比较多。两边都需要打接地孔,且间距尽量保持一致。射频通路上对地电容电阻的接地焊盘,尽量就近打接地孔。器件上的接地焊盘都需要打接地过孔,如图6.18所示。

(2)腔壳接地孔。为了让腔壳与PCB板之间更好的接触,一般打两排接地孔且交错方式放置,如图6.19所示。PCB隔腔上需要开窗,如图6.20所示。PCB底层接地铜皮与底板接触的地方都需要开窗处理,使其更好地接触,如图6.21所示(PCB板的上半部分与底座接触)。

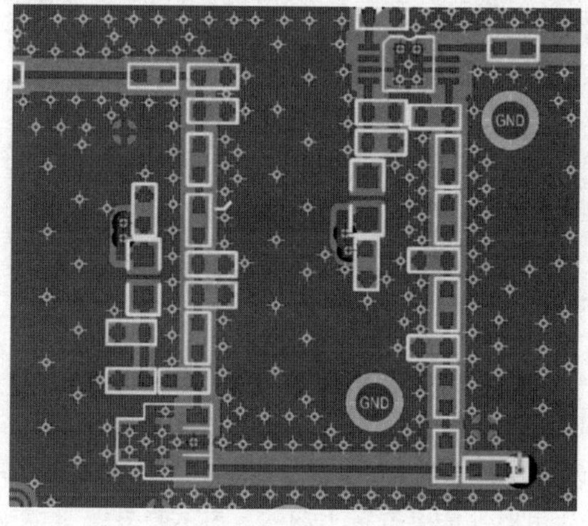

图6.18　PCB接地焊盘的接地过孔

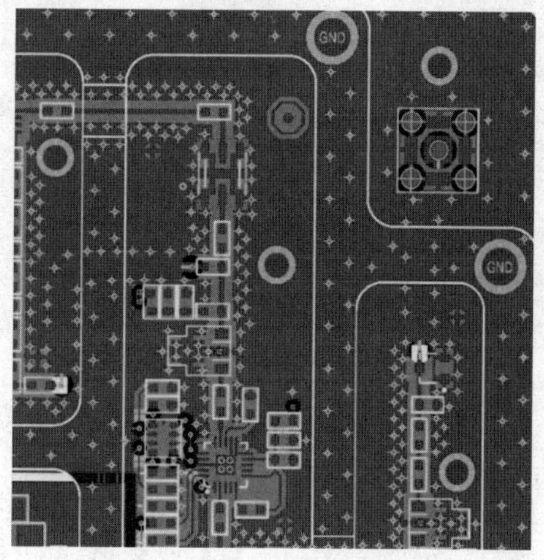

图6.19　PCB隔腔接地过孔图

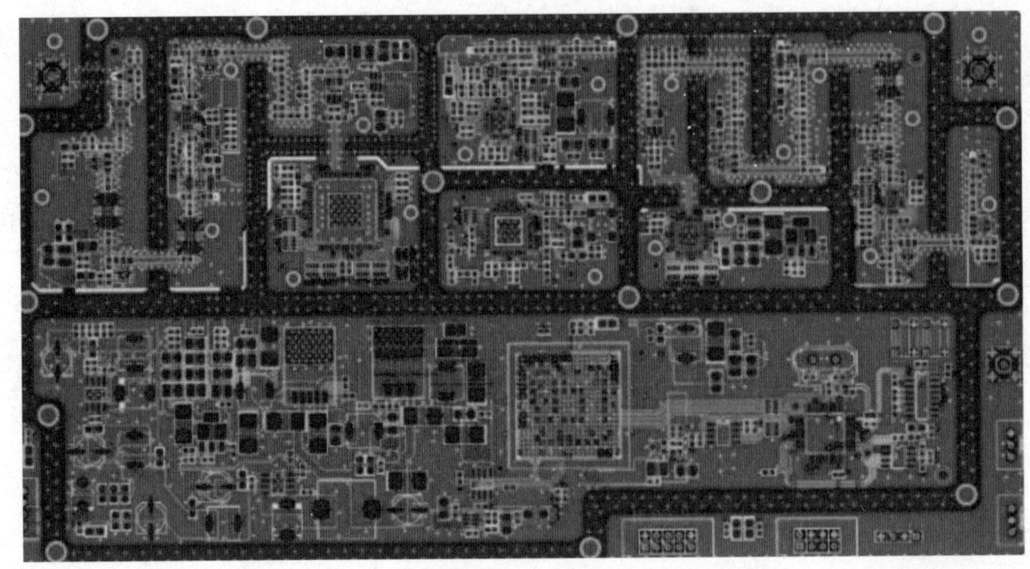

图6.20　PCB隔腔开窗

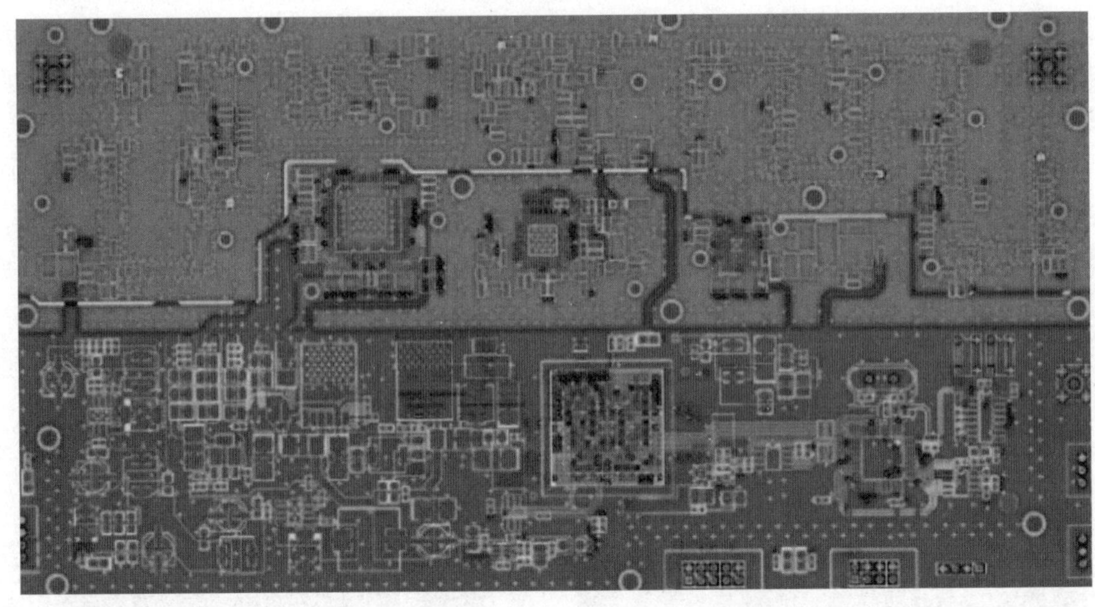

图6.21　PCB底层开窗

(3)螺钉放置(需要了解结构知识),为了使PCB与底座和腔壳之间有更紧密的接触(更好的屏蔽),需要在PCB板上放置螺钉孔位置。PCB与腔壳之间螺钉放置方法:隔腔每个交叉的地方放置一个螺钉。在实际设计中,比较难实现,可以根据模块电路功能进行适当调整。但不管怎样,腔壳四个角上必须都有螺钉,如图6.22所示。

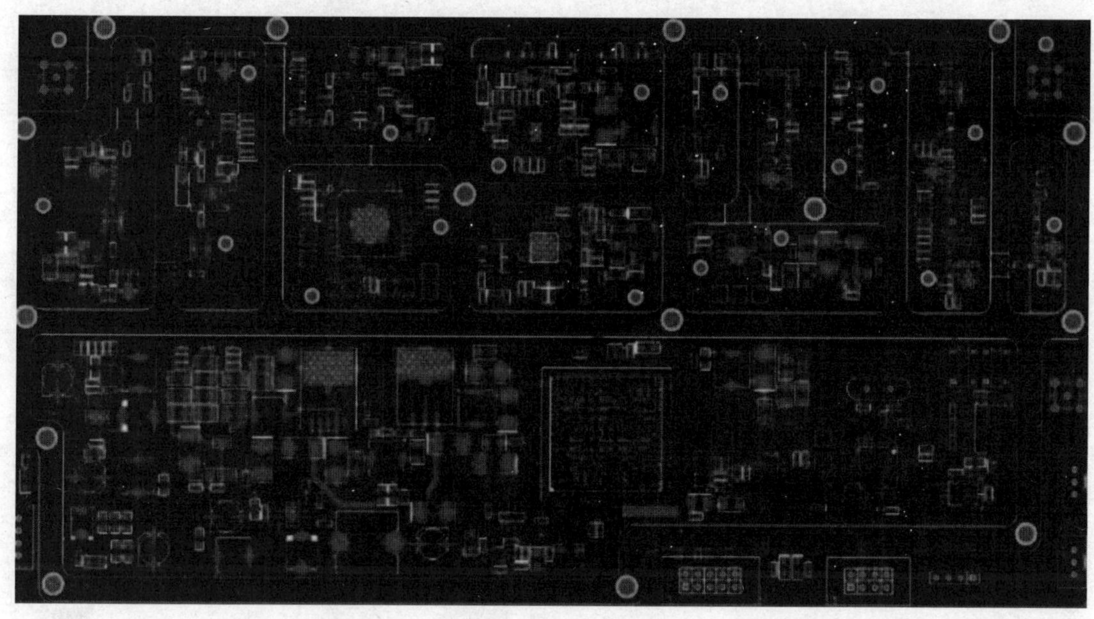

图6.22　腔壳螺钉图

PCB与底座之间的螺钉放置方法:腔壳中的每个小腔内都需要有螺钉,螺钉数量视腔大小而定(腔越大,放置的螺钉就多)。一般原则是在腔的对角上放置螺钉。SMA头或其他连接器旁边必须放置螺钉,这样在插拔过程中不致PCB板变形,如图6.23所示。

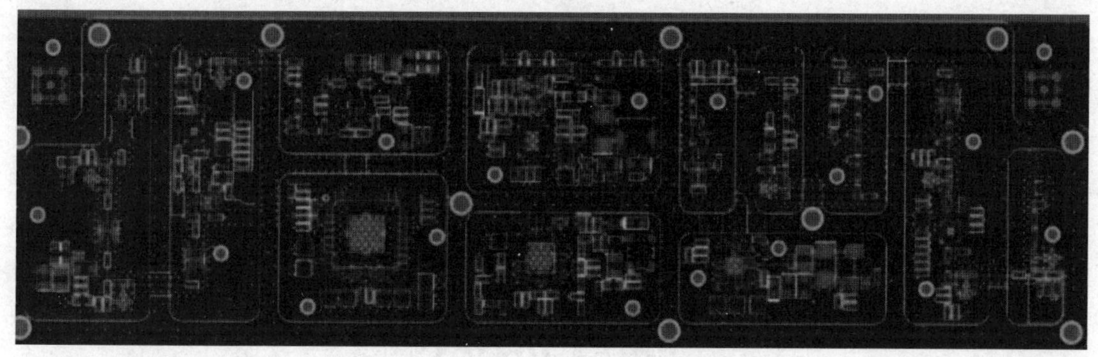

图6.23　腔内螺钉图

第7章

硬件测试

测试是每项成功产品的必经环节。硬件测试是评估产品质量的重要方法,产品质量是公司的信誉和品牌象征,公司的信誉和质量决定了公司的发展前景。

硬件测试组成如图7.1所示,详解如下。

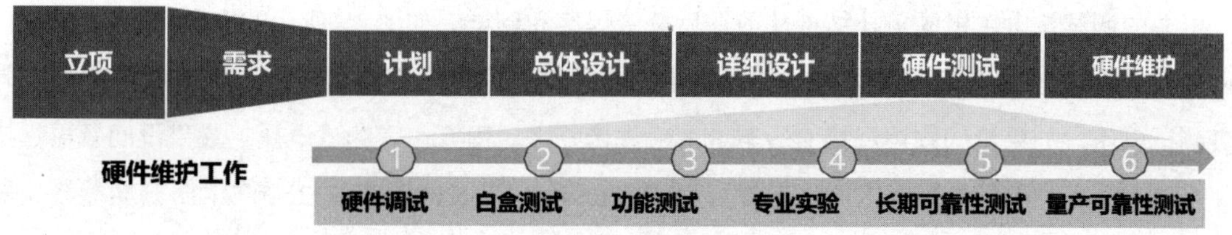

图7.1　硬件测试图

硬件调试:调通单板关键信号流,实现基本互联互通功能。

白盒测试:针对产品关键硬件模块,如电源、时钟等进行白盒测试。

功能测试:针对硬件样品进行功能可能性和完备性测试。

专业实验:针对硬件样品进行振动、EMC等专业实验。

长期可靠性测试:针对硬件样品进行长期耐久性测试。

量产可靠性测试:产品在实际使用的系统中(含软件硬件)进行集成测试。

单元测试是针对独立功能单元的测试。一般利用PCB投板到制成板加工回板之间的时间来准备单元测试的内容。单元测试包括硬件调试和白盒测试,单板单元测试的流程如下。

7.1 硬件调试

硬件调试的目的是所有设计的功能在单板上实现,在单板通电之前,必须先检查电路连线是否错误,然后再焊接调试,最后是动态调试。

7.1.1 电路检查

在PCB板生产和加工过程中,经常会因为设计和加工过程中的工艺错误造成PCB板连错线、开路、短路等问题。所以,在PCB板制作完成之后,先不焊接元器件,先对照原理图仔细检查PCB板的连线,确认没有问题后再焊接。检查的时候重点关注电源部分是否有短路、是否有极性错误,然后检查系统总线是否存在短路。可以用万用表来测试是否短路。

检查完之后再根据功能模块进行焊接和调试,焊接和调试的顺序参考如下:

电源→时钟→主芯片及外围小系统→存储器件和串口外设→其他功能模块。

下面按顺序介绍。

7.1.2 电源调试

电源的调试按电源树的拓扑结构从前往后分级焊接和调试。如图7.2所示的电源树结构，先焊接PoE和12 V合路，然后用万用表测试合路后的电压。如果没问题再焊接12 V转5 V，焊接好之后用万用表测试电压。如果没问题再焊接12 V转3.3 V，焊接好之后用万用表测试电压。如果没问题再焊接开关MOS和706。所有电源电压测试正常后再焊接RS485、STM800L、STM32F103ZET6等功能模块的电路。

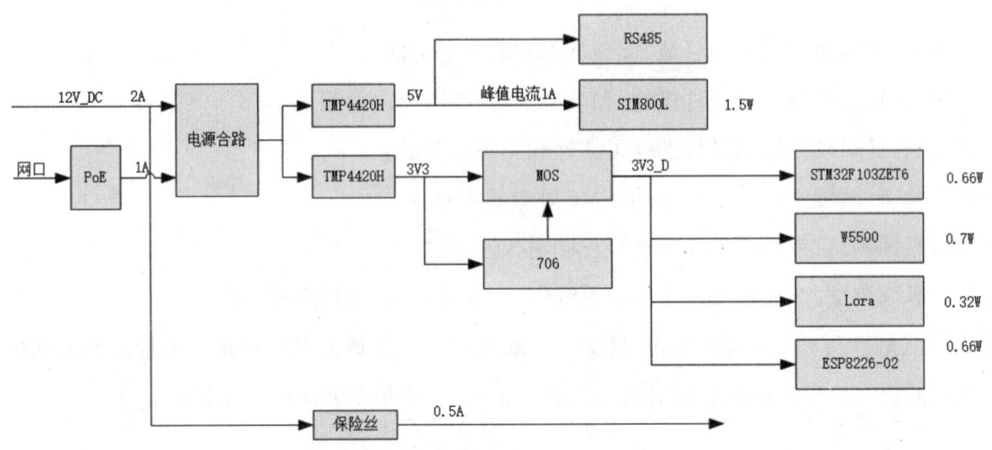

图7.2　单板电源树

电源调试完成后，再焊接调试时钟。

7.1.3 时钟调试

时钟的调试也按时钟树的拓扑结构从前往后分级焊接和调试。如图7.3所示的时钟树结构比较简单。可以先焊接32.768 kHz晶振，然后用频率计测试频率。如果没有问题，再焊接12 MHz晶振，然后用频率计测试频率。如果没有问题，再焊接25 MHz晶振。如果没有问题，则进行下一步调试。

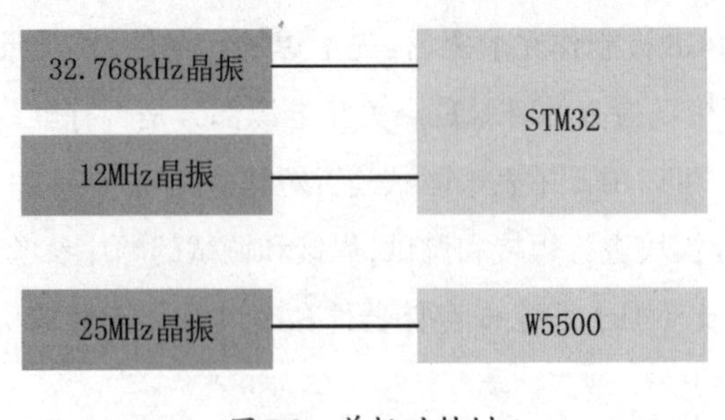

图7.3　单板时钟树

7.1.4 主芯片及外围小系统调试

这一步调试包括主芯片及复位电路调试。先焊接复位电路并确认复位电路是否正常，如果没问题再焊接主芯片。如图7.4所示的单板小系统框图，焊接STM32F103ZET6后，先调试JLINK接口，通过JLINK接口给STM32加载程序，可以加载控制GPIO高低电平的程序。如果能够正常加载程序，并且GPIO控制正常，则说明STM32正常，小系统可以正常运行。

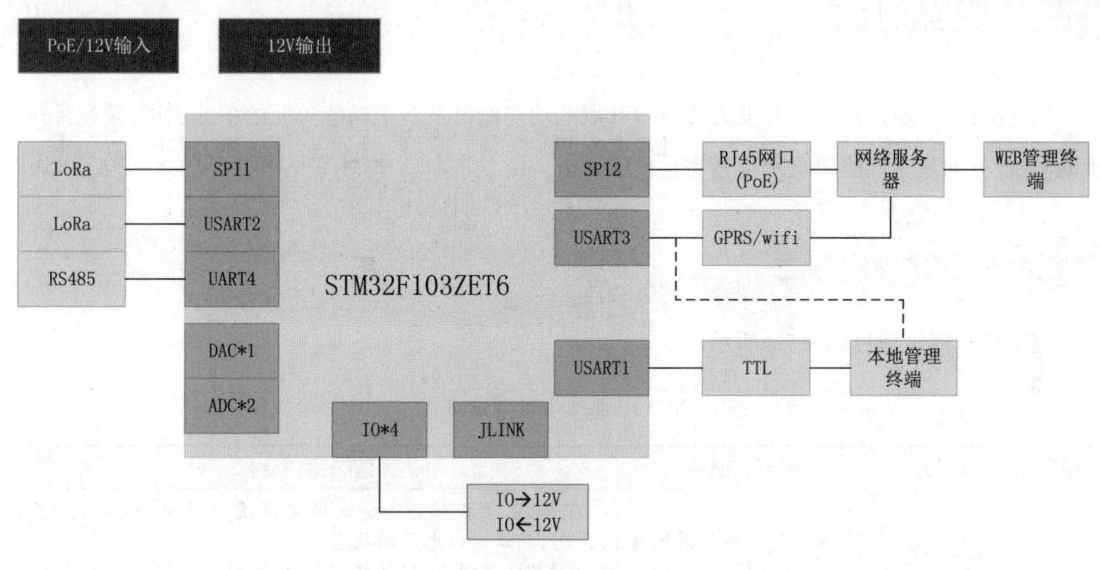

图7.4 单板小系统框图

小系统调通之后，就可以调试存储器件和串口外设。

7.1.5 存储器件和串口外设调试

上述单板不带存储器件，可以先调试串口外设，如图7.4中的GPRS、LoRa和RS485。这一步调试需要STM32通过串口与这些外设模块通信，通过STM32来配置这些外设模块。这些模块是否正常的判据是模块能否正常工作。比如GPRS模块能否联网，两个LoRa模块之间是否能够正常通信，两个485模块之间是否能够正常通信。串口外设模块调试成功之后，再调试其他功能模块。

7.1.6 其他功能模块调试

上述单板除了串口外设外，还有SPI和IO接口。串口外设调试完成之后，再调试SPI和IO接口。

SPI有两路，分别接LoRa和以太网口。LoRa模块调试时，可以在两个LoRa模块之间进行通信测试，如果通信正常，说明LoRa模块调试成功。然后再调试以太网口，调试以太网口时，可以用以太网口和电脑相连，然后用网口工具发送数据，如果收发数据正常，则以太网口调试完成。

最后调试IO接口。控制STM32在相应的IO发送引脚发送高电平和低电平，如果后级的12 V电平正常，则在IO接收引脚的外设输入12 V电压，然后IO接收引脚采样电平状态，如果采样结果正常，则IO接口调试完成。

硬件调试完成之后，进入白盒测试阶段。

7.2 白盒测试

白盒测试，一般是指基于开发人员自行开展的功能测试及各个功能单元的单元测试，是硬件信号级的测试，分为基本性能测试和信号完整性测试。

7.2.1 基本性能测试

基本性能测试项目如表7.1所示。

表7.1 基本性能测试项目

编号	项目	审查点描述	建议测试要求
1	电源白盒	电源输入电压范围循环测试	1. 在EB02单板的5 V端口额定范围内的电源（假设4.5 V~5.5 V），测试输出电源的状态； 2. 在EB02单板的24 V端口额定范围内的电源（假设20 V~28 V），测试输出电源的状态
2	电源白盒	低压极限功能测试	单板工作在额定工作低压的极限，测试时间12H
3	电源白盒	高压极限功能测试	单板工作在额定工作高压的极限，测试时间12H
4	电源白盒	电源迟滞功能测试	电源输入反复在电源的欠压点和过压保护点，反复验证1000次
5	电源白盒	电源过压保护功能测试	对于单板输入电源超出范围，单板的过压保护功能测试
6	电源白盒	电源短路功能测试	模拟后级电源短路，保险丝烧毁；不会引起故障扩散
7	电源白盒	电源纹波测试	设置示波器带宽为20 MHz，采用交流10uF电容耦合的同轴线缆进行测试（保存ms级时间长度）；要求每个电源在芯片管脚处的纹波小于芯片工作电压的3%以内，具体视情况而定
8	电源掉电	随机掉电测试	假设单板启动时间为T，设置T/6、2T/6、3T/6、4T/6、5T/6、T时间循环掉电验证2000次
9	时钟测试	测试时钟的频率	测试CPU的输入时钟频率满足要求
10	频率信号输出功率	频率输出指标要求	建议增加对频率占空比的要求，比如45%~55%。示波器测试结果不是完全50%。 特别是在CPU负载比较高的情况下，会导致占空比失真比较严重，建议使用最高优先级的中断定时器来实现

续表

编号	项目	审查点描述	建议测试要求
11	开关量测试	开关量短路测试	模拟开关量短路,测试短路状态是否会导致器件损坏
12	CAN测试	CAN总线信号质量	参考器件手册要求测试总线源端、末端的信号质量
13	Nor Flash测试	测试Nor Flash的信号质量和时序	1. 测试Nor Flash的CLK、RST边沿单调;VIH和VIL满足要求; 2. 测试Nor Flash的CLK和MOSI、MISO的时序满足要求
14	看门狗测试	看门狗信号测试	1. 测试WDI的喂狗周期,建议测试跳变脉宽是否参考器件手册要求小于800ms; 2. 测试MR输入关键电平信号质量满足器件VIH和VIL要求

UT测试的流程如图7.5所示。

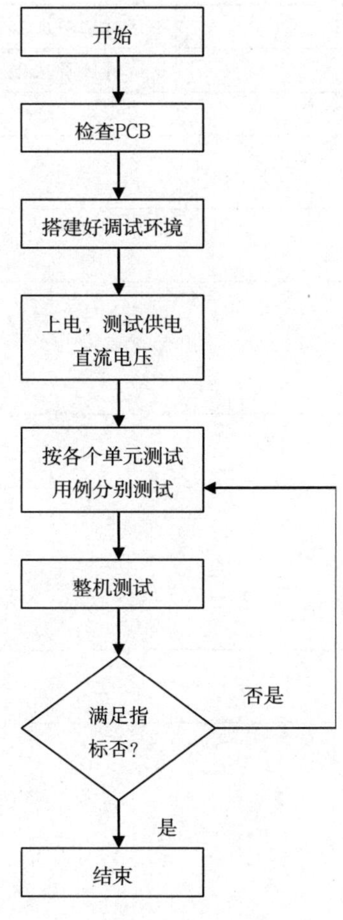

图7.5　UT测试流程

测试前需要准备测试需要的组网、仪器、软件和测试物料,并按照单板的功能单元设计测试用例、制订测试计划。

以测试USB端口为例，首先根据规格书设计测试用例，比如测试时需要对接组网，就要提前准备U盘、USB线、带USB眼图模板的示波器、万用表等物料，并且软件需要提前准备USB端口的驱动，制成板回板后加载驱动。

单板上所有的电源、时钟、端口等功能单元都完成测试用例设计并列出需要的仪器和物料后，就可以根据人员和物料的匹配情况制订测试计划了。

以5 V电源测试为例，测试用例模板见表7.2。

表7.2　5 V电源测试用例

<table>
<tr><td colspan="2">测试编号：FCU02</td></tr>
<tr><td colspan="2">测试项目名称：5 V电源输入、输出测试</td></tr>
<tr><td>测试对象层次1：单板硬件</td><td>测试对象层次2：5 V电源</td></tr>
<tr><td>测试特性层次1：电平</td><td>测试特性层次2：</td></tr>
<tr><td colspan="2">级别：重要</td></tr>
<tr><td colspan="2">测试设计：电平满足要求</td></tr>
<tr><td colspan="2">测试过程
单板上电，用万用表测试电平</td></tr>
<tr><td colspan="2">测试条件：
1. 单板
2. 电源适配器
3. 万用表</td></tr>
<tr><td colspan="2">测试方法：
万用表靠近测试点处测量</td></tr>
<tr><td colspan="2">检查点应达到的要求、指标和预期结果
1. L2输出管脚pin2电压5 V~5.25 V
2. J5输入管脚pin6电压4.72 V~5.25 V
3. U9输入管脚pin8电压4.72 V~5.25 V
4. J9输入管脚pin7电压3.5−4.2 V</td></tr>
<tr><td colspan="2">相关测试用例、其他说明和注意事项：</td></tr>
<tr><td colspan="2">实测结果：

满足指标要求</td></tr>
</table>

以某单板为例，单板的单元测试计划见表7.3。

表7.3　单元测试计划

调试项目	要求	预期启动时间	人员安排	实际花费时间（测试报告时填写）
电源	按时按指标完成	2017-07-01		5 days
时钟	按时按指标完成	2017-07-06		1 day
SPI LoRa接口	按时按指标完成	2017-07-07		5 days
USART LoRa接口	按时按指标完成	2017-07-12		2 days
Wi-Fi接口	按时按指标完成	2017-07-17		5 days
以太网口	按时按指标完成	2017-07-22		3 days
GPRS接口	按时按指标完成	2017-07-25		5 days
SPI接口	按时按指标完成	2017-07-30		1 day
IIC接口	按时按指标完成	2017-07-31		1 day
RS485接口	按时按指标完成	2017-08-01		1 day
12 V输入和输出	按时按指标完成	2017-08-02		1 day
ADC和DAC	按时按指标完成	2017-08-03		1 day
整体测试	按时按指标完成	2017-08-04		2 days

7.2.2 信号完整性测试

功能单元测试中非常重要的一项是信号完整性测试，特别是对于高速信号，信号完整性测试尤为关键。

完整性测试的手段种类繁多，有频域的，也有时域的，还有一些综合性的手段，比如误码测试。不管是哪一种测试手段，都存在这样那样的局限性，它们都只是针对某些特定场景或应用而使用。只有选择合适的测试方法，才可以更好地评估产品特性。下面是常用的一些测试方法和使用的仪器。

1. 波形测试

使用示波器进行波形测试，这是信号完整性测试中最常用的评估方法。主要测试波形幅度、边沿和毛刺等，通过测试波形的参数，可以看出幅度、边沿时间等是否满足器件接口电平的要求，有没有存在信号毛刺等。波形测试也要遵循一些要求，比如选择合适的示波器、测试探头及制作好测试附件，才能够得到准确的信号。图7.6是DDR在不同端接电阻下的波形。

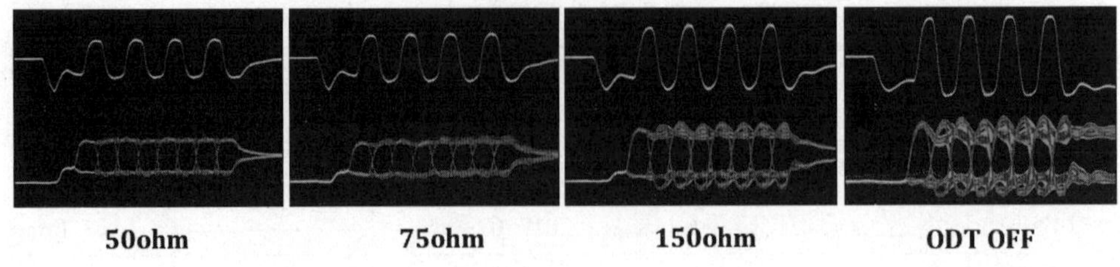

图 7.6 DDR 在不同端接电阻下的波形

常见的示波器厂商有是德科技、泰克、力科、罗德与施瓦茨、鼎阳等。

2. 时序测试

现在器件的工作速率越来越快，时序容限越来越小，时序问题导致产品不稳定是非常常见的，因此时序测试是非常必要的。一般信号的时序测试是测量建立时间和保持时间，有的时候也测试不同信号网络之间的偏移，或者测量不同电源网络的上电时序。测试时序基本都是采用示波器测试，通常需要至少两通道的示波器和两个示波器探头(或同轴线缆)。图 7.7 测量的就是保持时间。

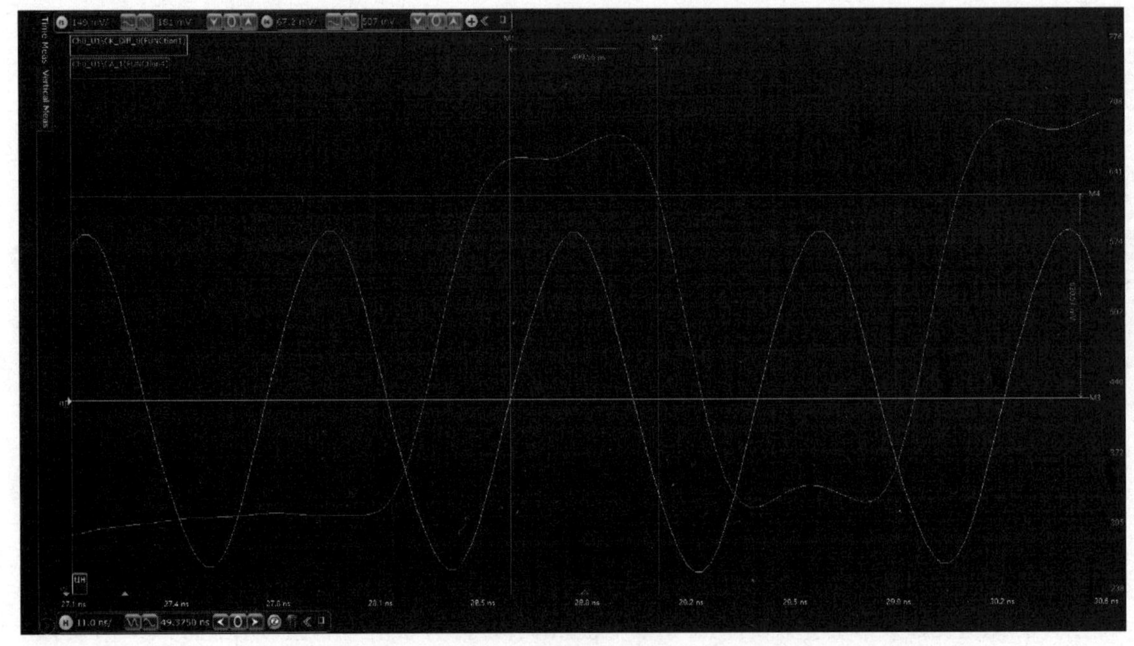

图 7.7 保持时间测试

3. 眼图测试

眼图测试是常用的测试手段，特别是对于有规范要求的接口，比如 USB、Ethernet、PCIE、HDMI 和光接口等。测试眼图的设备主要是实时示波器或采样示波器。一般在示波器中配合以眼图模板就可以判断设计是否满足具体总线的要求。图 7.8 就是示波器测试的一个眼图。

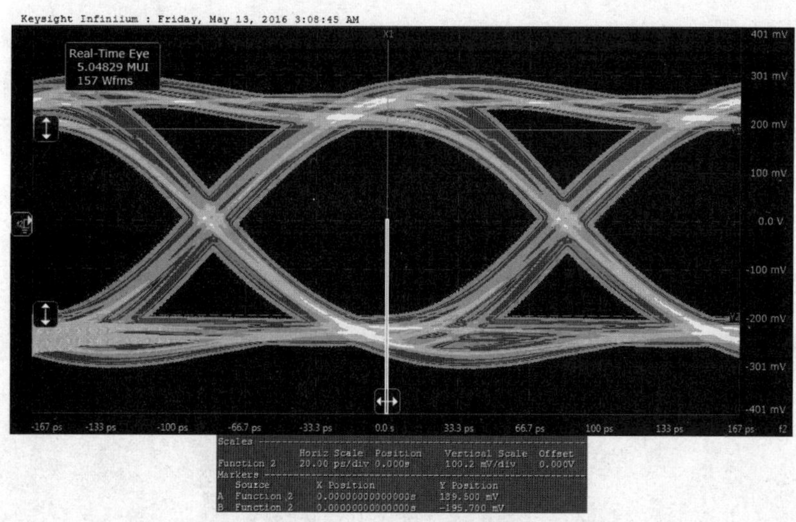

图 7.8　示波器测试眼图

4. 抖动测试

抖动测试现在越来越受重视，常见的都是采用示波器上的软件进行抖动测试，如是德科技示波器上的EZJIT。通过软件处理，分离出各个分量，比如总体抖动(TJ)、随机抖动(RJ)和固有抖动(DJ)及固有抖动中的各个分量。对于这种测试选择的示波器，长存储和高速采样是必要条件，比如2M以上的存储器，20 GSa/s的采样速率。不过目前抖动测试，各个公司的解决方案得到的结果还有相当大的差异，还没有哪个是权威或行业标准。图7.9为使用是德科技的分析软件测量的抖动。

图 7.9　抖动测试

5. 阻抗（TDR）测试

阻抗测试主要是针对PCB（印制电路板）信号线、线缆、连接器和各类器件阻抗的测试。不管是高速信号还是高频信号，都希望传输路径均匀变化，所以基本上都要求进行阻抗测试。一般情况下，都是采用专用采样示波器进行阻抗测试。但是采样示波器测试阻抗时，容易被静电损坏，所以对使用环境要求很高。现在很多公司都采用带阻抗测试功能的网络分析仪进行阻抗测试，这样就可以在同一台测试仪器上进行时域阻抗和频域损耗的测试。阻抗测试波形如图7.10所示。

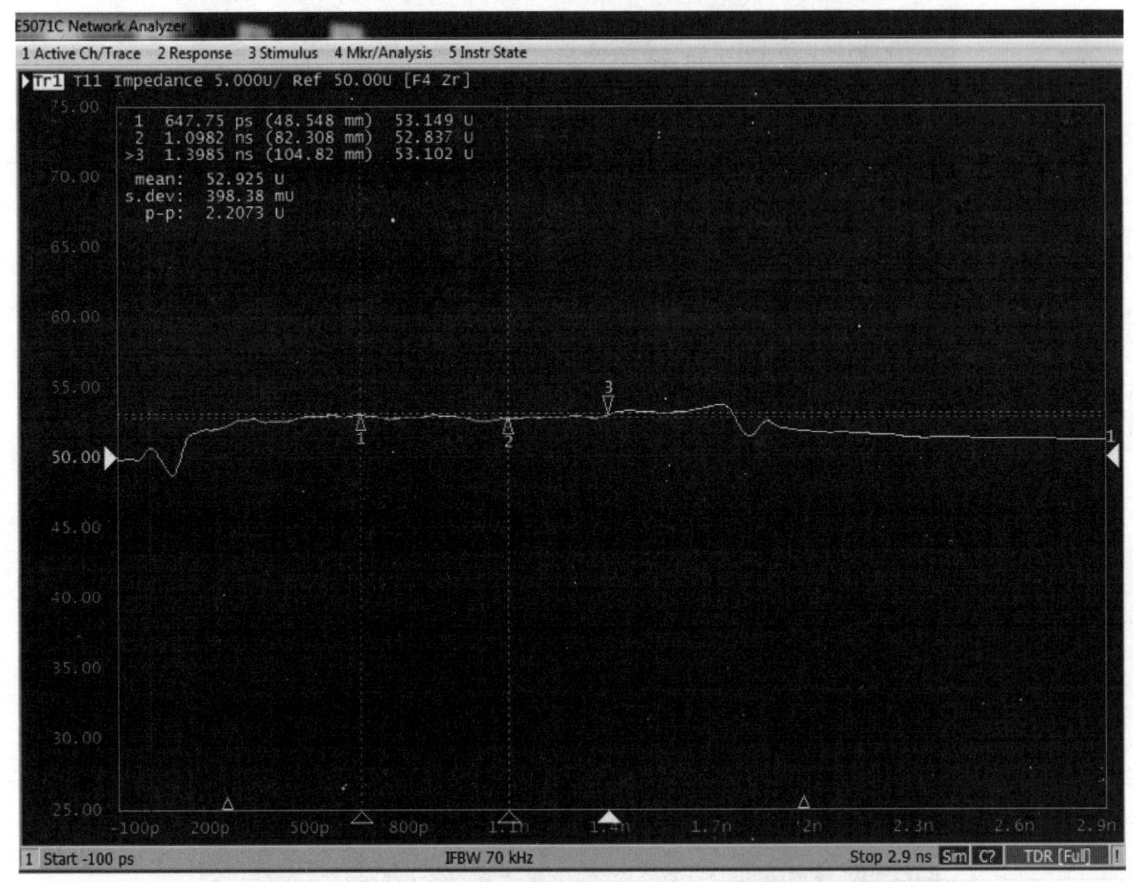

图7.10　阻抗测试

6. 频域测试

这里所说的频域测试一般指损耗测试、串扰测试等。损耗的类型一般是指插入损耗、回波损耗。很多串行总线都会有一些针对损耗的具体要求，图7.11是USB3.0线缆的对插入损耗的要求。

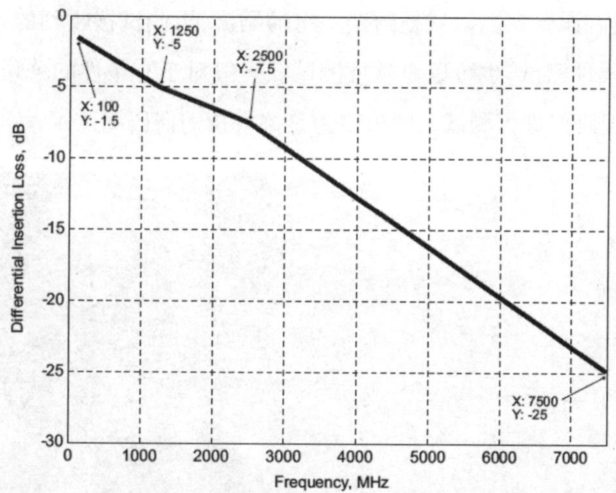

图 7.11 USB线缆的插入损耗要求

对于PCB走线、连接器或电缆等，都可以使用网络分析仪来测试其频域参数。图7.12就是对PCB进行插入损耗测试的结果。

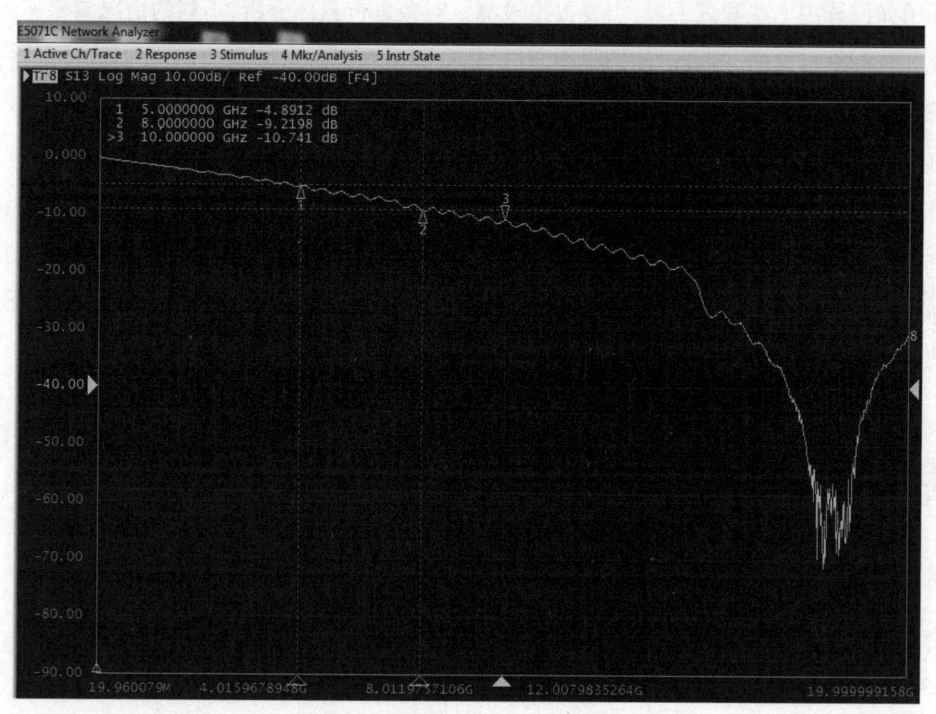

图 7.12 插入损耗测试结果

7. 误码测试

工程师设计产品时都希望不存在任何问题，希望产品可以持续不断地正常使用，而不是时不时地重启或传输的信号错误。误码率测试就是给定一定的码流，再测试接收到的码流的正确率。误码测试是系统测试，可以是硬件测试，也可以是软件测试。一般对于有条件的公司，都建议使用硬件仪器测试，就是采用专业的误码仪进行测试。图7.13为是德科技的误码测试仪。

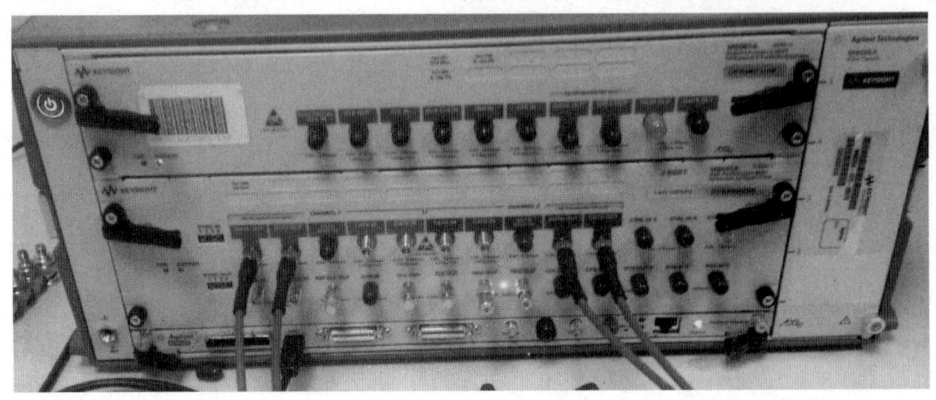

图7.13 误码测试仪

信号完整性测试并不是只有这些，其实还包括一些比如辐射频谱测试、频域阻抗测试、效率测试等。实际中如何选用上述测试手段，需要根据被测试对象进行具体分析，不同的情况需要不同的测试手段。比如有标准接口的，就可以使用眼图测试、阻抗测试和误码测试等；对于普通硬件电路，可以使用波形测试、时序测试；设计中有高速信号线，可以使用TDR测试；对于时钟、高速串行信号，还可以抖动测试等。

另外，随着技术的发展，越来越多的仪器趋向于功能多样化，比如示波器不仅仅可以测试信号波形质量、时序和眼图，还可以测试频谱图；网络分析仪不仅仅可以测试插入损耗、回波损耗、串扰等频域曲线，还可以测量时域阻抗。工程师们在使用仪器时，可以多研究一下测试对象及仪器，尽可能地在节约成本的情况下，高效有质量地完成测试任务。

7.3 功能测试

功能测试包括整机规格、整机试装和整机功能测试，是整机结构和业务相关的测试。

7.3.1 整机规格测试

整机规格测试包括尺寸、重量、温度、功耗等数据。这些测试数据与设计规格进行比对和校验，最终用于产品规格描述。表7.4是某交换机产品官方网站的整机规格数据。

表7.4 整机规格参数

规格	参数
外形尺寸(宽×深×高)	基本尺寸(深度为不包含前后面板突出的结构件的距离):442.0 mm×424.7 mm×44.4 mm
	最大尺寸(深度为前面板突出的端口到后面板模块把手的最大距离):442.0 mm×451.8 mm×44.4 mm
重量(含包材)	9.8 kg
额定电压范围	交流输入:100 V AC~240 V AC;50/60 Hz
	直流输入:−48 V DC~−60 V DC
最大电压范围	交流输入:90 V AC~264 V AC;47 Hz~63 Hz
	直流输入:−36 V DC~−72 V DC
最大功耗(100%流量,风扇全速)	75.8 W
典型功耗(30%流量)	39.5 W(不带插卡)
按照ATIS标准测试	47.28 W(带2*10 GE光接口插卡)
使能EEE功能	52.17 W(带2*QSFP堆叠卡)
无PoE功耗	55.14 W(带2*10 GE电接口插卡)
常温噪声(27 °C,声功率)	小于51.2 dB(A)
相对湿度范围	5%RH~95%RH,非凝露
工作海拔高度	配置交流电源模块:0m~5000m
	配置直流电源模块:0m~2000m

尺寸测量要注意电源连接器、按键、拉手条等凸起部分的尺寸,这些部分如果没有考虑,用户安装时容易干涉。

重量测量时注意区分净重(不带包装)和毛重(带包装),注意不同配置时的重量,比如是否带电源模块/电池、是否带板卡。

功耗测试需要注意在AC/DC电源输入端测试,因为电源适配器的损耗需要计入整机功耗。在电源输入端测得电压和电流,然后再计算功耗。电压测试一般选择万用表,电流测试的仪器很多。常用的测试方法见表7.5。

表7.5 电流测试仪器

电流测试设备	优点	缺点
数字万用表	使用便捷,成本低	精度低(10mA级别),每次只能测一路电流
可编程直流电源	可同时测量多路电流	精度低(1mA级别),无法自动计算电流有效值
示波器+电流钳	可以实时观察电流波形,可以自动计算电流有效值,可以同时测量多路电流	成本高,精度较低(mA级别)
数字万用表+10mΩ电阻	可用于电流较大场景	精度低,mA级别,测试环境搭建复杂
功率计	可用于交流设备功耗测试,可同时测量多路电流,精度可达μA级别	成本高

7.3.2 整机试装测试

整机试装测试的目的是验证整机各个结构件之间及整机与外部接口、模块之间的配合度。测试项包括单板与外壳的安装测试，整机端口（电源口、网口等）的插拔测试，用户使用场景的整机安装测试（比如整机在机房机架上的安装测试，整机在楼道弱电井的安装测试）。如果整机试装环节漏测试，往往会带来严重问题，造成批量召回。下面看一个典型案例。

2013年，C厂商针对旗下价格昂贵的×××和×××系列交换机发布了“问题通报”。世界各地的许多数据中心正在使用这2个系列的交换机。通报当中详述了这2个系列交换机当中复位键存在设计错误，导致用户插入网线之后，可能在短短几秒内让整个网络瘫痪。

C厂商表示，目前数据中心普遍使用的网线接头，配有保护罩并且伸出接头，以确保接头不会突然松掉或断掉，致使网线无法使用。但是×××和×××系列交换机的复位按钮，直接设置在交换机最左边一个端口上方，让有弹性的保护罩会碰到复位按钮，让交换机瞬间恢复出厂设置，让整个运行网络瘫痪。网线接头干涉示意图如图7.14所示。

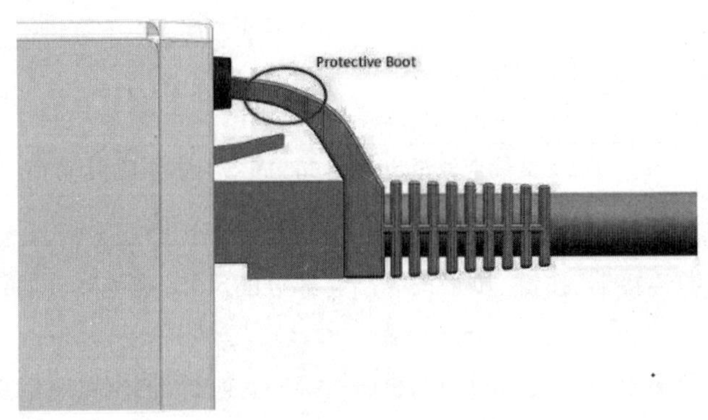

图7.14　网线接头干涉示意图

这种情况可能在任何规模的数据中心当中发生，因为这2个系列的交换机和网线是常用产品，如果有人在这个端口插上一根网线，在不知情的情况下就会按下复位键，他们甚至没有意识到整个网络已经因此瘫痪。

令人惊讶的是，C厂商没有在这两个系列交换机发布之前发现这个问题，也没有在上市之后就提醒用户注意这个问题。这个问题可能已经让全球无数的网络工程师抓狂过。这个问题应该在整机试装测试环节暴露出来。

很多工程师会认为：结构设计这么直观，不会出现低级错误，靠空间想象能力就可以解决很多问题；结构工程师都进行3D建模了，不会有什么大问题。但是结构问题往往都是低级错误，由于公差或一些细节被忽略，造成不可预知的问题。

按照我们的经验来看，凡是整机试装测试，其实都能发现一些问题。特别是一些装配带来的应力，造成原先考虑的公差不够引发问题。

图7.15是一个案例的示意图，由于散热器比较大，安装的方式引入应力，导致PCB形变，由于陶瓷电容、需要散热的芯片高度都有公差，这些误差因素叠加在一起导致了陶瓷电容概率性接触散热器，有短路风险。这个问题需要一定的样本数的整机试装才能发现。

误差估计不足，在一些框式设备相邻槽位，有可能导致概率性干涉。

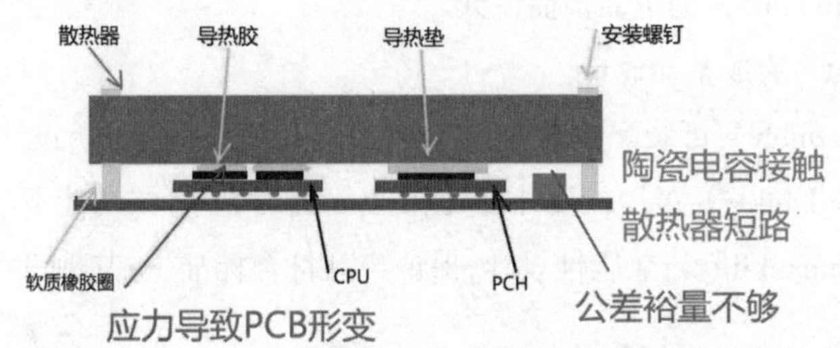

图7.15 公差裕量不足导致电容短路示意图

因为这种误差是多重误差叠加的，如图7.16所示，存在导轨形变、安装误差、面板螺钉误差、PCB误差、背板连接器位置误差、散热器加工误差、安装误差、PCB形变等，所以要留有足够的裕量 。我们都需要通过整机装备测试的方法，用足够多的样本数，去验证我们的设计。

图7.16 框式设备电路板示意图

7.3.3 DFX测试

DFX是Design for X（面向产品生命周期各/某环节的设计）的缩写。其中，X可以代表产品生命周期或其中某一环节，如装配（制造，测试）、加工、使用、维修、回收、报废等，也可以代表产品竞争力或决定产品竞争力的因素，如质量、成本、时间等。DFX包括如下部分。

DFP（Design for Procurement）：可采购设计。

DFM（Design for Manufacture）：可生产设计。

DFT（Design for Test）：可测试设计。

DFD（Design for Diagnosibility）：可诊断分析设计。

DFA（Design for Assembly）：可组装设计。

DFE（Design for Environment）：可环保设计。

DFF（Design for Fabrication of the PCB）：为PCB可制造而设计。

DFS（Design for Serviceability）：可服务设计。

DFR（Design for Reliability）：为可靠性而设计。

DFC（Design for Cost）：为成本而设计。

DFA（Design for Assembly）：可装配性设计，针对零件配合关系进行分析设计，提高装配效率。

DFA（Design for Availability）：可用性设计，保证设备运行时，业务或功能不可用的时间尽可能短。

DFC（Design for Compatibility）：兼容性设计，保证产品符合标准、与其他设备互连互通，以及自身版本升级后的兼容性。

DFC（Design for Compliance）：顺从性设计，产品要符合相关标准、法规、约定，保障市场准入。

DFD（Design for Diagnosability）：可诊断性设计，提高产品出错时能准确、有效定位故障的能力。

DFD（Design for Disassembly）：可拆卸性设计，产品易于拆卸，方便回收。

DFD（Design for Discard）：可丢弃性设计，用于维修策略设计，部件故障时不维修，直接替换。

DFE（Design for Environment）：环境设计，减少产品生命周期内对环境的不良影响。

DFE（Design for Extensibility）：可扩展性设计，产品容易新增功能特性或修改现有的功能。

DFEE（Design for Energy Efficiency）：能效设计，降低产品功耗，提高产品的能效。

DFF（Design for Flexibility）：灵活性设计，设计时考虑架构接口等方面的灵活性，以适应系统变化。

DFH（Design for Humanity/ Ergonomics）：人性化设计，强调产品设计应满足人的精神与情感需求。

DFI（Design for Installability）：可部署性设计，提高工程安装、调测、验收的效率。

DFI（Design for International）：国际化设计，使产品满足国际化的要求。

DFI（Design for Interoperability）：互操作性设计，保证产品与相关设备的互连互通。

DFL（Design for Logistics）：物流设计，降低产品包装、运输、清关等物流成本，提升物流效率。

DFM（Design for Migrationability）：可迁移性设计，通过设计保证系统的移植性与升级性。

DFM（Design for Maintainability）：可维护性设计，确保高维护能力、效率。

DFM（Design for Manufacturability）：可制造性设计，为确保制造阶段能够实现高直通率而开展的设计活动。

DFP（Design for Portability）：可移植性设计，保证系统更容易从一种平台移植到另一种平台。

DFP（Design for Performance）：性能设计，设计时考虑时延、吞吐率、资源利用率，提高系统的性能。

DFP（Design for Procurement）：可采购性设计，在满足产品功能与性能前提下物料的采购便捷且低成本。

DFP(Design for Postponement):延迟性设计,设计支撑将客户差异化需求延迟到供应的后端环节来满足。

DFR(Design for Recycling):可回收设计,保证产品易于回收处理。

DFR(Design for Reliability):可靠性设计,在产品运行期间确保全面满足用户的运行要求,包括减少故障发生、降低故障发生的影响,故障发生后能尽快恢复。

DFR(Design for Repair):可维修性设计,在设计中考虑为产品维修提供相关便利性。

DFR(Design for Reusability):可重用性设计,产品设计/模块能够被后续版本或其他产品使用,提升开发效率。

DFS(Design for Safety):人身安全设计,在产品设计中考虑产品使用中保护人身的安全。

DFS(Design for Scalability):可伸缩性设计,有效满足系统容量变化的要求。

DFS(Design for Security):安全性设计,最大限度地减少资产和资源的脆弱性,包括机密性、完整性、可用性、访问控制、认证、防抵赖和隐私保护等方面。

DFS(Design for Serviceability):可服务性设计,提高系统安装调测与维护管理能力,提高服务效率。

DFS(Design for Simplicity):简洁化设计,减少产品零部件与复杂度,降低物料、供应、维护成本。

DFSC(Design for Supply Chain):可供应性设计,提升供应效率,提高库存周转率,减少交付时间。

DFT(Design for Testability):可测试性设计,提高产品能观能控、故障检测与定位隔离的能力。

DFU(Design for Upgradeability):易升级性设计,产品运行中的升级容易操作。

DFU(Design for Usability):易用性设计,用户使用的方便性、有效性、效率。

DFV(Design for Variety):可变性设计,管理产品多样化需求,平衡客户多样性需求和规模供应效益。

DFX中,最重要的是可靠性和可维护性测试,验证可靠性和可维护性的测试方法就是FIT(Fault Injection Techniques, 故障注入)测试。FIT方案设计基于两个原则:一是保证测试的覆盖率,二是保证测试工作量的可执行性。FIT测试的流程如图7.17所示。

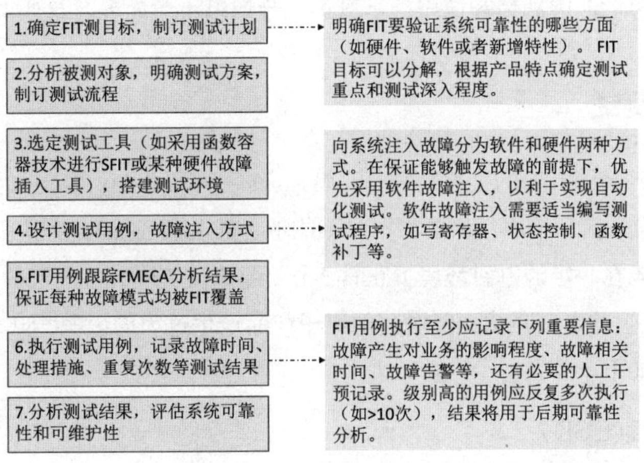

图7.17 FIT测试流程

下面举个实际的例子，看一下单板时钟的FIT测试，如图7.18所示。

原理图位号	器件名称	故障模式	fmea需求描述
Vcx01	钟振100M	业务时钟、系统时钟故障：时钟电平持续故障，时钟信号时有时无	1、启动中，检测方法：时钟引入CPLD检测；故障处理：能够记录启动过程中的错误信息；2、运行中，检测方法：CPLD；故障处理：时钟丢失记录日志，告警

FMEA需求导入				
是否有检查	启动中检测	启动中故障响应和自愈	在线故障检测方法	在线故障响应和自愈
是	引入CPLD	启动中时钟丢失，能够记录启动时错误信息。抑制抢主	时钟丢失记录日志，alarm告警	告警，记录日志。主备倒换

FIT测试执行										
故障模拟需求	是否测试	测试次数	故障注入方法	预期结果	测试结果详细描述	是否主备倒换，倒换是否成功，是否能自动定位，是否自愈	测试是否通过	测试时间	执行人	测试记录（波形或日志）
	是	1	1.启动过程中模拟1槽位主控的时钟断开串阻。 2.启动过程中模拟2槽位主控的时钟串阻时断时连。 3.运行过程中模拟备用主控的时钟串阻端口。 4.运行过程中模拟主用主控的时钟串阻时断时连	1&2.启动过程中，时钟故障时有串口打印错误信息。单板无法注册，无法抢主。 3.运行过程中备用主控时钟故障，能够记录日志上报告警。单板直接复位。 4.运行过程中主用主控时钟故障，能够记录日志上报告警，主控降备后复位	1.启动过程中，模拟断开串阻，串口输出时钟故障打印；单板无法注册。 2.启动过程中，串阻时断时连，串口输出时钟故障打印；单板无法注册。 3.运行过程中，模拟断开串阻，能够记录日志上报告警，备用主控直接复位。 4.运行过程中，串阻时断时连，能够记录日志上报告警，主用主控降备、复位	倒换成功	PASS	0.5小时	张三	

图7.18　单板时钟的FIT测试用例

7.4 专业实验

专业实验的项目由产品的规格和使用场景决定。一般电子产品都涉及如下专业实验项目。

7.4.1 EMC测试

EMC测试（电磁兼容性测试）的全称是Electro Magnetic Compatibility，其定义为“设备和系统在其电磁环境中能正常工作且不对环境中任何事物构成不能承受的电磁骚扰的能力”。EMC包含两方面的内容：一方面，该设备应能在一定的电磁环境下正常工作，即该设备应具备一定的电磁抗扰度（EMS）；另一方面，该设备自身产生的电磁骚扰不能对其他电子产品产生过大的影响，即电磁骚扰（EMI）。

EMS的测试项目如下。

1. 静电放电抗扰度（ESD）

测试依据的标准是IEC 61000-4-2 Criteria B，测试目的是检验单个设备或系统抗静电泄放干扰的能力。

测试原理：ESD实验是模拟人体、物体在接触设备时产生的静电放电或人体、物体对邻近物体的放电，包括直接通过能量的交换引起器件的损坏或放电所引起的近场（电场和磁场的变化），造成设备的误动作。

2. 辐射电磁场（80 MHz~1000 MHz）抗扰度（RS）

测试依据的标准是IEC 61000-4-3 Criteria A，测试目的是检验单个设备或系统抗电场干扰的能力。测试波形如下。

（1）频率范围：80 MHz-2.5 GHz。

（2）调制方式：80% AM，1 kHz sin-wave。

（3）频率步长：1%。

（4）驻留时间：3s。

3. 电快速瞬变/脉冲群抗扰度

测试依据的标准是IEC 61000-4-4 Criteria B。测试目的是考察单个设备或系统抗快速瞬变干扰的能力，这些瞬变干扰是由于感性负载的中断等瞬变动作，导致脉冲成群的出现，脉冲重复频率高，上升时间短，会导致设备误动作。电快速瞬变测试项见表7.6。

表7.6 电快速瞬变测试项

测试项	测试条件
L-N-PE	±2 kV（5/50ns，5 kHz）
Signal/control Line	±1 kV（5/50ns，5 kHz）

4. 浪涌（雷击）抗扰度

测试依据的标准是IEC 61000-4-5 Criteria B。测试目的是考察设备抗浪涌干扰的能力，这些瞬变干扰是由于其他设备的故障短路、主电源系统切换、间接雷击等产生的干扰。

测试波形有1.2/50 μs和10/700 μs两种，1.2/50 μs波形适用于电源线端口和短距离信号电路/线路端口；10/700 μs波形适用于对称通信线路。

5. 注入电流（150 kHz~230 MHz）抗扰度（CS）

测试依据的标准是IEC 61000-4-6 Criteria A。测试目的是考察单个设备或系统抗传导骚扰的能力。测试原理：主要考察外界从导线或电缆引入的0.15 MHz-80 MHz的连续干扰电压时的抗扰性。测试波形如下。

（1）频率范围：0.15 MHz~80 MHz。

（2）调制方式：80% AM，1 kHz sin-wave。

(3)频率步长:1%。

(4)驻留时间:3s。

6. 电压暂降和短时中断抗扰度

测试依据的标准是IEC 61000-4-11 Criteria B & C。测试目的是考察设备抗电压跌落和暂降的能力。

EMI的测试项目包括以下部分。

(1)谐波电流(2~40次谐波)。

谐波测试依据的标准是EN61000-3-2。该标准规定向公共电网发射的谐波电流的限值,指定由在特定环境下被测设备产生的输入电流的谐波成分的限值,适用于输入电流小于或等于16 A的接入公共低电压网络的电子电气设备。

谐波测试主要是检验低压供电网络中的谐波可能对这些频率敏感的设备所产生的影响。

谐波测试原理:由于电子设备的工作模式、非线性元件和各种干扰噪声等原因,其输入电流不是完全的正弦波,往往含有丰富的高次谐波成分对电网造成污染。

电力系统中的谐波指的是那些频率为供电系统额定频率整数倍的正弦电压或正弦电流。

公共输电系统出现谐波电流会引起以下问题:

①损失更多电能,每一个谐波都有无功功率部分、有功功率部分(其中有功功率会令导线发热,所以要采用更大截面积的导线)。

②电子部件使用寿命缩短。

③电压失真导致电机效率降低。

谐波电压由叠加在电源电压上的一个或多个连续正弦波的组合波构成。

(2)闪烁Flicker。

测试依据的标准是EN 61000-3-3。该标准规定了电压波动和闪烁对公共电网的影响的限值,制定在特定的条件下被测样机产生的电压变化限值和评估方法的指导,适用于每相输入电流小于或等于16 A的接入公共低电压网络的220 V到250 V、50 Hz的电子电气设备。

该标准的目的是保证产品不对与其连接在一起的照明设备造成过度的闪烁影响(灯光闪烁)。

(3)传导骚扰(CE)。

测试依据的标准是EN61000-6-4,适用于电子电气测量测试设备、电子电气控制设备或电子电气实验室设备。

传导骚扰实验原理:当电子设备干扰噪声的频率小于30 MHz,主要干扰音频频段,电子设备的电缆对于这类电磁波的波长来说,还不足一个波的波长(30 MHz的波长为10m),向空中辐射的效率很低，这样若能测得电缆上感应的噪声电压，就能衡量这一频段的电磁噪声干扰程度，这类噪声就是传导噪声。

(4)辐射骚扰(RE)。

测试依据的标准是EN61000-6-4，适用于电子电气测量测试设备、电子电气控制设备或电子电气实验室设备。

辐射骚扰实验原理：当天线的总长度大于信号波长λ的1/20，会向空间产生有效的辐射发射，当天线的长度为λ/2的整数倍时，辐射的能量最大。当噪声频率大于30 MHz时，电子设备的电缆，开孔、缝隙都容易满足上述条件，形成辐射发射。

7.4.2 安规测试

安规就是安全规范，通常是指电子产品在设计中必须保持和遵守的规范。安规测试通过模拟客户可能的使用方法，经过一系列的测试，考察电子产品在正常或非正常使用的情况下可能出现的电击、火灾、机械伤害、热伤害、化学伤害、辐射伤害、食品卫生等危害，在产品出厂前通过相应的设计，予以预防。

安规强调对使用和维护人员的保护，让电子产品给使用人员带来方便的同时，避免电子产品危害使用人员的安全。特别是电子设备部分或全部功能丧失时，也不会对使用人员造成伤害。电子产品的功能设计主要考虑如何实现功能并确保功能完好，而安规设计主要通过安全规范来约束电子产品的设计，提升产品的安全性。

不同于性能测试和设计测试，安规测试是为了验证对使用人员的保护能力，所以安规测试有一些特殊的测试项，安规测试所使用的工具和仪器也有特殊的需求。所有的安规测试项中，有一些是日常生活中涉及的动作，有一些是安规指标。常用的安规测试项如下。

(1)输入测试。安规输入测试是验证产品的输入电路是否能够承受产品正常工作时所需要的电流。另外，在产品标准中也规定了产品最大功耗对应的输入电流不能超过产品标称电流的110%。用户在使用产品之前，布置的电气环境也不能小于产品称值电流的110%。

(2)安全标识的稳定性测试。保护用户安全的警示性标识必须稳定可靠，能够长时间使用，不能在使用过程中出现模糊不清或者脱落的情况。安全标识出问题可能直接或间接导致用户发生危险，所以需要对安全标识的稳定性进行测试。安全标准中规定的测试项：安全标识先在水中测试15秒，然后在汽油中测试15秒，测试后标识不能模糊不清。

(3)电容放电测试。对于电源线可插拔的设备，电源线被拔出后设备内部容性负载的残余电量释放需要时间，在这过程中如果人体触碰到电源插头，可能损坏设备或对人体造成伤害。因此，整机安全标准对电量释放时间有严格的规定，产品设计的时候必须遵守这些规定，产品安全认证的时候也需要测试设备的放电时间。

(4)电路稳定测试。电路稳定测试包括SELV电路、限功率源电路和限流源电路。

① SELV电路。SELV电路是Safety Extra-Low Voltage circuit（安全特低压电路）的简称。SELV电路对于用户来说是安全的，比如USB接口，即使用户触碰到USB接头，也不会有触电危险。SELV电路在IEC60364和IEC60950-1标准中有不同的定义，在设计时需要确认SELV电路遵循哪个标准。SELV电路要求在单一故障场景下，仍然能够满足SELV电路的要求。所以，必须对SELV电路的所有单元进行遍历，逐步对每一个单元进行故障模拟，考察SELV电路在单一故障场景下的表现。

② 限功率源电路。限功率电路的输出功率很小，设备输出端故障不会导致设备起火。在安全标准中，对这类电路的外壳降低了要求，这类电路的外壳阻燃等级满足UL94V-1即可。对于这类电路，在测试时需要验证电路限制输出功率的能力。

③ 限流源电路。限流源电路的作用是限制设备的输出电流，避免对人员造成伤害。安全规范要求限流源电路正常工作时或单一故障场景下，电路的输出电流必须小于0.25mA。测试的时候必须验证正常场景和单一故障场景下，电路限制输出电流的能力。

(5)接地连续测试。对于强电设备，必须有可靠的接地。设备表面的危险电压必须能够通过接地释放，确保人员接触设备表面时没有触电危险。安规测试规定了测试的电流、时间、电阻和压降。

(6)潮湿测试。潮湿测试是为了验证设备在雨季、海边等湿度大的环境下是否能够安全运行，一般将被测设备放置到可以控制湿度的环境中进行测试。具体需要在什么湿度范围中进行测试，由产品宣称的规格和标准决定。

(7)扭力测试。扭力测试是验证设备外部导线在使用过程中能够承受的弯曲次数，确保在产品宣称的生命周期内，导线不会因为外力作用而发生断裂、导体外露等问题。

(8)稳定性测试。设备在使用过程中难免会承受外力，比如推、拉、叠放等。稳定性测试是为了验证设备在承受这些外力作用时，是否会导致坍塌、破损等危险。

(9)外壳受力测试。设备在使用过程中，可能会由于外力作用导致外壳变形，这些变形不能导致设备内部短路等危险。外壳受力测试是验证设备在外壳受力场景下的安全性。

(10)跌落测试。最常见是手机，在手机使用过程中可能会出现从手中脱落掉到地面的情况。跌落测试要求设备跌落后，功能可以损失，但不能危害使用人员的安全。跌落测试的高度由设备的使用场景和宣称标准决定，比如手机可能做1.2米高度的跌落测试；桌面设备可能做1米高度的跌落测试。

(11)应力释放测试。对于内部有高压、激光等危险电路的设备，必须确保在设备外壳变形的情况下，设备内部的危险电路不会外露。安全测试时必须针对设备内部的危险电路进行测试。

(12)电池充放电测试。对于内部有可充电电池的设备，需要做正常场景和单一故障场景下的充电和过充电测试。必须确保设备在充电和放电场景下是安全的，不能发生起火、爆炸等危险。

(13)设备升温测试。设备工作过程中会产生热量，在设备宣称的工作温度范围内、设备工作的最大温升不能导致设备自身的损坏,对于人体能接触到的设备表面,还必须确保设备表面温度不能烫伤人体。对于有高温危险的表面,必须增加防护措施,贴高温标识。安全测试需要验证设备的温升是否满足要求。

(14)球压测试。对于内部有危险电压的设备,需要对危险电压部件的绝缘材料或塑料外壳做球压测试,确保危险电压部件在高温工作时,塑料有足够的支撑强度。测试温度范围为15~125℃,在每个温度档位下保持1小时。

(15)接触电流测试。接触电流测试是验证设备的漏电流。各个安规标准都对漏电流有严格的归档。产品设计时必须严格控制漏电流,否则产品认证测试无法通过。

(16)耐压测试。耐压测试用于验证设备的绝缘能力,对于不同的绝缘要求,测试的电压不同,在耐压测试前需要对设备进行潮湿处理。

(17)异常测试。异常测试包括错误使用测试、异常使用测试和单一故障测试。错误使用测试是针对有位置设置或状态调节功能的设备,在状态或位置错误的场景下,允许设备功能异常,但设备必须是安全的。

异常使用测试是指用户为了美观或者保护而对设备进行的一些改造,比如手机增加保护壳、电视机增加保护膜等。在这些场景下,设备也必须正常运行,不能出现安全问题。

单一故障测试要求设备在单一故障场景下,必须是安全的。

7.4.3 HALT测试

HALT(Highly Accelerated Life Test)的全称是高加速寿命试验,是一种试验方法(思想),采用的环境应力比加速试验更加严酷。HALT由美国Hobbs工程公司总裁GreggKHobbs博士首先提出,从20世纪90年代开始获得推广应用。它主要应用于产品开发阶段,能以较短的时间促使产品的设计和工艺缺陷暴露出来,从而为我们做设计改进、提升产品可靠性提供依据。HALT试验有以下几个特点:

(1)试验前无法给定环境应力值,无依据标准。

(2)以加速暴露缺陷为目的。

(3)直接有助于提高产品可靠性。

(4)目的是发现缺陷和改进方法。

HALT试验经常是硬件工程师比较恐惧的试验,因为往往实验过程中,会出现不少问题,会有一种深陷泥潭不能自拔的感觉,具体包含以下几点:

(1)由于HALT试验是产品开发阶段产品相对稳定度还不够的时间段,出问题的概率还是比较高的。

(2)因为不按照器件规格进行试验,如果不出问题,则会一直做到试验设备的极限,直到找到产品的薄弱点,并且分析出原因,给出整改意见。

(3)问题往往难复现,根因难于挖掘。

但其实HALT试验能暴露出产品的短板,开发阶段发现和解决硬件问题比发货后发现问题再去解决,成本代价要小很多。此时硬件设计师头疼去发现和解决问题,是为了未来产品上市的良好质量保证,需要用严谨的态度去面对问题、感谢问题,不能捂问题。

与传统的可靠性试验相比,HALT试验的目的是激发故障,即把产品潜在的缺陷激发成可观测的故障。因此,它不是采用一般模拟实际使用环境进行的试验,而是人为施加步进应力,在远大于技术条件规定的极限应力下快速进行试验,找出产品的各种工作极限与破坏极限。目前,虽然还没有相关的试验标准,但国外在航空、汽车及电子等高科技产业都广泛开展了HALT项目,已有相当成效。HALT具有如下优点:

(1)利用高环境应力,提早把产品设计缺陷激发出来,从而消除设计缺陷,大大提高设计可靠性,确保产品能获得早期高可靠性,使产品具有高外场可靠性;改善后可延长产品早夭期(浴盆曲线后段延伸)。

(2)产品的设计周期大大减少。

(3)生产费用大大降低。

(4)维修费用大大降低,因为交付的产品具有更高的可靠性。

(5)了解产品的设计能力及失效模式。

(6)HALT能找出产品的工作极限和破坏极限,为制定HASS(高加速应力筛选)方案,确定HASS的应力量级提供依据。

(7)大大减少鉴定试验时的故障,经过HALT的产品,鉴定试验已不重要,仅是一种形式而已。

做HALT试验的设备必须能够提供振动应力和热应力,并满足下列指标。

振动应力:必须能够提供6个自由度的随机振动;振动能量带宽为2~10000 Hz;振台在无负载情况下至少能产生65 Grms的振动输出。

注:g值是一个重力加速度值($g=9.8m/s^2$),而Grms是个积累的物理量,类似于能量一样,在一定的频率范围内对PSD积分[PSD:功率谱密度(Power Spectral Density),近似的算法就是求面积,再将面积开方],然后将积分的结果开方,也叫加速度总均方根值。

热应力:目标是为产品创造快速温度变化的环境,要求至少45 ℃/min的温变率;温度许可范围至少为-9~170 ℃。

HALT试验中的试验项目分为以下几类,并按下面的顺序进行:

(1)试验前常温工作测试。

(2)步进低温工作试验。

(3)低温启动试验。

(4)步进高温工作试验。

(5)高低温循环试验。

(6)步进随机振动试验。

(7)高低温循环与步进随机振动结合的综合试验。

(8)低温与随机振动结合的综合试验(选做)。

(9)高温与随机振动结合的综合试验(选做)。

HALT试验的详细试验过程如下。

第一步,搭建试验环境。

试验人员首先按上述试验基本要求准备好试验设备、测试设备、试验样品等资源,然后开始搭建试验环境:

(1)把试验样品有针对性地置于试验箱内,如果是振动试验,必须用夹具固定样品。

(2)把电源线、信号线及监视用电缆、光纤等引线通过试验箱出线口引出,与外面电源、监视设备等正确相连。

(3)对试验样品按规律编号,以便于试验过程的记录。

(4)样品上电,研发、测试人员负责按测试用例对样品组网、配置业务并配置仪表,使样品工作正常。

(5)样品掉电,给样品的温度、振动关键检测点粘贴必要的热电偶和振动加速度计。(注意,由于加速度计在高温时容易损坏,在有高温的振动试验中,不要使用加速度计。)

第二步,试验前常温工作测试。

试验前的常温工作测试,即在搭建试验环境完成后,对样品持续进行一段时间的测试。有两个目的:一是确认试样在正常工作条件下符合规格要求;二是测量常温工作条件下试样关键部位的温升。

第三步,步进低温工作试验。

从样品低温规格限开始,步进降温,步进步长一般为10 ℃,接近极限时步长取5 ℃。如果已有其他样品做过本试验项目,并确定失效温度点距离规格限较远,为缩短试验时间,步长可以为20 ℃。

每个温度台阶的停留时间应足够长,使得产品的每个器件的温度稳定下来,通常是产品温度达到温度设定点后5~15分钟。

每个温度台阶必须进行完整的功能测试。

试验中满足以下任意一个条件本项目即可停止:一是低温达到或超过了零下90 ℃,或所有试验样品在某个温度点附近一致失效;二是达到了试验箱的极限;三是达到了样品材料所能承受应力的物理极限。

如果产品发生了失效,温度回升至上一个温度台阶,判断失效为运行失效还是破坏失效。

如果试验满足终止条件后试样依然没有失效,则把当时最低的温度试验条件定为试样的运行限。如果找到了某个样品运行限或操作限,但还不满足试验结束条件,则更换样品,继续试验。

第四步,低温启动试验。

低温启动试验一般和步进低温工作试验结合在一起做。低温启动从－20 ℃开始,如果启动成功，则以10 ℃为步长降温，接近极限时步长为5 ℃；如果启动不成功，以10 ℃为步长升温，接近样品低温规格时，步长为5 ℃。

样品断电，试验箱保持某一低温，监视样品内部温度，直至温度平衡，再停留10分钟，保证芯片内部被冷透。

样品上电，配置业务，并监视样品性能，根据性能指标判断是否启动成功。

第五步，步进高温工作试验。

从样品高温规格限开始，步进升温，步进步长一般为10 ℃，接近极限时步长取5 ℃；如果已有同种产品的其他样品做过本试验项目，并确定失效温度点距离规格限较远，为缩短试验时间，步长可以为20 ℃。

每个温度台阶的停留时间应足够长，使得产品的每个器件的温度稳定下来，通常是产品温度达到温度设定点后10~15分钟。

每个温度台阶必须进行完整的功能测试。

试验中满足以下任意一个条件，本项目即可停止：一是温度达到或超过了高温150 ℃。或所有试验样品在某个温度点附近一致失效；二是达到了试验箱的极限；三是达到了样品材料所能承受应力的物理极限，比如塑料熔化。

如果产品发生了失效，温度下降至上一个温度台阶，判断失效为运行失效（运行限或操作限）还是破坏失效。

如果试验满足终止条件后试样依然没有失效，则把当时最高的温度试验条件定为试样的运行限；如果找到了某个样品的运行限或操作限，但还没有达到试验结束条件，则更换样品，继续试验。

如果电路有一些已知的热的敏感点，在升温中采用必要方法屏蔽这些部位，比如局部制冷或加强散热，以发现样品其他部分的缺陷。

第六步，高低温循环试验。

一般进行5个循环，最少要进行3个温度循环，除非产品发生破坏性失效。温度变化速率取试验箱的最大温变能力，如果在温度变化时试样失效，则降低温度变化率。

温度循环的温度极点取[低温操作限+5 ℃，高温操作限－5 ℃]。

在两个温度极点至少等产品到达温度设定点后再停留5分钟，如果产品体积很大或热容量很大，比如体积超过0.05立方米，应适当延长停留时间。

尽可能在温度变化时完成完整的功能测试。

如果试验时间紧急，可以不做此项测试，因为后面的温度循环与振动的综合试验中包含了此种应力，但推荐尽可能做此项测试。

第七步，步进随机振动试验。

首先了解产品对振动的大致响应，然后用合适的夹具把样品固定在振台上，在样品合适部位安装加速度计。选择加速度计安装部位的原则如下。

(1)用有限数量(6通道)的加速度计,监视样品尽可能全面的振动情况。

(2)步进起始振动为1~10 Grms,推荐5 Grms。

(3)步进步长为1~10 Grms,推荐5 Grms。

(4)每个振动台阶停留5分钟,并完成完整的功能测试。

(5)在振动强度超过20 Grms时,每个振动台阶完毕,把振动值调至5±3 Grms,并做功能测试,有利于故障的暴露。

(6)试验中满足以下任意一个条件,本项目即可停止:一是振动达到或超过了50 G,或所有试验样品在某个振动点附近一致失效;二是达到了试验箱的极限;三是到了样品材料所能承受应力的物理极限,比如表贴器件管脚断裂。

如果产品发生故障,将振动强度降回上一个台阶,判断该失效为运行限还是破坏限。

如果试验满足终止条件后试样依然没有失效,则把当时最低的试验条件定为试样的振动运行限;如果找到了某个样品的运行限或操作限,但还没有达到试验结束条件,则更换样品,继续试验。

第八步,高低温循环与步进随机振动结合的综合试验。

振动极限值取步进振动试验中的操作限值,具体如下。

(1)高、低温极限值与纯粹的高低温循环试验相同。

(2)共计5个循环。

(3)第一个循环的振动设定值为振动极限值的1/5,步长同样为振动极限值的1/5。

(4)推荐每个振动台阶完毕,把振动值调至5±3 Grms,并做功能测试,有利于故障的暴露。

(5)在每个温度停留点进行完整的功能测试,可能的话全程监视产品性能。

第九步,低温与随机振动结合的综合试验(选做)。

如果在温度循环与随机振动的综合试验中试样在温度循环的低温段出现软故障,则可以开展本试验项目,用于试验问题的定位。试验分为两类。

(1)步进振动的低温试验。温度取低温操作限或略高5 ℃,进行步进随机振动试验,试验步骤与“步进随机振动试验”相同。振动极限值取试样的振动运行限或略低5G。

(2)步进低温的振动试验。振动取振动操作限或略低5G,进行步进低温试验,试验步骤与“步进低温工作试验”相同。温度极限值取试样的温度运行限或略低5 ℃。

第十步,高温与随机振动结合的综合试验(选做)。

如果在温度循环与随机振动的综合试验中试样在温度循环的高温段出现软故障,则可以开展本试验项目,用于试验问题的定位。试验分为两类。

(1)步进振动的高温试验。温度取高温操作限或略低5 ℃,进行步进随机振动试验,试验步骤与“步进随机振动试验”相同。振动极限值取试样的振动运行限或略低5 G。

(2)步进高温的振动试验。振动取振动操作限或略低5G,进行步进高温试验,试验步骤与“步进高温工作试验”相同。温度极限值取试样的温度运行限或略低5℃。

7.4.4 HASS测试

HASS试验的定义:高加速应力筛选(Highly Acceler-Ated Stress Screen)。

HASS应用于产品的生产阶段,以确保所有在HALT中找到的改进措施能够得以实施。HASS还能够确保不会由于生产工艺和元器件的改动而引入新的缺陷。

根据美国通用电气公司的统计调查结果,分析全新设计的产品在市场出现失效的比重,发现因设计缺陷造成失效的比例占33%,零件选用不当占34%,制程缺陷则占33%。Honeywell对于成熟的产品进行市场失效统计调查发现零件不良造成失效比例占60%,制程缺陷则占40%。因此控制量产时零件与生产制程不良才可有效控制比例。

一般而言,当产品在市场出现失效时,通常已经数百或数千产品投入市场。因此,利用产品在设计阶段执行HALT的数据经验证决定适当应力水平并转换为HASS(及HASA)手法,进行量产质量控制。

HASS试验目的:

(1)进行预筛选,剔除可能发展为明显缺陷的隐性缺陷。

(2)进行探测筛选,找出明显缺陷。

(3)故障分析。

(4)改进措施。

HASS测试的项目如下:

(1)低温步进应力试验。

(2)高温步进应力试验。

(3)快速热循环试验。

(4)振动步进应力试验。

(5)综合应力试验。

(6)工作应力测试(包含开/关机、电压位偏、频率拉偏)。

HASS试验包括三个主要试程:

(1)HASS Development (HASS试验计划阶段)。

(2)Proof-of-Screen(计划验证阶段)。

(3)Production HASS(HASS执行阶段)。

一般电子产品的测试过程如下。

(1)HASS Development(设计HASS的测试条件)。

HASS试验计划必须参考前面HALT试验所得到的结果。

一般是将温度及振动合并应力中的高、低温度的可操作界限缩小20%,而振动条件则以破坏界限G值的50%作为HASS试验计划的初始条件。

然后再依据此条件开始执行温度及振动合并应力测试,并观察被测物是否有故障出现。

①如有故障出现,须先判断是因过大的环境应力造成的,还是由被测物本身的质量引起的。

②属前者时应再放宽温度及振动应力10%进行测试,属后者时表示目前测试条件有效。

③如无故障情况发生,则须再加严测试环境应力10%,再进行测试。

(2)Proof-of-Screen(HASS计划验证阶段,对第一步设计的试验条件进行验证)。

在建立HASS Profile(HASS程序)时应注意两个原则:首先,须能检测出可能造成设备故障的隐患;其次,经试验后不致造成设备损坏或"内伤"。

为了确保HASS试验计划阶段所得到的结果符合上述两个原则,必须准备3个试验品,并在每个试品上制作一些未依标准工艺制造或组装的缺陷,如零件浮插、空焊及组装不当等。以HASS试验计划阶段所得到的条件测试各试验品,并观察各试品上的人造缺陷是否能被检测出来,以决定是否加严或放宽测试条件,而使HASS Profile达到预期效果。

在完成有效性测试后,应再用新的试验品以调整过的条件测试30~50次,如皆未发生因应力不当而被破坏的现象,此时即可判定HASS Profile通过计划验证阶段测试,并可作为Production HASS之用。反之则须再检讨,调整测试条件以求获得最佳的组合。

(3)Production HASS(执行)。

任何一个经过Proof-of-Screen考验过的HASS Profile皆被视为快速有效的质量筛选利器,但仍须根据客户返还故障品的故障模式进行适当的调整。另外,当设计变更时,亦相应修改测试条件(根据新的设计,需要重新做HALT试验,并且做相应的HASS设计和验证)。

HASS试验的收益:

利用高加速环境应力可快速将产品潜在缺陷激发出来并于设计阶段加以修正。作为产品量产时的高加速应力筛选(HASS)及高加速应力稽核(Highly Accelerated Stress Audit)规格制定的参考,降低产品在市场的失效率及减少维修成本,建立产品设计能力数据库,以作为研发依据并可缩短设计开发时间。

对产品的评价不能只看其功能和性能是不是优秀,还要综合其各方面条件,例如在严酷环境中,其功能和性能的可靠程度及维修、成本高低等。在提高产品可靠性方面,环境试验占有重要位置,说得极端一些,没有环境试验,就无法正确鉴别产品的品质、确保产品质量。在产品的研制、生产和使用中都贯穿着环境试验,通常是设计、试验改进再试验投产。环境试验越真实准确,产品的可靠性越好。

HASS试验设备要求如下。

试验台规格要求:

温度：-90~170 ℃。

温度变化率：至少45 ℃/min。

振动频率范围：2 Hz到10 kHz。

振动加速度要求：振台在无。

负载情况下至少能产生50 Grms的振动输出。

振动方向：6个自由度的随机振动。

HASS和HALT的区别如下。

（1）阶段不一样：HALT是开发阶段，HASS是生产早期阶段，或者是生产阶段。

（2）目的不同：HALT试验是一种摸底试验，目的是发现设计的短板并改进，HASS是一种通过性试验，是量产质量控制。

（3）强度不一样：HALT试验可能会造成产品的损伤，而HASS试验不应该造成产品的损伤，因为HASS试验之后，产品是需要进行售卖的，而HALT试验之后的产品是严禁再出货的。

（4）试验方法不同：HALT试验是加速应力，直至产品失效；HASS试验是多次重复但是无产品损伤、逐步修正、完成试验的轮廓的过程。

（5）HALT试验和HASS试验都能优化失效率，但处于器件生命周期的不同阶段。

7.5 长期可靠性测试

长期可靠性实验是暴露产品缺陷的重要手段。

7.5.1 环境测试

一般电子类产品涉及的环境测试包括气候类测试和机械振动类测试。

气候类测试包括低温存储测试、高温存储测试、低温工作测试、高温工作测试、热测试、温度循环测试、交变湿热测试、低温极限测试、高温极限测试和噪声测试等。

机械振动类测试包括包装随机振动试验、包装碰撞试验、包装跌落、包装冲击、模拟包装运输试验、实地跑车、随机振动、冲击试验、工作正弦振动、工作冲击试验、地震试验等。

环境试验的目的包括以下几点：

（1）在产品研发阶段，评估产品的可靠性是否能达到预定的指标。

（2）在产品生产阶段，监控生产过程是否出现品控波动。

（3）在产品发布前，对产品的环境可靠性进行鉴定或验收。

（4）可靠性提升，暴露和分析产品在不同环境和应力条件下的失效规律及有关的失效模式和失效机理，有针对性地进行改进。

环境试验有以下几点注意事项：

(1)整个系统根据实际情况进行接地,否则不能模拟实际使用情况。

(2)保持测试仪器的良好接地,以保证测试人员安全。

(3)对于耐受性测试,试验工程师必须在试验现场看守,以防止试验故障导致的意外事故,并且必须在试验区加危险警告标识。

以某电子产品为例,气候环境试验内容见表7.7。

表7.7 气候环境试验内容

试验类别	低温工作试验	
依据标准	GB/T 2423.1 试验A:低温试验方法	
试验温度	−20 ℃	
试验时间	4 h	
试验内容		结论
试验前:样品外观、功能检测		pass
低温启动20次,不出现掉电、异常重启、死机、黑屏、花屏、蓝屏、软件报错等现象		pass
试验中低温工作:播放视频无死机、掉电等现象,各接口工作正常		pass
试验后:试验样品外观、功能检测		pass
试验类别	高温工作试验	
依据标准	GB/T 2423.2 试验B:高温试验方法	
试验温度	70 ℃	
试验时间	24 h	
试验内容		结论
试验前:样品外观、功能检测		pass
高温启动20次,不出现掉电、异常重启、死机、黑屏、花屏、蓝屏、软件报错等现象		pass
试验中低温工作:播放视频无死机、掉电等现象,各接口工作正常		pass
试验后:试验样品外观、功能检测		pass
试验类别	交变湿热试验	
试验温湿度	25 ℃~40 ℃,95%RH	
试验时间	24 h	
试验内容		结论
试验前:样品外观、功能检测		pass
高温启动20次,不出现掉电、异常重启、死机、黑屏、花屏、蓝屏、软件报错等现象		pass
试验中低温工作:播放视频无死机、掉电等现象,各接口工作正常		pass
试验后:试验样品外观、功能检测		pass

振动环境试验内容如表7.8所示。

表7.8　振动环境试验内容

试验类别	包装随机振动试验		
试验时间	X/Y/Z 轴振动 1 h		
试验状态	包装，不开机		
试验内容			结论
试验前：样品外观（含包材）、结构、功能检测			pass
试验后：样品外观（含包材）、结构、功能检测			pass
试验类别	正弦振动试验		
试验条件	振动频率	5 Hz ~ 15 Hz，位移：1m	
	振动频率	15 Hz ~ 200 Hz，加速度：1 g	
	振动方向	X/Y/Z 三轴振动	
	试验时间	X/Y/Z 轴振动 0.5 h	
试验状态	不带包装，开机		
试验内容			结论
试验前：样品外观、结构、功能检测			pass
试验中：播放视频无死机、掉电等现象			pass
试验后：样品外观（含包材）、结构、功能检测			pass
试验类别	包装跌落试验		
试验条件	跌落高度	1米	
	跌落部位	8个角、12个棱、6个面	
	跌落次数	每个部位1次	
	跌落方式	自由落体	
试验状态	包装，不开机		
试验内容			结论
试验前：样品外观、结构、功能检测			pass
试验后：样品外观、结构、功能检测			pass
试验类别	冲击试验		
试验条件	加速度	10 g	
	试验次数	X/Y/Z	
试验状态	包装，不开机		
试验内容			结论
试验前：样品外观、结构、功能检测			pass
试验后：样品外观、结构、功能检测			pass

7.6 量产可靠性测试

产品量产阶段需要通过可靠性测试来保障产品的可靠性。

7.6.1 生产小批量测试

生产小批量测试是发货之前的批量压力测试，有两个目的：一是验证生产过程是否有问题，在量产之前做最后的批量生产验证；二是验证长期可靠性，小批量生产出来的产品，要做长期温度循环测试。

生产小批量测试能够发现一些隐藏得比较深的概率性问题。比如由于工艺和器件一致性带来的概率性问题，按照正态分布，只有部分设备会出问题。之前章节介绍的UT测试和功能测试，由于样本量不够，往往无法充分暴露这种概率性问题。

我印象比较深刻的是之前开发的一款产品，UT测试、功能测试、HALT测试都没有发现的一个问题，到了生产小批量的时候发现了。当时有一百多台设备做批量温度循环测试，发现其中大约20%的设备在环境温度从0 ℃降低到-20 ℃时，会发生10GE光端口丢包的问题，温度上升过程或者一直低温都没有问题。最终定位发现PLL电路中的X7R陶瓷电容，在降温过程中由于形变产生的压电效应，造成PLL电路失锁，时钟抖动超出芯片指标，造成丢包。最后把X7R电容换成温度稳定性更好的NP0电容后问题解决。

如果在发货之前没有进行小批量温度循环测试，等这款设备发货到客户手里再暴露问题，代价是非常巨大的。因为这款设备每年的发货量是百万台，给客户带来的损失和召回的成本都是难以预计的。

7.6.2 装备测试

整机量产的时候，需要对部分功能进行自动化测试，用于自动化测试的软件就是装备软件。在产品量产之前，需要对装备软件进行测试，确保装备软件能够拦截故障设备，并且不会出现误报。

装备测试需要两方面的用例，一方面是对装备软件进行测试，另一方面是对装备工装进行测试。装备工装就是为了对量产设备进行测试而开发、购买的测试模块或夹具。比如量产设备如果带以太网口，装备测试中需要对端口进行以太报文流量测试，就要用到以太网口对接的工装。如果量产设备是子卡，就要用底板作为测试夹具，对子卡进行功能测试。对装备工装的测试按照发货设备的标准和用例进行测试。

整机装备测试是发货的最后一道关卡，也是非常重要的一个环节。首先，装备测试本身不能引入问题，造成发货产品故障。

其次，装备测试必须有效拦截缺陷产品，避免问题产品流出工厂。缺陷产品到达客户后，召回整改的成本及代价往往是非常大的。问题越早发现，解决的代价越小。

最后，装备测试不能误报。如果装备测试项误报，本来没有问题的产品被判为缺陷产品，可能造成生产停线。影响产品直通率，增加制造成本。

7.6.3 器件一致性测试

器件一致性测试的目的是确保单板在使用不同批次的器件及不同厂家型号的器件时功能和性能一致。器件一致性包含两个方面，一方面是同一个厂家型号的不同批次之间性能指标的一致性；另一方面是不同厂家型号的器件之间性能指标的一致性。

同一个厂家型号的不同批次之间的一致性测试是指将不同批次的产品分别取样，进行测试验证，考察产品功能和性能方面一致性的测试。测试时需要关注以下几个点：

(1)测试至少要包含3个或3个以上不同器件批次和生产批次的产品。

(2)测试项目要包含所有的功能测试项目，以及重要的信号质量和时序等项目。

(3)重点需要验证长时间的稳定性是否一致。

(4)如果具备条件，需要验证在环境条件变化时(如高温环境)，各样品的一致性。

不同厂家型号的器件之间性能指标的一致性测试是指将不同厂家型号的产品分别取样，进行测试验证。为了保证供应稳定性，单板上的一些通用器件一般会选择封装相同、性能指标接近的多个厂家的器件型号。当某个厂家的供应出现问题时，可以用其他几个厂家的型号进行加工。

虽然这些厂家的性能指标接近，但无法做到完全一致。这就要求在研发阶段对所有选型的器件型号进行测试，确保选型范围内的所有器件型号都能满足单板的测试指标。比如单板的5 V DC-DC电源有A、B、C三个厂家的型号可选，在单板加工的时候，就需要分别用A、B、C三个厂家的型号来加工，产出三种单板。测试5 V电源的时候，需要遍历这三种单板。

还有涉及不同器件型号之间的配合，需要测试的单板数量可能更多。还是以上面的单板为例，5 V DC-DC电源有A、B、C三个厂家的型号可选，3.3 V是由5 V转换得到的，3.3 V DC-DC电源有D和E两个厂家可选。那么需要加工的单板就有6种组合，如图7.19所示。

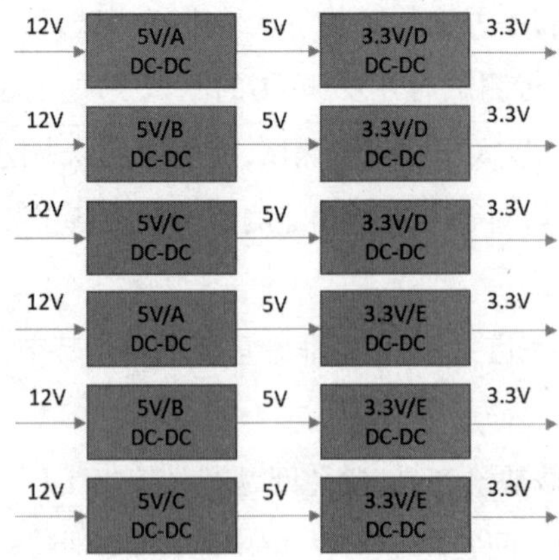

图7.19 不同型号电源组合

引入的备选厂家型号越多，一致性测试的工作量越大。器件选型的时候需要在可供应性和研发投入上综合评估。

7.6.4 工艺规程和单板维修技术说明

在制成板加工过程中，难免会出现单板元器件故障的问题。为了便于工厂快速定位并修复问题，提升直通率，降低制造成本，研发需要提供单板维修技术说明给工厂。

单板维修技术说明可以在单元测试之后进行编写。单元测试阶段已经将单板上的功能单元都梳理成了清单，在此基础上，对每个功能单元进行故障模拟，记录故障现象，并附上维修方法，维修技术说明就完成了，见表7.9。

表7.9　维修技术说明模板

元器件名称	型号	板中位号	功能描述	故障现象	维修方法
5 V电源模块	××××	U2	12 V电源转5 V	LED1不亮或闪烁	更换U2
3.3 V电源模块	×××	U3	5 V电源转3.3 V	LED2不亮或闪烁	更换U3

在制成板加工和整机装配过程中，需要一份指导文档来指导每个工序的操作步骤，强调其中的注意事项，以防生产加工出错，造成批量返工。这份指导文档就是工艺规程。

工艺规程里需要包含的要素有单板的焊接温度和时间曲线，有方向要求器件的安装说明，涉及装配的器件的装配顺序，涉及点胶、卡接、贴标签等工序的操作步骤，例如图7.20的LED焊接工序指导。

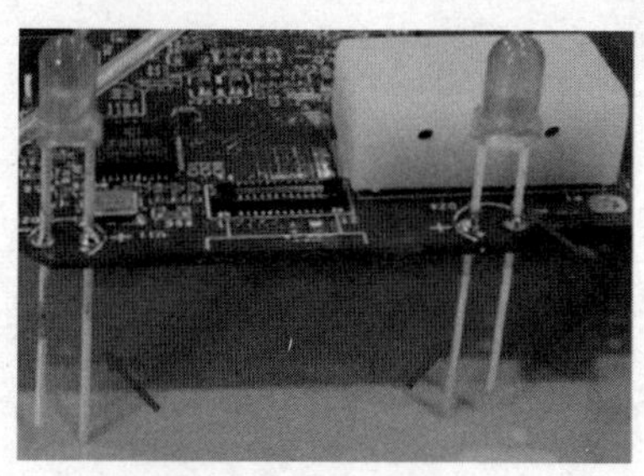

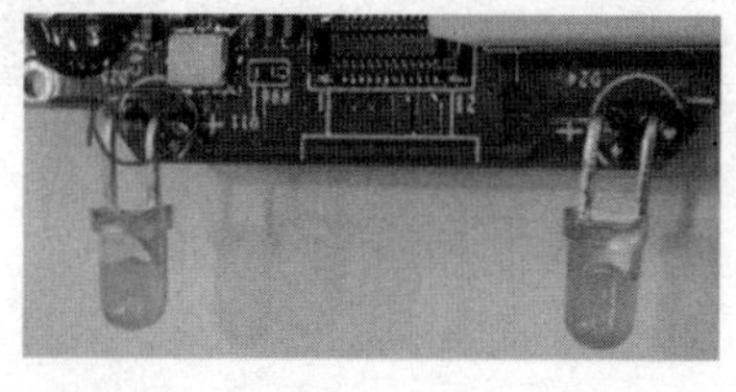

①D24和D25 LED灯焊接
<u>注意事项：</u>
A．注意引脚预留5mm长度(LED管脚拼接处与焊盘平齐)。
B．注意LED的正负极不能反，长引脚为正、短引脚为负。

②LED剪脚。LED焊接后紧贴PCB背面剪脚。
③LED方向调整：LED引脚折90度弯角，保证LED朝向机头方向。

图7.20　LED焊接工序指导

8

第8章

硬件维护

8.1 转维审查

产品从研发阶段进入量产发货阶段，有很多关键信息需要审查，确保产品已经达到量产发货的要求。有的大公司会在这个阶段增加一个审查环节，审查通过后产品就可以量产发货，后续有硬件维护团队负责产品整个生命周期的维护。这个审查环节就是转维审查。

转维审查需要检测的信息很多，主要审查需求规格是否实现，生产备料是否满足发货需求，针对之前产品的一些典型问题，当前产品是否已经有了落地解决的措施，新老产品的替代升级策略是否清晰、完备，为了确保审查项不遗漏，可以做一张转维审查的表格，见表8.1。

表8.1　维修审查表

序号	审查项	审查结果	备注
1	设计规格是否都已经实现	Pass	
2	关键物料储备是否满足半年发货订单的需求	Pass	
3	所有的问题单是否都已经解决	Pass	
4	严重问题的解决措施是否合理、完备	Pass	
5	历史产品的问题在新产品中是否有了落地解决的措施	Pass	
6	新产品与老产品之间的替代升级策略是否清晰	Pass	
7	从单板投板之后到量产之前，芯片勘误表是否核对，解决措施是否落地	Pass	
8	即将量产的产品，软件包中使用的芯片固件是不是最新的	Pass	
9	量产产品涉及的器件，是否涉及独家供货	Pass	
10	量产产品涉及的器件，替代测试是否完成	Pass	
11	量产产品的认证报告和准入测试是否满足销售对象国家或地区的准入要求	Pass	
12	认证报告和铭牌信息的一致性审查	Pass	
13	产品中元器件的生命周期是否长于产品的生命周期	Pass	

转维审查这个环节非常重要，往往能发现一些严重问题，挽回不可预计的损失。

有一个典型的案例，某款每年十万台发货量的电信产品，铭牌上的0写成了O，造成铭牌与认证报告及对外宣称的型号不一致。这个问题在转维审查阶段发现了，并及时得到了修正。

如果没有在量产发货之前发现这个问题，而是在发货几年之后才发现这个问题，市场上会有上百万台设备都处于未认证状态，这会造成大量的客户投诉和索赔，带来的经济损失和法务风险是无法估量的。

8.2 可维护性和可靠性验收

可维护性和可靠性验收非常重要，硬件维护工程师在后端发现问题后，总结成可维护性和可靠性需求，在产品立项的时候与新特性一起进行需求分析，然后经过设计、开发和测试环节，在产品中落地。这些需求最终实现的效果是否和需求提出人想要达到的效果一致，需要硬件维护工程师进行验收。

硬件维护工程师越早参与，效果越好。如果等到转维审查的时候才参与验收，发现偏差需要修改和测试，相当于需求要重新开发一次。推荐硬件维护工程师在需求分解的时候就参与，然后在开发和测试的时候再进行一次审视。可维护性和可靠性验收流程如图8.1所示。

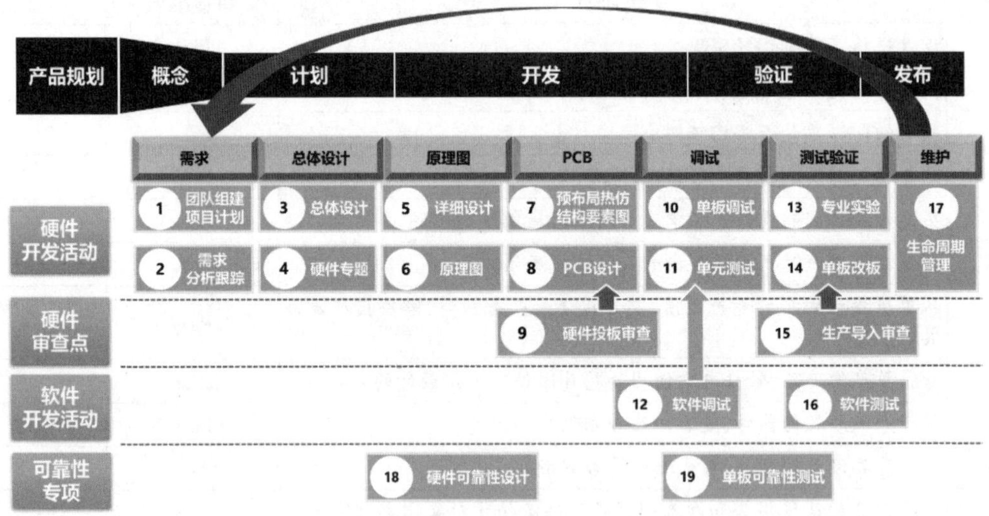

图8.1　可维护性和可靠性验收流程

有一个典型的案例，某款主力发货的款型，框架如图8.2所示，主用主控通过FE通道对线卡进行管理。线卡到主用主控有两条通道，通道1：通过主用FE到主用主控的LSW，然后再到主用主控的CPU，即图8.2中的实线通道；通道2：通过备用FE到备用主控的LSW，然后再到主用主控的CPU，即图8.2中的虚线通道。

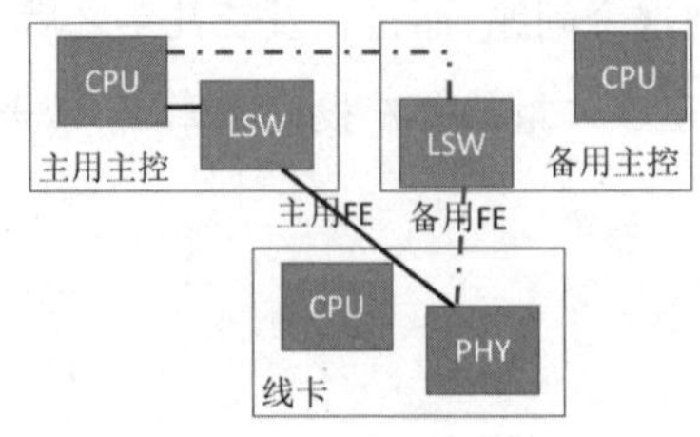

图8.2　线卡板到主控板的通道图

当时出现一个特别奇怪的现象，每天到固定的时间点，线卡板就开始复位，复位后线卡板无法注册。进一步定位，发现线卡板到主用主控的FE通道有错包，造成管理报文丢包。由于主用和备用FE通道的切换机制没有做好(可靠性需求实现有偏差)，主用主控在切换FE通道之前就认为线卡板发生问题，从而将线卡板复位。线卡板复位后，仍然通过主用FE通道与主用主控协商，FE通道丢包造成协商失败，线卡板无法注册。

顺着错包往下排查，发现错包发生在主用主控的LSW芯片。单板返回实验室测试，发现丢包发生在固定的温度区间。当环境温度在25 ℃左右时发生丢包，低于20 ℃或高于30 ℃都不会丢包。通过交叉芯片进行排查，最后发现丢包是由晶振引起的。在环境温度25 ℃左右时(晶振表面温度50 ℃)，125 M晶振会发生跳频。晶振的规格是125 M±10ppm，在环境温度25 ℃时，晶振的频偏达到了20ppm，超出规格1倍。晶振频率和温度测试曲线如图8.3所示。

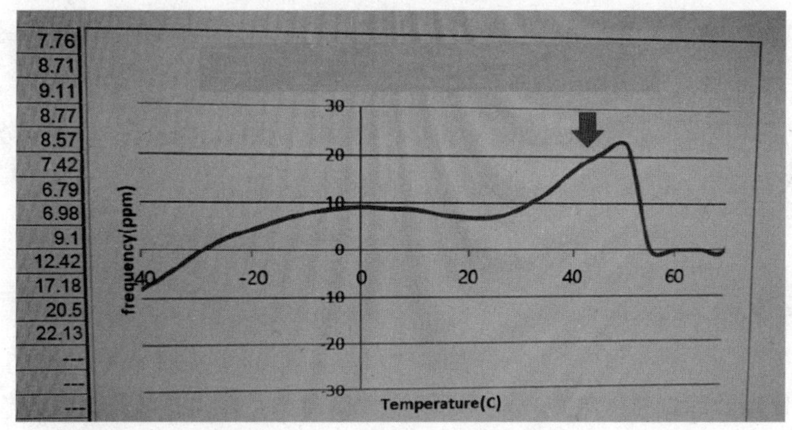

图8.3　晶振频率和温度测试曲线

这个问题是一个典型的可靠性问题，有以下几点可以改进：

(1)主控的FE通道切换机制改进，当其中一条FE通道故障时，优先进行通道切换。

(2)故障定界优化，当主用主控到多个线卡板的FE通道都出现故障时，判断为主用主控故障，优先进行主备倒换，把业务切换到备用主控，而不是复位线卡板。

(3)FE通道记录错包日志，错包每增加一定数量，记录一条日志。

(4)主控发现线卡异常时，先上报告警。有业务备份通道的，切换业务后再复位线卡；没业务备份通道的，只告警，不复位线卡。

8.3 可供应性保障

可供应性保障是一个持续的过程，贯穿产品的整个生命周期。产品的可供应性包括软件的可供应性和硬件的可供应性。硬件可供应性主要包括以下几个方面：

(1)元器件和结构件等产品组件的可供应周期是否满足产品的生命周期需求。

(2)元器件和结构件等产品组件的供货周期是否满足产品的生产制造需求。

(3)元器件和结构件等产品组件是否有可替代的供应厂商。

(4)元器件和结构件等产品组件厂商的供应链是否有潜在的质量隐患。

可供应性保障非常重要的一条原则就是避免独家供应商。如果产品BOM清单中的每个器件都有两家及以上的供应商,可供应性会比独家供货有成倍的提升。

以2020年的STM(意法半导体)单片机为例,由于受新冠肺炎疫情的影响,全球晶圆供应紧张,特别是STM32芯片受疫情和罢工的双重影响,多个型号的芯片价格上涨了十几倍,交货周期延长到半年以上。很多中低端的嵌入式产品根本无法承受这样的价格和周期,只能被迫停产。

如果在产品设计阶段就考虑了可供应性,预留了其他型号的单片机作为备份(比如国产的ARM芯片),STM单片机价格上升、周期变长对产品的冲击要小很多,不会造成产品停产。

另外,在产品的整个生命周期过程中,难免有一些器件的供应出现波动。异常情况开始出现时,就需要通过替代测试引入替代供应商,避免供应冲击影响进一步扩大。

8.4 直通率

先认识下概念,直通率(First PassYield,FPY)是衡量生产线出产品质水准的一项指标,用以描述生产质量、工作质量或测试质量的某种状况。打个比方,就是在生产线投入100套材料中,制程第一次就通过了所有测试的良品数量。但注意,经过生产线的返工或修复才通过测试的产品,是不能列入直通率的计算中的。

如何计算直通率呢? 一般两种方式:

因为投入批量的大小不一,批量完成的日期不定,所以实际的计算一般采用下面的计算式:

$$\text{FPY}=p_1\times p_2\times p_3\cdots$$

其中,p_1、p_2、p_3等为生产线上的每一个测试站的首次良率。

以上说的都是事后,当你这时知道直通率不高的时候,其实就麻烦了,我们做设计的人,要考虑的维度是如何把问题在“事前”就控制住。要达到这个目标,那么我们就要学会计算直通率,那就不得不讲一个名词DPMO(Defects Per Million Opportunities,百万机会的缺陷数)。

上述公式中的机会数是器件(SMT或通孔)数加上焊接点数。所以相同的DPMO,机会较少的板将会有较少的缺陷,而需要高复杂性装配的产品将会有更多的缺陷数。

DPMO这个数据怎么来的呢？一般来源于四个方面：工艺规范、计算预计、试验结论、历史经验。对于初创企业，历史经验估计就难了，但没关系，从现在起开始重视这个问题，几年以后，你就有了属于自己的经验数据。试验结论，是针对新器件的，自己没有数据的情况，所以初创企业要重视记录这些数据。工艺规范，这个对初创企业很重要，一般较大的单板加工企业有相关数据和规范，我们一定要拿来，在我们的硬件设计阶段运用好，不要等板子上了流水线后才知道工艺不匹配。

我们开发出来的产品，经过艰苦卓绝的调试过程，终于完成了我们需要的功能，市场兄弟打下天下，客户下了订单，进入了批量生产的阶段。但是我们把BOM送到工厂，最后每100块电路板，只有几个好用，大多数都不好用。我们工程师没日没夜地跟线，情况未必有改善。

之前一家公司的硬件经理，日日夜夜跟线，感觉人已经虚脱。我问他，你直通率多少了？他说一开始100块没几块好的，现在好多了，这批加工470套，有400套是好的。

我们来计算一下直通率，85%左右。以前在华为时，直通率的达标线是95%左右，曾经有一段时间，我们产品的直通率是92%左右，在产品线是拖后腿的，整天挨批。后来经过一年的努力，才完成95%的直通率指标。但是对于初创团队来说，85%似乎已经是比较好的情况了。

订单来了，直通率却成了我们的痛！

PCB、SMT、装配、生产调测、HASS，任何一个环节出了问题，都累加在直通率下降的砝码上。

面对直通率低下，我们有哪些措施可以尝试呢？如果发现问题出现在SMT环节，可以采取如下措施。

第一步，优化钢网（优化PasteMask）。

我们在生成Gerber文件的时候，需要生成两个MASK（SOLDERMASK、PASTEMASK）。

SOLDERMASK：阻焊层，就是用它来涂敷绿油等阻焊材料，从而防止不需要焊接的地方沾染焊锡，这一层会露出所有需要焊接的焊盘，并且开孔会比实际焊盘要大。涂绿油时，看到有东西（焊盘）的地方不涂绿油即可，而且由于其开孔比实际焊盘要大，保证绿油不会涂到焊盘上，这一层资料需要提供给PCB厂。

PASTEMASK：焊膏层，就是说可以用它来制作印刷锡膏的钢网，这一层只需要露出所有需要贴片焊接的焊盘，并且开孔可能会比实际焊盘小。这样得到的钢网镂空的地方比实际焊盘要小，保证刷锡膏的时候不会把锡膏刷到需要焊锡的地方，这一层资料需要提供给SMT厂。

SMT印锡钢网厚度设计原则如下。

钢网厚度应以满足最细间距QFP、BGA为前提，兼顾最小的CHIP元件。

QFP pitch≤0.5 mm，钢板选择0.13 mm或0.12 mm；pitch＞0.5 mm，钢板厚度选择0.15 mm~−0.20 mm；BGA球间距＞1.0 mm，钢板选择0.15 mm；0.5 mm≤BGA球间距≤1.0 mm，钢板选择0.13 mm。

SMT锡膏钢网的一般要求原则如下。

(1)位置及尺寸确保较高开口精度,严格按规定开口方式开口。

(2)独立开口尺寸不能太大,宽度不能大于2 mm,焊盘尺寸大于2 mm的中间需架0.4 mm的桥,以免影响网板强度。

(3)绷网时严格控制,注意开口区域必须居中。

(4)以印刷面为上面,网孔下开口应比上开口宽0.01 mm或0.02 mm,即开口成倒锥形,便于焊膏有效释放,同时可减少网板清洁次数。

(5)网孔孔壁光滑。尤其是对于间距小于0.5 mm的QFP和CSP,制作过程中要求供应商作电抛光处理。

(6)通常情况下,SMT元件其网板开口尺寸和形状与焊盘一致,按1:1方式开口。

SMT锡膏钢网的特殊开口设计原则如下。

(1)0805建议如下开口。两焊盘各内切1.0 mm,再做内凹圆B=2/5Y;A=0.25 mm或A=2/5*L防锡珠。

(2)1206及以上Chip:两焊盘各外移0.1 mm后,再做内凹圆B=2/5Y;a=2/5*L防锡珠处理。

(3)带有BGA的电路板球间距在1.0 mm以上,钢网开孔比例1:1,球间距小于0.5 mm以下的钢网开孔比例1:0.95 。

(4)对于所有带有0.5 mm pitch的QFP和SOP,宽度方向开孔比例1:0.8。

(5)长度方向开孔比例1:1.1,带有0.4 mm pitch QFP宽度方向按照1:0.8开孔,长度方向按照1:1.1开孔,且外侧倒圆脚。倒角半径r=0.12 mm 。0.65 mmpitch的SOP元件开孔宽度缩小10% 。

(6)一般产品的PLCC32和PLCC44开孔时宽度方向按1:1开孔,长度方向按1:1.1开孔。

(7)一般的SOT封装的器件,大焊盘端开孔比例1:1.1,小焊盘端宽度方向1:1,长度方向1:1.1。

SOT89元件封装:由于焊盘和元件都比较大,且焊盘间距较小,容易产生锡珠等焊接质量问题,故采用引脚长度方向外扩0.5 mm开口的方式。

下面介绍SMT红胶钢网的开口设计原则(使用得少,问题也比较少,此处只作简略介绍)。

钢网使用的注意点如下。

增加对钢网清洗次数,并使用无尘纸沾酒精擦拭钢网。

实施前:原来每印刷30片清洗一次钢网,清洗时只用干布条擦拭,导致钢网孔堵住或钢网底部粘有锡膏,印刷后PCB板焊盘容易漏印或连点。

实施效果:PCB板引脚间距在0.8 mm以下的,印刷5片清洗一次;引脚间距较大的,印刷10片清洗一次,并使用无尘纸沾酒精溶剂擦拭,保证钢网清洗干净,印刷效果良好。

第一步,调整锡膏印刷机。原来PCB板定位不均匀,钢网下压后,钢网与PCB板之间形成空隙,印刷后容易造成连点;现在在PCB板中间增加定位,钢网与PCB板,印刷效果良好。

第二步，调整锡膏。锡膏直接使用，没有回温，会凝结空气中的水蒸气，在回流焊里炸锡，导致焊盘焊锡少，上板前，提前2小时将当天要用的锡膏回温，回温时间达到2~4小时。

实施锡膏回温之后的改进。

第三步，回流焊炉温调整。向供应商索取锡膏温度曲线资料，根据预热时间、升温斜率要求，重新调整回流炉温。

实施效果：采用实物板作为测试板，可以达到接近于生产时的实际焊接温度，每个对应测试点与实际焊接温度相差±0.5 ℃，达到工艺要求：误差＜±2 ℃；再通过调整回流炉温，使炉温曲线符合锡膏要求。特别是进入无铅化焊接时，尤其需要修正焊接温度，否则严重影响直通率。

第四步，调整贴装位置。贴装位置不合适也会影响直通率，通过调整贴装位置可以优化。

第五步，AOI（Automated Optical Inspection，自动光学检查）。AOI分为炉前AOI和炉后AOI。炉前AOI主要检查炉前小料的偏移、缺件、侧立、立碑等缺陷。炉后AIO主要检查结构、装配等方面，例如需要制作一些工装，否则容易在安装过程中导致产品损坏，一些结构放置随意、面板刮花等问题，其实都是导致直通率下降的原因。

为什么直通率没有被一些小公司认知和重视？

（1）人们不知道有这样好的方法，当然不会去应用。

（2）传统方法简单、实用。问题是，人们往往会用方便来代替正确。人们宁肯做得不好返工，也不愿意多花一点时间，把事情一下子做好。人们只会苦干，不会思考。六西格玛教人正确工作，不只图方便。

（3）习惯问题。领导的习惯是关键，有些领导，不去研究事物内在的客观规律性，单凭直觉和主观愿望在指挥。只要过得去，还要去学习什么新的东西？不做正确测量，也就不知道事物的本来面目，更不知道如何去改进。

8.5 认证管理

产品认证是用于产品安全、质量、环保等特性评价、监督和管理的有效手段。世界上大多数国家和地区设立了自己的产品认证机构，使用不同的认证标志，来标明认证产品对相关标准的符合程度。

为了便于对电子产品的安全、质量和环保等特性进行监督和管理，很多国家对电子产品都有准入认证的要求。如中国的CCC认证和CQC认证、美国的UL和FCC认证、欧洲的CE认证和ROHS认证、德国的VDE认证、日本的PSE认证、韩国的KC和KCC认证。国际标准化组织（ISO）将产品认证定义为：“是由第三方通过检验评定企业的质量管理体系和样品型式试验来确认企业的产品、过程或服务是否符合特定要求，是否具备持续稳定地生产符合标准要求产品的能力，并给予书面证明的程序。”

CCC认证是中国强制认证（China Compulsory Certification）的缩写。CCC认证是中国政府为兑现加入世贸组织的承诺，在2001年12月3日对外发布的强制性产品认证制度。CCC认证从2002年5月开始实施，对列入国家质量监督检验检疫总局和国家认证认可监督管理委员会发布的《第一批实施强制性产品认证的产品目录》中的产品实施强制性的检测和审核。

CQC是中国质量认证中心（China Quality Certifivation Center）的英文缩写。不同于CCC认证，CQC认证是一种自愿性产品认证，同样也由CQC颁发证书。CQC认证要求产品符合相关的质量、安全、性能、电磁兼容等认证要求，认证范围涉及机械设备、电力设备、电器、电子产 品、纺织品、建材等500多种产品。CQC认证重点关注安全、电磁兼容、性能、有害物质限量（RoHS）等直接反映产品质量和影响消费者人身和财产安全的指标。

UL是Underwriter Laboratories Inc（英文保险商试验所）的简写。UL是美国最具权威的从事安全试验和鉴定的民间机构，获得世界上多数国家的认可。UL是一个独立的非营利机构。UL采用科学的测试方法来研究确定各种材料、装置、产品、设备、建筑等对生命、财产有无危害和危害的程度；确定、编写、发行相应的标准和有助于减少及防止造成生命财产受到损失的资料，同时开展实情调研业务。

FCC是美国联邦通信委员会（Federal Communications Commission）的简称。FCC是强制性认证，由于FCC制定了很多涉及电子设备的电磁兼容性和操作人员人身安全等一系列产品质量和性能标准，并且这些标准已经广泛使用并得到世界上不少国家的技术监督部门或类似机构的认可。所以，很多国家生产的电子产品，都会有FCC认证的标志。

CE是欧洲共同体（Conformite Europeenne）的简称。CE认证是欧盟法律对产品提出的一种强制性要求，无论是欧盟内部企业生产的产品，还是其他国家生产的产品，要想在欧盟市场上自由流通，就必须加贴“CE”标志。

RoHS是《电气、电子设备中限制使用某些有害物质指令》（*the Restriction of the use of certain hazardous substances in electrical and electronic equipment*）的英文简称。为了减少电子设备中的有害物质影响环境和健康，RoHS对电子设备中的铝Pb、镉Cd、汞Hg、六价铬Cr6+、多溴联苯PBBs、多溴联苯醚PBDEs六种有害物质进行限制。

VDE是德国电气工程师协会（Verband Deutscher Elektrotechniker）的简称。VDE检测认证研究所（VDE Testing and Certification Institute ）是德国电气工程师协会所属的一个中立、独立的机构。根据不同的申请，VDE实验室按照德国VDE国家标准、欧洲EN标准或IEC国际电工委员会标准对产品进行检验和认证。在很多国家，VDE认证的认可度比本国认证的认可度要高。

PSE认证是Product Safety of Electrical Appliance & Materials的简称，是日本政府针对电子电气产品实行的市场准入制度，是日本《电气产品安全法》（以下简称“电安法”）的重要内容。2001年4月1

日，日本修订了电安法，由METI（日本经济产业省）管理，METI不直接颁发证书，而是授权协作厂商认证机构进行产品的符合性评估测试和签发证书。

PSE认证是日本强制性安全认证，用以证明电子产品已通过日本电气和原料安全法（DENAN Law）或国际IEC标准的安全标准测试。日本的DENTORL法（电器装置和材料控制法）规定，498种产品进入日本市场必须通过安全认证。其中，165种A类产品应取得菱形PSE标志，必须由授权评估单位进行强制性验证。产品取得符合性证明书后才能贴上菱形PSE标志，进口商或制造商必须书面通报METI。另外333种B类产品应取得圆形PSE标志，产品制造商可以自我宣称或申请第三方认证。

KC是Korea Certification的缩写，旧称EK认证，是韩国电子电气用品安全认证制度，即KC标志认证，是韩国技术标准院（KATS）依据《电器用品安全管理法》（*Electric Appliances Safety Control Act*）于2009年1月1日开始实施的强制性安全认证制度，并由新KC标志替代原来的EK标志。自2011年1月1起KC标志应用到所有认证中，针对安全（Safety）、LVD和电池（电池的KC测试项目与K62133是一样的）。

KCC是韩国通信委员会（Korea Communications Commission）的简称。根据韩国《电气通讯基本法》第33条以及《无线电波法》第46条和第57条的规定，建立了广播通信设备认证制度。该制度要求凡是生产、进口或贩卖广播通信设备认证条规第三条规定的产品，都应事先获得KCC认证。KCC认证针对无线射频的产品、测试项目（包括EMC+RED+SAR）。

为避免重复认证，自2012年7月1日起，Safety产品和EMC产品分离管理，凡申请韩国认证的电子电气产品，针对安全（Safety）和电磁兼容（EMC）要求，须分别获取KC证书和KCC证书。

认证管理工程师必须熟悉销售目的地的准入要求和相应的法律法规，在产品销售到目的地之前拿到相应的认证报告、取得产品的准入资格。另外，产品的认证报告是有有效期的，在有效期截止前，必须进行续期或重新认证，还有准入要求和法律法规变化的情况，也涉及产品重新认证。

8.6 产品变更管理(PCN)

PCN是Product Change Notice（产品变更管理）的缩写。PCN是厂商为了提高质量、降低成本主动向客户发起的产品变更。一般涉及如下变更的，需要发布PCN公告。

（1）生产地址变更，包括生产地址异地转移、新增场地。

（2）产品外观变更，包括外形、尺寸和颜色等。

（3）产品结构变更，可能导致产品品质或可靠性变化或者影响产品的安装。

（4）产品功能或性能变更。

（5）产品标准变更，包括铭牌尺寸、铭牌颜色和铭牌变更，Logo增减、样式、尺寸、颜色等修改。

(6)包装变更，包括包装方式变更，如从纸箱换成木箱，从塑料箱换成金属箱，增加或减少包装等。

PCN的流程如图8.4所示。

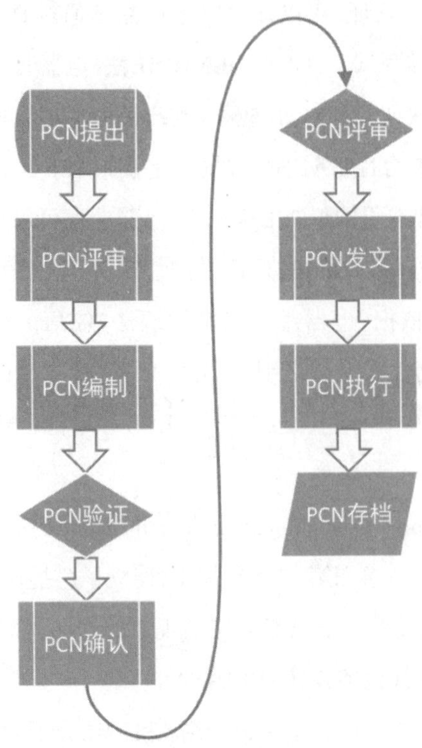

图8.4 PCN流程

每个步骤的工作内容和责任部门见表8.2。

表8.2 PCN各部门职责

序号	步骤	工作内容	责任部门
1	PCN提出	①内部改进：来源于产品工艺改进和完善的需求 ②外部需求：来源于用户的要求；来源于供应商的变更	研发部门
2	PCN评审	对于内部需求，在研发部进行评审；对于客户需要，研发部和市场部一起评审。哪些需求接纳，哪些需求不接纳。对于不接纳的，要和提出人进行沟通	研发部门，市场部门
3	PCN编制	根据PCN修改内容，制定修改方案、验证方案和审核要求	研发部门
4	PCN验证	根据验证方案进行相应的验证实现。设计生产相关的器件替代、工艺路线修改，需要进行小批量验证	研发部门，生产部门
5	PCN确认	对于PCN验证结果进行评审，觉得是否可以更改	研发部门，生产部门
6	PCN评审	PCN确认修改后，项目负责人指导PCN变更通知，由研发部门和市场部门评审	研发部门，市场部门

续表

序号	步骤	工作内容	责任部门
7	PCN发文	PCN变更通知单注明生效批次和生效日志，发送到相关的用户和渠道	研发部门，质量部门
8	PCN执行	根据PCN执行相应的变更：BOM、工艺规程等刷新	研发部门，质量部门，生产部门
9	PCN归档	相关变更文档存档	研发部门，质量部门，生产部门

PCN执行前，需要发正式的书面通知给用户和渠道，让用户和渠道有时间评估PCN对各自的影响，并采取相应的措施。

8.7 生命周期管理

生命周期管理是IPD流程的最后一个阶段。生命周期管理贯穿从产品稳定生产到产品生命终止的整个阶段。生命周期管理需要监控生产、销售、服务和技术支持、质量及业务表现，使生命周期阶段的利润和客户满意度达到最佳状态。在这过程中，需要根据内部和外部情况变化制定产品过渡和产品替代策略，制定产品终止销售（EOM-end of markting）、终止生产（EOP-end of production）和终止服务（End of Service，EOS）的计划。EOM、EOP和EOS统称为EOX。

产品的生命周期可以用曲线来表示，一般产品的生命周期曲线如图8.5所示。

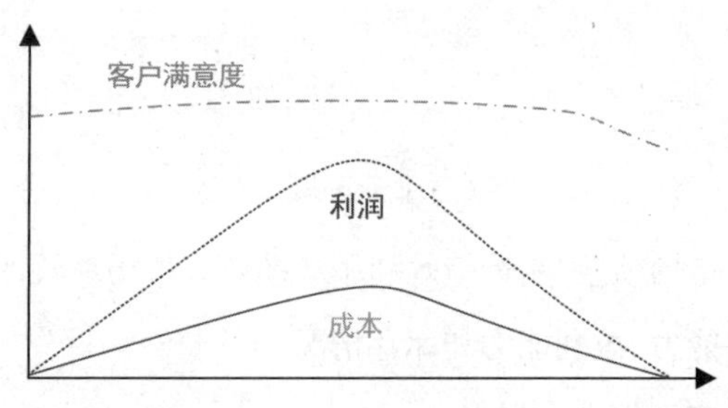

图8.5　生命周期曲线

当利润收窄或客户满意度下降时，就要考虑产品生命周期终止。在这过程中，需要考虑如何管理库存，减少呆死料；如何支持长期客户的升级；如何保障备件供应；如何应对竞品；何时重新定价；如何使产品有效地退出。生命周期阶段的主要活动如图8.6所示。

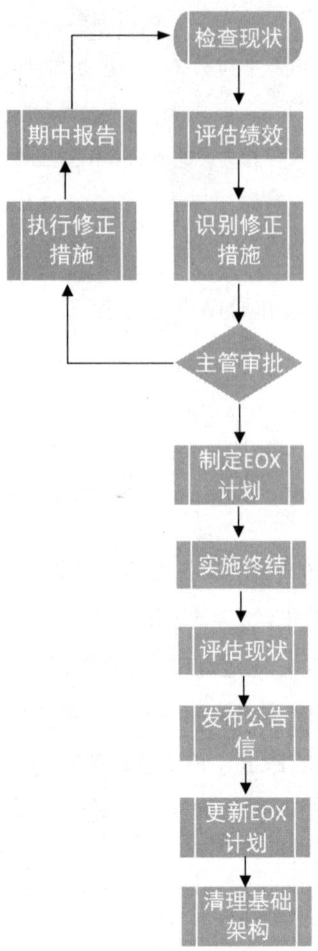

图 8.6 生命周期主要活动

绩效评估包括三部分：市场绩效、制造绩效和服务绩效。市场绩效评估包括下面几部分内容：

(1)评估当前持续销售能力、盈利能力和库存情况。

(2)追求该产品及后续产品的最大利润。

(3)当市场萎缩时，确定停止营销的时间和计划。

(4)停止营销时，将各个渠道及公司的库存减少到最低水平。

停止生产的目的是通过管理产品生产的绩效达到业务计划的目标，降低产品的生产成本。绩效评估包括下面几部分内容：

(1)管理生产效率，确保达成生产计划和生产成本。

(2)管理采购，降低供应链成本。

(3)及时、高效停止产品生产，支持营销迁移计划。

(4)确保在产品过渡过程中有足够的库存。

服务评估是针对产品的服务和支持，确保实现服务和支持目标，确定有效从市场上退出服务和支持的合适时间。

EOM包括管理销售表现并准备停止销售、执行停止销售、清理三个阶段。管理销售表现并准备停止销售阶段的任务是确保产品生命周期阶段的利润和客户满意度达到最佳状态，对于利润和满意度下滑的产品制订退出市场的计划。执行停止销售阶段的任务是执行销售计划、监控渠道库存并准备发布退出公告，通过该公告通知公司内部人员及客户，产品即将停止销售。清理阶段的任务是关闭与本产品相关的信息数据库，释放相关资源。

EOP包括管理生产表现和准备停止生产、执行停止生产、清理三个阶段。管理生产表现和准备停止生产阶段的任务是评估当前绩效，确定纠正措施，反馈状态与进展。评估停产条件并准备汇报，汇报通过后通知停产影响的部门和业务。执行停止生产的任务包括制订EOP计划、评估库存和剩余物料的情况，确定最后一次备料和最后一次生产的需求，评估与确定注销，确定要清理的优先级清单和报废部件清单。清理阶段的任务是评估受影响的设备，制定库存状态报告，处理报废物料，释放部件与生产资源，归档相关记录。

EOS包括管理服务表现并准备停止服务、执行停止服务、清理三个阶段。管理服务表现并准备停止服务阶段的任务是检查苍穹现状、评估当前绩效、确定纠正措施、反馈状态与进展情况。评估当前停止服务的条件，准备汇报。汇报通过后执行措施并跟踪。执行停止服务的任务是制订停止服务和支持项目计划；与供应商的合法终止；通知客户；对涉及改变的产品类型准备变更；评估和关闭特殊的服务包。清理阶段的任务是修改和更新管理数据库、授权系统、备件数据库等；释放资源（生产场地、服务人员等）；发布过失部件的变更；归档相关记录。

8.8 故障返还件维修

故障返还件维修最重要的一点是不能仅仅修好设备就结束，必须分析改进点。很多公司可能会把故障返还件维修作为维修岗位，一般安排维修工从事这个岗位。其实这是远远不够的，仅仅把故障件修好，无法挖掘故障件的最大价值。

故障返还件维修是非常重要的一项工作，要求从事这个岗位的员工能从故障件里面总结出产品的改进点，提升产品质量。这个岗位也是很能锻炼人的一个岗位，很多大公司往往安排新员工从事这个岗位，一方面可以快速熟悉产品，积累硬件基本功，另一方面可以锻炼新员工的总结能力和改进意识。

故障返修件有两类，一类是生产过程发现的故障件；另一类是客户返还的故障件。故障件维修关键的一点是总结归类，找主要矛盾、找规律。

以生产过程中发现的故障为例，图8.7是某一批次无人机生产过程中发现的故障统计。

故障类型	数量	故障率
飞桨叶	15	11.19%
电池装不紧	6	4.48%
无图传	2	1.49%
飞正方形飘	2	1.49%
机架料不足	2	1.49%
光流松	1	0.75%
WiFi信号弱	1	0.75%
正常数量	105	
总的测试数量	134	
一次直通率	78.36%	飞桨叶统计为故障设备
二次直通率	89.55%	修复飞桨叶后的直通率

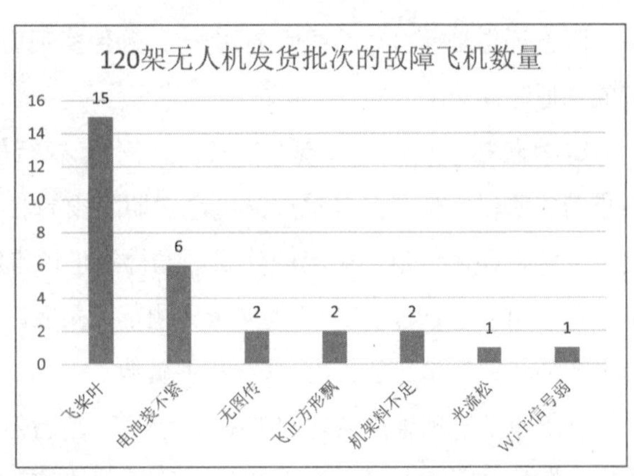

图8.7　生产直通率统计

通过归类故障模式发现主要的问题是飞桨叶和电池装不紧，所以针对这两个问题来改进。

以飞桨叶的问题为例，如果是一个维修工从事故障件维修的工作，最后的结果可能是换一个桨叶就结束，后续每批飞机加工还会发生相同的问题。如果是工程师从事故障件维修的工作，就需要去分析飞桨叶出现问题的原因，可以借用思维导图工具进行分析，参考图8.8。

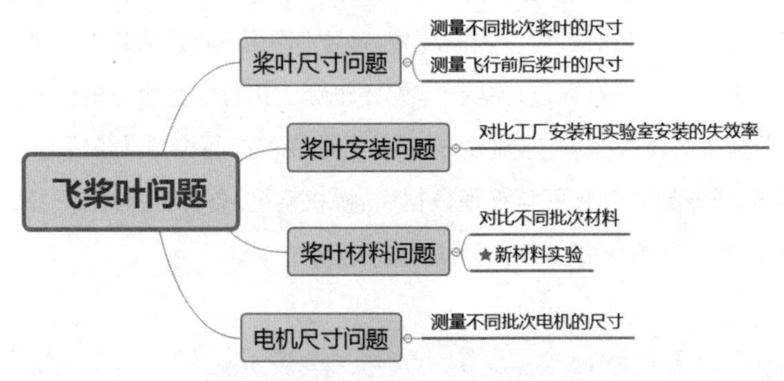

图8.8　飞桨叶问题思维导图

通过分析和实验，最后发现问题原因是桨叶的材料有问题，尼龙材料和微量元素的比例有问题，造成桨叶在热胀冷缩的过程中容易蠕变和开裂。最后调整尼龙材料和微量元素的比例解决了这个问题。

针对客户返还的故障件，需要把故障归类，统计失效的比例、分析故障的影响。对于影响大、失效率高的故障进行针对性的改进。图8.9是某款无人机产品的故障统计，每一个返还的故障件都统计在表格中，清楚记录故障现象、故障分类和问题根因。

设备型号	问题发现阶段	问题发现时间	问题现象	故障大类	故障小类	故障模式	问题根因
红黑机	研发	2020.08-09	定高时好时坏	电机	桨叶	桨叶变形	怀疑电机之间互相挤压变形导致；或者桨叶质量问题
红黑机	研发	2020.08-09	起飞时倾斜后稳定；起飞向前后稳	电机	桨叶	桨叶变形	怀疑电机之间互相挤压变形导致；或者桨叶质量问题
红黑机	研发	2020.08-09	一飞冲天（未定位清楚）	电机	电机及桨叶	桨叶变形，电机碳纤维机臂软	电机碳纤维机臂质量问题；更换电机桨叶能解决部分问题
红黑机	研发	2020.08-09	电机碳纤维机臂与机架固定不牢，	机架	机臂固定槽	机臂固定槽与机臂不契合或者固定槽直接	3D打印误差或结构上固定不牢靠
红黑机	研发	2020.08-09	电机烧毁	电机	电机线	电机短路	电机线延长线接头热缩管脱落或者未套热缩管；固定机架地方使用螺丝钉导致
红黑机	研发	2020.08-09	桨叶断裂	电机	桨叶	桨叶断裂	撞击或者刮蹭产生，桨叶质量；无护翼

图8.9　故障模式汇总模板

根据返还设备的多少，定期总结分析一次，找出其中故障率高和影响大的故障模式进行改进。为了便于分析，可以用思维导图的方式对故障模式进行分类，然后针对每个类别的故障提出改进措施，最后分析的结果可能是一项改进措施能够覆盖多种故障模式，也可能是一种故障模式需要多项改进措施。

8.9 现网质量保障

8.9.1 问题攻关

因为世界上没有完美的东西，所以就算用再高的水平开发出来的产品也不可能像蒙娜丽莎一样完美无缺。所以不管大问题，还是小问题，都可能有问题。

产品问题造成网上事故、网上问题和单板返还三种后果。

1. 网上事故

最严重的当然是“网上事故”，网上事故一般会造成“安全事故”“客户损失”“客户投诉”等情况。

最严重的网上问题，自然是“安全事故”，危及客户人身安全。

例如，曾经有一个海量级发货的设备，因为修改背板时动了一条电源线的走线，这个电源线被修改后，隔着绿油与机框的金属件，碰在一起。由于绿油本身有一些绝缘的作用，所以在研发测试和生产测试的过程中并没有暴露这个问题。

但是由于在运输过程中震动等原因，造成绿油在此过程中被磨损。在客户处上电后，有的设备出现了短路，发生了烧板的情况。短路示意图如8.10所示。

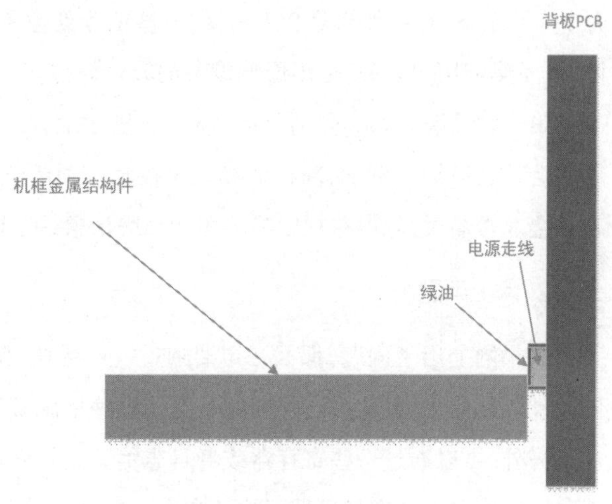

图8.10　短路示意图

这是非常严重的情况，如果着火，在运营商的机房发生火灾，那是非常严重的事故。

但是，这种问题发生的时候，各种机框和单板已经发往五大洲上百个国家。为了解决这个问题，付出了非常惨重的代价。

液态光致阻焊剂（俗称绿油）是一种保护层，涂覆在印制电路板不需焊接的线路和基材上，目的是长期保护所形成的线路图形，如图8.11所示。

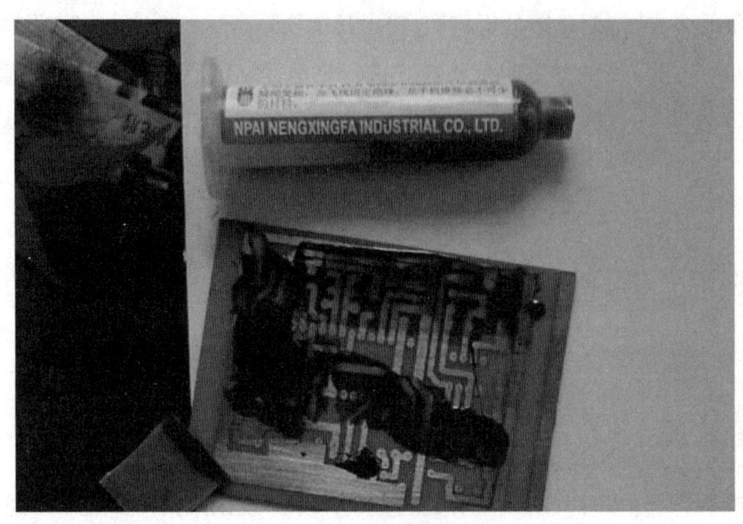

图8.11 绿油材料

网上事故的另外一种情况是造成运营商的业务中断导致客户损失。按照话费一分钟0.6元计算，一个省的运营商的用户都是千万级，甚至亿级的。如果造成客户一分钟的业务中断，带来的损失，如何计算？

正是由于这个原因，大多数运营商的设备都有备份机制。例如，核心侧设备的内部交换模块一定是1+1冗余备份的；如果是DSP资源，一些信令处理单元一般都是N+1备份的。这样如果出现单点故障，既不影响用户业务，也不影响设备的容量规格。

第三种情况，就是客户投诉。有可能虽然没有造成什么严重的后果，但如果客户投诉了，这个问题也会比较麻烦。例如，新机框和新单板邮寄到运营商处，这时出现了电路板插不进去的情况，客户自然会非常恼火，觉得非常影响公司的品牌形象，那这个事情就会非常大。

2. 网上问题

如果网上出了问题，那么一定要通过一些手段，例如，原先设计好的一些“可维护性”“可测试性”的软硬件设计，尽量地去定位问题。当然这些措施都不能影响客户的正常业务。

另外，可以通过一些寄存器或者日志信息去查看设备的异常记录。还可以查看一些设备的“临终遗言”，临终遗言会在处理器复位前向存储区域存储关键信息，便于后续去发现和解决问题。

3. 单板返还

一线交付的人员一般都会抱怨:“你们研发都是三招:复位、下电、换单板。”

其实网上问题分析,如果已经用上这三招了,那说明这个问题已经比较严重了,或者基本上是硬件问题了。

可是“单板返还率”是非常重要的KPI,决定着大家的“考评”。所以维护人员都希望单板不要返还,或者不要记入指标。如果硬件真的已经不能正常工作了,那么一定会将这个单板返还到实验室,进行失效分析,找失效原因。

以上不管是哪个级别的问题,哪怕是实验室发现的一些问题,都非常受重视,因为任何一个问题,都可能造成不可预见的后果。所以对每个问题都要刨根问底,分析彻底。

另外就是在做一些试验(EMC、环境)或者在测试的过程中,发现和暴露的问题,都会当作网上问题一样重视,进行一些问题的攻关。为什么呢?因为有一个理论,问题越早解决,所付出的代价越小。问题攻关的三个信条:

①凡是“实验室”问题,如果不解决的话,一定会在网上出现。

②凡是出现过的问题,一定可以被复现。

③凡是不能复现的问题,一定是没有找到复现的规律。

案例1:当时有一款NetLogic的处理器(NetLogic的网络处理器来自RMI。RMI收购了处理器创业公司Sandcraft,它本身又被NetLogic购买。后来NetLogic被博通收购),出现了器件失效的情况,但是网上还没有出现类似的情况。

因为没有找到规律,无法确认器件失效原因,于是与器件厂家之间进入了扯皮阶段。但是通过X光照射,发现失效的器件是焊盘开裂。但是是什么让焊盘开裂呢?当时怀疑了应力、高低温,试了各种措施,但是始终没有答案。

后来大家讨论和试验的过程中,就有同事发现,单纯的低温和高温都不足以引起器件失效。但是当高低温经历次数过多之后,器件失效的概率明显提高。后来这个同事通过多次试验,反复地使用热风枪和液氮加速器件的老化,器件就非常容易出现焊盘开裂的情况。

当拿着这个结论再去找Netlogic时,对方只能投降,承认问题,同意修改器件的工艺。

还有两件事情非常能表明这个问题:

①后来实验室出现故障的单板,基本都是厂家改进工艺前的问题。

②另一个发货量很大的产品,两年后在网上大规模爆发这个问题。

案例2:如果在试验中发现问题,一定会把问题分析清楚或者把问题解决掉。也许这个问题解决起来很难,经历时间很长。但是这个问题一定要记录下来,根据优先级最后解决掉。

例如,曾经一个同事在做试验的时候,发现三极管有漏电流。理论分析认为,由于三极管作为开关管使用,所以理论上不可能产生这么大的电流导致电压变化;把三极管更换成MOS管也无济于事。

由于这个漏电流是在低温的时候才会出现的，所以当时就用液氮让三极管处于极其低温的状态（-10 ℃以下），试验中温度情况也差不多在这个范围（-40~0 ℃）出现问题。

但是经过两周的试验，都没有找到规律，偶尔会复现一下问题，完全没有规律。我跟那个同事觉得非常费解，当时就观察天气，觉得这个三极管的漏电流似与天气有关。如果阴天，就容易复现，如果晴天就完全不复现。通过这个规律，我们开始怀疑是“湿度”作祟。

后来，我们通过增加器件的湿度，果然非常容易复现问题。

拿着我们的结论去找厂家，厂家确认SOT封装的器件在高湿度、低温的前提下确实会有漏电流的现象。这个漏电流不是通过PN节流走的，所以跟PN节的漏电流的规律完全不符合，而是从SOT32的塑料封装上漏走的电流。

后来通过调整电路参数，规避了这个问题。所以整个分析和试验的过程，哪怕是极端的环境条件下的问题，也绝不放过。其实产品的问题攻关就是这样的，扎扎实实地解决每一个问题之后，产品质量才有实质性的提升。

问题攻关形式可参考如下。

① 攻关组：任何问题的攻关，为了表示重视，一般都会成立个什么问题攻关组。就是把相关的人还有有经验的人都组织起来，一起参与讨论，这样可以拓宽思路，同时丰富经验。避免钻牛角尖或者像无头苍蝇一样乱撞。

② 例会：重大问题攻关时，一定会每天开例会，把前期讨论的问题汇总跟踪，把每项措施对应的结论记录下来，明确下一步的措施。

③ 日报：这种问题攻关，一定是领导重视的，所以每天都会发布进展。当然领导也会看，偶尔也会发现很久没有进展，之后会调配资源、协调兵力。

④ 总结：问题解决之后，一定把中间的九九八十一难整理成案例、培训，给大家分享。这样所有的同事，虽然没有亲身经历这个攻关过程，但是可以通过分享，学习相关专业知识和问题解决的思路，技能得到提升。

问题攻关是痛苦的，问题突破了也是非常有成就感的，痛并快乐着。最后两句话：不舒适区其实是你成长的机会。越是困难的时候，越是要咬牙顶住；只要你坚持，你离成功永远都只有一步之遥。

8.9.2 质量回溯

用过华为第一代D1、P1、D2型号的手机的用户都知道，问题比较多，有点“鸡肋”。即使是后来销售量不错的P6也有各种各样的问题。

但是随着P7、荣耀6、Mate7等新一代手机开始表现稳定、优质，迅速在市场上获得好的销量和口碑的时候，你是不是在疑惑：华为是怎么做到的？今天来介绍一个概念“质量回溯”。

质量回溯这个词，在华为是一个高频的词汇。这个词意味着出了质量问题，要打板子（通报批评、扣奖金、降级、绩效打差），所有的人员都怕见这个词。

1. 质量回溯的概念

华为公司作为IPD流程成功应用的典范，结合CMM建立了一系列的使能流程，确保了产品的质量。华为公司作为流程建立的典范，为了持续改进质量管理体系、提高客户的满意度，在公司内部提出了质量回溯的概念。

华为在降低缺陷的纠正成本、提高产品质量、提高顾客满意度方面取得了一定的成绩，是质量回溯活动成功开展的典型企业。华为公司的成功经验，不仅能让准备开展质量回溯的企业看到希望，也能获得开展该项活动的经验。同时，通过统计分析，总结质量回溯活动开展以来的情况，对当前阶段的问题进行根因分析，对完善华为公司的质量回溯体系做出一点探讨，供后续企业借鉴，以免再犯同样的错误。

通过质量回溯制度的建立，将华为公司以前一些零散的改进流程和应急处理流程串接在一起，形成了一个系统的体系。例如，原来华为公司某个产品组发现使用的芯片存在一个BUG(设计上造成的缺陷)，只能通过邮件知会其他的产品组；收到邮件的产品组才会去确认本产品组是否有同样的问题。至于是否知会其他产品线，其他产品线有没有对使用相同芯片的产品进行排查，没有流程进行跟踪和保证。在建立质量回溯体系之后，就可以在改进措施推广的环节明确要求发现问题的项目组必须及时知会其他项目组，并且需要接收知会的项目组反馈回执，这样才能确认该环节完成，流程才可以关闭。如此可避免人为(管理)因素导致的遗漏，并且以前发现的外购芯片BUG没有数据库进行存放。现在有了质量回溯电子流，可以将发现的外购芯片BUG的现象、应急处理措施和有效规避措施都记录下来，为产品后来的改进或新开发提供参考。

质量控制是前向的、和流程相结合的过程，而质量回溯则是后向的过程。质量控制的目的是保持质量水平；质量回溯是为了提高质量水平。只有增加了质量回溯，质量体系才完善，才能形成闭环，和质量控制一起共同保证产品的质量。有了质量回溯的流程，才能真正保证质量体系持续改进。

如果项目出了问题，无论是进度方面，还是质量方面，都没有合理的奖惩制度，并且没有做好回溯工作，不分析根因，责任不到户，大家自然就不在乎进度，也不在乎质量。

例如，有些初创型公司，就是糊里糊涂地过，一开始设定“项目交付日期”，这时发现大家没有动力，不在乎这个时间。然后“项目交付日期”设置为“deadline”，搞不定就走人，搞得好来点奖金。但是那个奖金又没有与市场价值对等，而且分到每个人手里，又没有多少。当deadline临近的时候，发现根本完不成任务，于是deadline一变再变，因为把大家开掉了，就没有人干活了。因为说过的话不作数，所以威信扫地，再也没有人在乎所谓的deadline。

2. 质量回溯的目的

质量回溯活动的根本目的是增强客户的满意度。质量回溯通过质量管理体系的持续改进，进而完成过程的持续改进，从而推动产品质量持续改进，实现增强客户满意度的目的。

FRACAS，是“Failure Report Analysis and Corrective Action System”的缩写，即“故障报告、分析及

纠正措施系统”。利用“信息反馈，闭环控制”的原理，通过一套规范化的程序，使发生的产品故障能得到及时的报告和纠正，从而实现产品可靠性的提高，达到对产品可靠性和维修性的预期要求，防止故障再现。

FRACAS 是一个工作系统，建立并有效运行 FRACAS 是提高产品可靠性和产品质量的重要手段。它既有纠正已有故障的现实意义，又能对未来新产品发生类似的故障起到预防的作用。另外，通过 FRACAS 的运行，还可以积累大量处理故障的实践经验，对类似产品的改进与设计（如 FMEA，Failyre Mode Effects Analysis，故障模式影响分析）提供可供参考的信息，起到“举一反三”、防止其他产品出现类似问题的作用。

质量回溯是 FRACAS 系统中的一部分，主要是针对有代表性的问题进行故障分析、数据采集，找到根本原因，并且制订相应的纠正/改进措施，实施后进行验证和推广，进而达到花费相同的时间和资源，获得产品更高的可靠性；或在相同的可靠性要求前提下，为企业节约经费，缩短开发和生产时间，为企业提高效益的目的。

3. 根因分析是质量回溯活动核心环节

查找根本原因的过程，就是根因分析。根因分析是质量回溯活动最核心、最困难的环节，只有找到问题的根本原因，才能从根本上对我们的工作进行改进，从而持续满足顾客对我们的要求。根因分析正确，才能保证历史积累的数据正确，才能真正指导后续开发或改善此类问题。根因分析的具体步骤如下：

（1）对收集到的问题的客观数据进行分析和讨论。

（2）讨论时可以采用“头脑风暴法”“层层追溯法”等方法，保证讨论的充分性。

（3）对讨论结果进行归纳，形成“原因逻辑树”，找出问题的根本原因。

根因分析常用的工程方法主要包括查检表、鱼骨图、柏拉图、直方图、散布图、控制图、数据分层法、5 W1H、头脑风暴法和层层追溯法（5 WHY）等。运用这些工具，可以从经常变化的生产过程中系统地收集与产品质量有关的各种数据，并用统计方法对数据进行整理、加工和分析，进而画出各种图表，计算某些数据指标，从中找出质量变化的规律，实现对质量的控制。

所谓5 WHY分析法，又称“5问法”，也就是对一个问题点连续以5个“为什么”来自问，以追究其根本原因。虽为5个为什么，但使用时不限定只做“5次为什么的探讨”，主要是必须找到根本原因为止，有时可能只要3次，有时也许要10次，如古话所言：打破砂锅问到底。5WHY法的关键是鼓励解决问题的人努力避开主观或自负的假设和逻辑陷阱，从结果着手，沿着因果关系链条，顺藤摸瓜，直至找出原有问题的根本原因。

丰田汽车公司前副社长大野耐一曾举了一个例子来找出机器停机的真正原因。

问题一：为什么机器停了？

答案一:因为机器超载,保险丝烧断了。

问题二:为什么机器会超载?

答案二:因为轴承的润滑不足。

问题三:为什么轴承会润滑不足?

答案三:因为润滑泵失灵了。

问题四:为什么润滑泵会失灵?

答案四:因为它的轮轴耗损了。

问题五:为什么润滑泵的轮轴会耗损?

答案五:因为杂质跑到里面去了。

经过连续五次不停地问"为什么",才找到问题的真正原因和解决的方法,在润滑泵上加装滤网。如果员工没有以这种追根究底的精神来发掘问题,他们很可能只是换根保险丝草草了事,真正的问题还是没有解决。

5 WHY不是问5次为什么,也不是问5个为什么,而是不断地挖掘,直至找到问题的根因。

4. 质量回溯的步骤

质量回溯是研发主管的一项重要工作内容,并且需要研发QA通过专业的质量思维和质量语言协助研发主管进行重大质量问题的回溯。所谓质量回溯,就是对重大的产品质量问题进行责任追溯,确定组织、流程的质量薄弱环节或人为不规范,要求限期纠正,在此活动中树立和提升研发全员质量意识。

所以,我们在这个流程中看到,通过现象,一定要挖掘出组织、流程的质量薄弱环节或人为不规范之处,要求限期纠正,并且在这个过程中挖掘出好的优秀推行方法,举一反三。下面看两个案例。

案例1:在我刚进入华为的时候,有一个质量回溯影响深刻。项目有个电路板,电源启动到一半就掉电。在质量回溯过程中,发现在PCB检视这个环节,检视意见数刚刚达到华为公司的要求下限(按照整个公司的平均值设置上下限)。

而且在实际操作中,我知道这个项目在制作度量表,统计PCB检视意见的时候,发现数量不够,就从邮件中找一些意见进行凑数,并且一些重复问题也没有进行处理。所以,看似检视意见的统计是一个统计值,但是如果刚刚达到下限,也说明对PCB电路的检视程度是不够的。

案例2:我们交付一个多核DSP项目,统计PCB检视意见的时候,发现数量远远超过了公司规定的上限。为了能够通过技术评审点,实际操作的攻城师,也优化了这个度量参数。结果,回板之后,发现一个电容放在了禁布区。后来质量回溯,确实是执行布局布线的互连工程师技能不足,但是互连部在杭州刚刚建立,老员工对电路板投入不足。如果在投板前,就把这个问题高度重视的话,一定能够提高大家的慎重程度,换人或者继续加大检视力度,也许就可以规避问题。所以这个质量回溯,在组织、流程上面都发现了问题。

5. 持续改进意识

有些初创型企业，由于追求细节的完美，一个版本还没有交付，就废弃原有的版本，另起炉灶。在大公司也有类似这样的问题，经常喜欢做改革派。如果说大公司往往为了体现新领导有作为或者政策导向，那么小公司这么反复地做返工的工作，就是对资源的极大浪费。

其实，有问题解决问题，不在原有的基础上前进，那么前人走过的错路和陷阱，你仍然会再经历一遍。所以持续改进，有两层含义：继往，开来。

任高露洁公司CEO长达20余年的鲁本·马克说过一番话："企业领导人应将公司的业绩看成是一条贝尔曲线，曲线的左边代表非常差的业绩，右边代表非常优秀的业绩，大多数公司都是位于曲线的中间部位，管理者的任务就是要不断地改进，使整条曲线向右移动。这个过程既非革命性的，也不会引人注目，但只要持之以恒，企业就能取得成功。"

质量回溯就是重要的持续改进的手段，是一种上升到一定严重级别的持续改进。其实你的公司现在是什么水平不重要，重要的是每天都在进步。

8.10 DFX需求建设

在现网问题处理和客户交流过程中，有很多DFX相关的需求，最多的是可靠性和可测试性相关的改进需求。例如，客户的设备出现了以太网口丢包的问题，报文从网口1进入设备、从网口2出来。统计发现设备B收到的报文比设备A发出的报文要少，设备组网如图8.12所示。

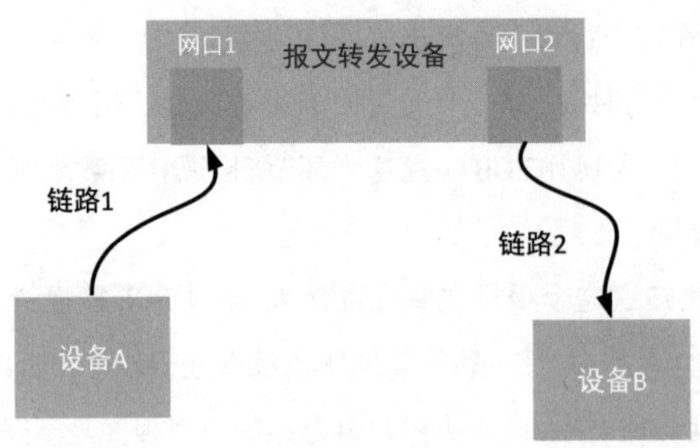

图8.12　设备组网

问题点可能出现在链路1、链路2或报文转发设备上。如果报文转发设备上端口1和端口2都没有报文计数功能，就很难依靠报文转发设备本身的能力进行问题定界。这台设备的可维护性设计就很差，缺乏基本的可定位性。这种情况下只能通过手动更换链路1和链路2来排查链路是否有问题，而更换链路会造成数据中断。如果可定位性按高、中、低分3等，这种设计的可定位性就是0，没办法在线定位问题。

如果报文转发设备端口有报文计数功能，就可以很快定位到丢包发生在哪儿。图8.13是报文转发设备的内部结构图。报文从网口进来后先到达PHY1，然后到达LSW，接着通过PHY2到达网口2。

如果图中①~⑥六个点都有报文计数功能，则能很快确认问题发生点。比如④点的计数没有丢包，⑤点的计数发现丢包，则问题发生在④和⑤之间，排除了链路问题。这种设备就具备了低级的可定位性。

再进一步，如果①~⑥六个点还具有报文环回功能，则能更进一步缩小问题范围。比如④点的计数没有丢包，⑤点的计数发现丢包，则可以在第④点环回和第⑤点进行环回。如果第④点环回没有丢包，第⑤点环回有丢包，则问题发生在④和⑤之间的链路。这种设备就具备了中级的可定位性。

再进一步，如果LSW芯片在第④点有参考时钟切换和数字眼图等功能，则可以确认是否④和⑤之间的链路信号质量的问题造成丢包。这种设备就具备了高级的可定位性。

当④和⑤之间的主用链路A出现丢包时，如果还有图8.14中虚线箭头所示的备份链路B，则检测到丢包的时候，设备自动将LSW和PHY2之间的链路从A切换到B，自动解决丢包问题。这样的设计就是通过冗余链路提升产品的可靠性。

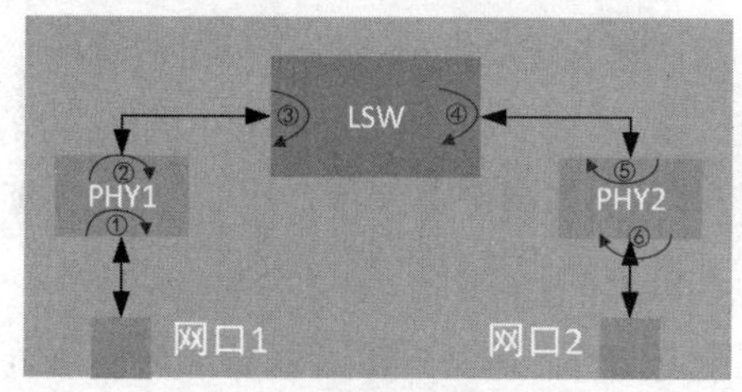

图8.13　环回点示意图

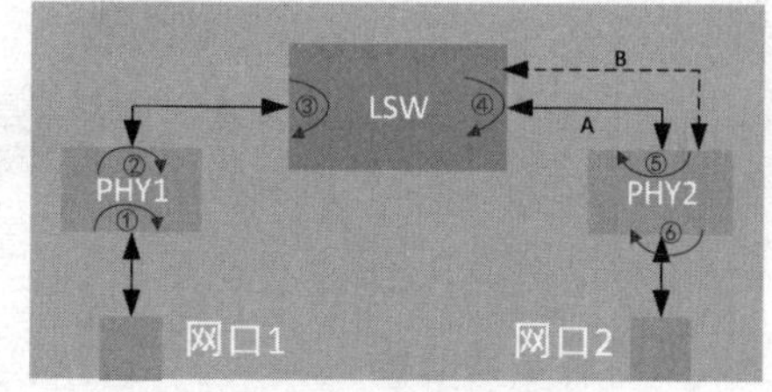

图8.14　备份链路示意图

在产品开发需求收集阶段，负责维护工作的工程师就需要把现网问题处理和客户交流过程中积累的可靠性和可维护性需求传递给研发工程师，并跟踪需求落地。在产品转维的时候对这些需求进行验收，确保正式发布的产品具备一定的可靠性和可测试性。

第9章 团队建设

9.1 白板讲解

把一个电路原理讲清楚，是在一般企业或开发团队中很少做的事情。但是有一个原则，如果你不能够把道理讲清楚，那么你一定自己没有搞清楚，或者没有理解到位，或者其中一定有什么内容是你忽略的，那么最后出问题的地方一定就在这。讲清楚，一定可以帮助你成长。如果你掌握了某一个知识点，拿出来讲解给大家听，那么你一定会是掌握得最清楚的那一个。

白板讲解的好处之一：深刻理解细节，当多人讨论的时候一定能把原理讨论得更透彻，达到整个团队的最高水平。

2010年的时候，因为项目停滞，我就专门把开关电源那个部分的每个细节都拿出来讲解，一共讲了10次左右，后来把Buck电路的每个细节都讲一遍之后，我觉得对开关电源的原理才有了稍微透彻一点的理解。然后再把10次讲解的内容整理出来，就成了一本《单板电源是怎样炼成的》的教材。同时增加了电源调试经验丰富的老魏同学的经典案例，组成一个比较完整的电源教材，在公司内部广为传播。

白板讲解的好处之二：很多的讲解组成一次培训，很多的培训就是一套教材。整个团队讲解越多，技术积累就越深厚。

曾经有一段时间搞PCI协议的逻辑，同时也有另外一个同事同时在看。我由于已经上手开始调试了，同时也做了各种仿真，所以对整个协议的理解还是比较清楚的。而另外一个同事的主要手段就是看代码和协议原文，所以他并不理解写代码的原因（因为逻辑写作的时候，里面有一些技巧性的内容，例如，如何利用基地址寄存器确定存储空间的大小）。

当然，他开始讲解的时候，我就没有作声，因为当时我们都是新员工，主管都看着，别人组织的讲解，也不好抢了别人风头。后来由于他讲的内容有太多错误，我实在看不下去，就指出他的错误。他当然不服气，表示他是正确的。

但是事后他又向大家表示，他原先的理解是错误的。

这件事情之后，我的项目经理（PM）跟我说，白板讲解，最厉害的地方其实不在于大家把问题搞清楚，而在于“白板讲解”是一场比武，它能让团队里面的每个人做技术攀比，促进大家不断地提高技术。同时，在主管面前，谁水平高谁水平低，一目了然。

白板讲解的好处之三：在团队内部是最有效的技术比试，是骡子是马拉出来遛遛，别整天文人相轻，考评时相互不服气。有本事的，没本事的，一拿出来讲，全部都清清楚楚。

一个团队，甚至一个公司、一个国家，它的成功或失败都是由这个国家的绩效考评体系、人才选拔体系决定。白板讲解给团队的技术排名提供了最有利的数据支撑。

研发团队大都有气氛沉闷、状态不好的时候，开发周期拖延，效率不高，好像这是绝大多数企业都存在的情况。

为什么这样呢？因为相互之间不交流。整天埋头写代码的团队，肯定是问题很大的团队。如果坐在一起，面对面，或者背对背，都需要QQ或eSpace这样交流，一个团队一天不说一句话，那自然大家人情冷漠。

虽说白板讲解是技术比试，但是大家都心态开放的话，其实这样的比试也是相互促进感情的一个重要手段。

白板讲解的好处之四：白板是有效改善组织气氛的重要方法，增进团队成员之间的技术认可度，只有愿意表达自己观点的团队才是有战斗力的团队。

我现在自己创业，发现华为的那一套"讲解、培训、例会、跟踪"，还是最有效的。毕竟华为是根据中国人的特点，长时间、多人、多团队、多项目实践出来的非常成熟的一套研发管理办法。华为的办法适合大公司，虽仍有一定问题，但是在没有更好的办法之前，这些手段不失为很好的方法。特别是白板讲解，去美国硅谷一些大公司、小公司看过的话，一定会发现这些公司的工程师办公桌旁边都放着一块白板。只要一讨论问题，就是"来画一下"。

白板讲解的好处之五：白板讲解的重要特点就是"用白板"，避免口头表达的误差；把讲的内容一条条记录下来，便于梳理思路；通过大面积的白板展示要讨论的内容，便于更多人都参与到讨论中来。

另外我对白板讲解还有自己的几条建议：

① 当你的团队还没有白板讲解的，你可以勤于找别人讨论问题，达到白板讲解的效果。

② 如果你带团队，还没形成白板讲解的氛围。可以先僵化，再优化。先强制大家养成习惯，体会到其中的好处，再让大家自动自发地进行讲解。

③ 一开始，你得克服自己的心理障碍，有可能这个内容是你还不懂的，一定要敢于问，敢于讲。不能因为技术羞耻心而阻碍自己的技术进步。一方面，多看资料，勤学习新内容，功夫要扎实；另一方面，要勤讨论，只有讨论才能知道自己的技术不足、理解错误或不到位的地方。跟不同的人交流多了，你就是这群人中最懂的那一个了。

④ 另外还是多利用互联网，多在QQ群、论坛里面问问题。也许有人嘲笑你，说这是低级问题，可是你问多了，自然就进步了，因为每个人都是从低级过来的。

在华为，有的主管强制每一个项目组成员进行讲解。在其他公司可能没有这样的环境和氛围，就靠你自己勤于讨论。

我的孩子以后上学了，他在学校学到的东西，我都让他都讲给我听，这样才能保证他是真理解了。白板讲解看似简单，其实里面的哲学还是挺深刻的，就看各位理解到什么程度了。

9.2 兄弟文化

1. 无兄弟，不研发——共同奋斗的快乐

2014年11月份，我从南京招来了一批实习生，全部是“90后”，其中有些朋友家境也还不错。这段时间，是我跟他们一起赶进度的时间，基本上没有周末，每天晚上都工作得很晚。我原以为小伙子们会抱怨太辛苦，但是在年度总结会上面，看到小伙子们反馈的都是“收获”“进步”，是我有史以来最具“正能量”的年度总结会。

大家之所以这么拼，是为什么呢？因为兄弟们一起奋斗，在奋斗的路上有人陪伴不孤单，大家相互配合顺畅，相互鼓励、相互帮助、相互激励，同时也相互竞赛。

我曾经在一家研究所工作，虽然国有企业工作收入非常稳定，但是我当时还是挺拼的，有时搞得也很晚。虽然也得到了组织和领导的认可，最后我还是选择了离开。

“干好干差，收入差异不大”，这是我离开的一个原因。我离开的另一个重要原因就是孤独，当你工作到很晚，而别人都早早回家，或者去玩了，其实你在坚持的路上走不了多久。独自努力坚持的时间不是靠毅力，这就是人性。

当你在夜里搞定某个问题时，你最大的快乐，其实就是有人可以告诉。当你发现只有你一个人在乎结果，或者别人并不在乎你是否在乎结果的时候，你还是会沮丧的。

在华为的时候，如果有兄弟还在加班，一般会要求主管不要提前走。因为奋斗的路上，不能孤独。主管留下，一定不是简单的陪伴，而是要在具体的问题上给予帮助，或者看一下问题是否需要加班，是否在做正确的事情，是否正确地做事(在方向和方法上给予指导和帮助)，避免做无用功。同时让愿意付出努力的兄弟看到，有人支持你，关注你。

作为一个主管，一定不能是你回家睡觉去了，而你的兄弟在做无意义的努力，这是最伤士气的。

当然，我不是倡导加班，是倡导把事情做好，按时把事情做好，倡导大家共同努力把事情做好，而不是一部分人努力贡献，一部分人混日子，却拿着相同的收入，甚至倒挂。

我华为的主管曾跟我说过：“任正非认为做得最自我认可的一件事，就是把钱分好了，分得公平。”所以，现在我们的责任也是要把钱分好，分得公平。

2. 团队作战，人尽其用

华为有句话是：“知识密集型企业。”由于历史原因，导致中国40岁~60岁人才匮乏，工程技术没有足够的积累。由于大多数大学生在大学期间没有找到自己的人生方向，迷失在星际争霸、魔兽争霸、传奇、英雄联盟这些游戏之中，中国的工程师的技术能力相比美国的工程师，往往起点低，起步晚，工程知识积累不足。所以我们的单兵作战能力其实远远不及硅谷的工程师。那么我们可以通过拆解，把一个相对复杂的工程，分配给多个工程师协同作战，所以类比于“劳动密集”，“知识密集”这个词应

运而生。

相互之间的配合能力、项目管理的分配，就显得尤为重要。但是再好的分配和管理，都不可能完美，每个人的责任都不可能划分得那么精确。这就需要兄弟文化，每个人在团队中都找到自己对应的位置和责任，当责任不清晰时，能主动分担，主动担当。如何能让团队中的成员做到这点呢？绩效导向就显得尤为重要(这个问题最后又归结到把钱分好)。

"败则拼死相救，胜则举杯相庆"，有了这样的兄弟情怀，才能有最终的项目成功。

3. 管理，重要的是理，然后才是管

有的项目管理者，抱怨"管不动，或者不好管"。其实原因在于你是否深入团队中去。作为高层的领导，可以给一些项目具体的指导，而且意见高明，才能让下属信服。"宰相必起于州部，猛将必发于卒伍"，这是中国的智慧。

作为一个好的主管，不是只是去要求进度、质量的结果，而是能够帮助你的下属达成你下达的目标，这样你的下属才能信服你，愿意跟着你干。不要只是下达"攻下哪个山头"的命令，而是下达命令之后，能够帮助你的下属分析敌情、提供情报、指导战略，最终达成"攻下那个山头"目标任务，然后给予奖赏。

如此成功几次，你的下属已经具备攻下山头的能力，你可以放心地交给他一些任务之后，再帮助他挑战更高的目标；当他能够挑战更高的目标之后，他自身也就具备了更高的价值，其实这个过程中他会感激你，信服你，愿意跟着你干。所以兄弟文化，不只是吃几顿饭，喝几顿酒(吃饭喝酒自然还是重要的)，而是切实的工作上的帮助和关怀。

所以帮你的兄弟"理"清楚了，自然也就不需要"管"了。如此长久相处，大家之间就是兄弟情怀，而不只是劳资关系了。

4. 做刘邦，不要做项羽

无论你自身有多强，你都需要大家一起作战。

任正非说过"我一不懂技术，二不懂外语，三不懂法律"，但是华为做到了世界500强，一定不只是靠他自己一个人能力强，靠的是一个精英的智囊团队，靠的是这个智囊团队齐心合力、大家共同的理想和目标、共同的核心价值观，靠的是向心力，靠的是一个又一个的成功团队的复制。

君子性非异也，善假于物也。刘邦之所以战胜项羽，就是因为他有一帮兄弟。

9.3 绩效管理

曾经跟我老爹聊天的时候，他感慨：他们公司想管理好员工，需要领导有个人魅力，占领技术高地，懂得领导技巧，等等。总之对主管的能力要求很高。相比而言，华为的主管就省心多了。

我给我老爹总结了他们公司与华为的几点差别。(首先说明,他们公司是很好的公司,是全球最大的发动机配件厂商,是法拉利等知名品牌的供应商。自身的管理体系应该是非常完备的,但是在中国人的环境需要适应中国的土壤。任何管理制度都没有绝对的优势,只能说更适合什么样的环境。)

一般公司的主管没有华为的主管省心的原因,我简单总结如下:

① 没有给基层主管足够的权力。

② 关键事件对一个人的职业生涯影响不大,对企业产生巨大价值贡献的员工不能得到相对应的认可(做好做坏,差别不大)。

③ 招聘的入门工资不够高,导致选进来的人员基本素质不够(这与企业类型和利润率有很大的关系)。

导致结果是大家都无所谓公司好坏,不服从直接主管的安排和指挥。

下面我就来说说我待过的华为的绩效管理制度,回头再说上面的3点差别。

1. 什么是绩效管理?

标准定义:绩效管理,是指各级管理者和员工为了达到组织目标共同参与的绩效计划制订、绩效辅导沟通、绩效考核评价、绩效结果应用、绩效目标提升的持续循环过程,绩效管理的目的是持续提升个人、部门和组织的绩效。

绩效管理的最终目的并非仅使员工达到期望的绩效,而是使他们出于意愿而愿意付出超越职责的努力。——杰克韦尔奇

站在管理者的角度来讲,绩效管理就是要让你的下属都愿意跟着你一起干。——徐直军

最早听到徐直军提出"用三年时间将华为研发变成全国研发人员最向往的地方"时,我觉得想达成得做到两件事:钱给到位,钱给得公平。随着华为整体的发展,基本这两点他们是做到了。

这也是马云说的,离职的人无非两个原因:1.钱没到位;2.心里憋屈。

2. 华为如何做到"钱给到位,钱给得公平"

(1)游戏化管理:规则清晰,目标牵引。

大多数企业实施的所谓游戏化管理,通常是指定一系列类似游戏的规则,给员工以奖励和惩罚,这其实和传统的管理方式没有太大的区别,唯一的区别就是:这些规则看起来像游戏,并且试图通过像游戏的规则达到让员工沉迷的目的。而游戏之所以让玩家沉迷,很重要的一个原因就是玩家可以获得明确的、即时的奖励和惩罚,这种迅速的奖惩回馈让人欲罢不能。这种即时的奖惩更适合工作量和工作成果容易即时量化的制造业等传统行业,而不太适合创意产业。在创意产业,一个创意、一份策划、一个项目的价值是很难量化评估的,尤其是难以即时评估。游戏中玩家行为,很多更类似于计件工作,受限于规则,没有太多创意可言,打死一只怪就是打死一只怪,完成一个任务就是完成一个任务,所以游戏的奖惩规则反倒更适合非创意产业。

华为自称为“知识密集型企业”，由于华为的研发被切割成非常细分的工序，所以在某种程度上，很大一部分研发人员的这种开发工作就变成了非创意劳动。华为也在不断地刺激这种非创意劳动的意外惊喜，关键事件对每一个员工的华为生涯影响都很大，只要持续开怪，一定会意外掉宝。

华为会把游戏规则讲清楚：好的绩效会有更好的回报，目标牵引，达成什么样的目标，怎样才是达成好的目标，会“事前讲清楚，事后就兑现”，如同游戏闯关一样。

目标牵引的作用：有些事情对于组织很重要，但是在员工看来，可能就不太重要，通过给他意外的惊喜，达到员工对工作价值排序的认知，避免研发的人优先做自认为技术含量很高的工作，实现目标牵引，或者是价值牵引。

例如，曾经我们用一个普通的夹子，夹子手捏的地方绑2个电池，起到探头架的作用。一个探头架售价几千。一个不经意的改进，其实给偌大的公司一年节约了几十万的费用。但是这个小小的创意得到了很多奖励，各种改进建议的奖励。同时也因为这个收益，给相关人员的绩效考评带来一些正向影响。

(2)游戏化管理：目标量化，客观考评。

为了给研发的同学一个公平、公正的考核，往往量化是保证评价公平、公正的一种有效方法，KPI就在绩效管理中扮演着重要的角色。KPI往往是考核的重要参考，我也看过IBM的绩效考核的材料，满眼的KPI。但是有时KPI对中国人没用。曾经听过浙大法学院院长的讲座：“世界上没有完善的法律，如果有，说明中国人还没去。”所以任何KPI的制定都会有空子可以钻，所以老外的做法是不断地修正KPI。

曾经往美洲运送黑奴，是按照上船的人数进行计数算钱，于是拼命塞人，结果每次送的路上死一半；后来优化了KPI，送到了才算人数，于是死亡率大大降低。

但是你会发现不管怎么优化，仍然有漏洞可以钻，这时中国人的智慧是无穷大的。那么华为在具体操作上，是如何处理的呢？第一，可以耍赖，告诉你原来的设置不合理，所以结果不算了；第二，在公司或主管也没想到有哪些漏洞之前，告诉你别钻空子，钻了空子，也会找平衡，如同球场上教练误判了之后，找平衡，而且告知钻空子不会有好果子。(以上，我说得比较难听，其实考评精确的量化并不能提高评价的客观性，量化适可而止就好，这也是上面两个原则的把握，其实很科学。)

例如，曾经强调原理图的检视意见，于是有人疯狂地提重复意见，凑检视意见数量……但是很快被拨乱反正了。

(3)相对考评，让PBC成为陷阱？

先解释一下PBC是啥，即个人绩效承诺(Personal Business Commitment)。本意是个人业务承诺，为了便于理解，华为称之为个人绩效承诺。

也就是在干活前，员工你写自己的半年或一年要达成的目标：达标水平做成什么样，超水平发挥做成什么样。但是这些都是跟你自己的能力比，或者说会跟你往年的情况相比。

基本的目标是由主管分解下来的，然后除了基本目标之外，还需要写一些自己想到的，要达成的目标。(这就是杰克韦尔奇说的，付出超越职责的努力。)

但是矛盾点在哪呢？这个目标达成，不代表你自己的考评结果就好。因为绩效考评结果，不是跟你个人的承诺相比，是跟同事相比。PBC是提醒你要做好自己，但是做好自己，不代表你能跑赢同事。

也就是说，你跑得再快，提高再多，如果仍然跑不过老虎的话，一样会被吃掉。那么这种你追我赶的白色恐怖，带动了整个团队激发出更多的个人潜能。

那么，问题来了：PBC还有什么用？个人认为对管理者有用，但是员工很快发现游戏规则之后，就都不重视了。

有用点在于：第一，目标一致，就算你考评后仍然排名靠后，但是也要跟团队目标保持一致，贡献应有的力量；第二，自己制定目标的时候，就可以全团队进行对比。

大家不重视的点在于：只是个副本任务，不是游戏的主线任务了，那么主线任务就是相对考评。(PBC里面的技能提升更是小副本，发展到后来，写错了都没人知道。)

相对考评带来的问题有以下几点。

问题一：相同等级的团队之间、员工之间的矛盾会相对紧张。人人大比武，各个争上游，一些品质不是那么高尚的人，在领导面前要打压同事。

问题二：以领导为中心。因为做绩效排名的是谁，谁就是我的Boss，谁就决定我的加薪、奖金、配股、任职资格、升级等。

任正非曾经说过："当你面对领导的时候，你屁股就对着客户；当你面对客户的时候，屁股就对着领导。"那么华为不是"以客户为中心"变成了"以领导为中心"了吗？

我曾经在一次主管的培训过程中，问了华为杭研所的前所长这个问题，他说："你考虑一个问题，领导在某种程度上，是不是客户？"

高，实在是高——矛盾被调和了。正能量地看待这个问题：领导更懂客户，听领导的没错；研发的工作是被分解了，领导看到的问题更具全局观，以领导为中心，团队更具执行力。

所以绩效管理体制的执行，一定是依赖于优良的干部选拔体制，领导必须英明，不能是个专爱马屁精的昏君。

(4)沟通，沟通，还是沟通。

写PBC沟通、中期审视、考评前沟通、考评后沟通、考评后公示。

为什么要沟通？因为会咬的狗不叫，会叫的狗不咬。有时候大家都会关注叫狗，而忽视咬狗的贡献。所以要让每个为团队贡献了力量的人都口述自己的绩效，防止对咬狗不公平。

沟通是否能够改变主管对每个人的原始评价，考评前沟通是否会沦为主管给员工绩效结果的心理暗示，考评后沟通是否成为主管抚慰员工心灵的工具、员工抱怨的通道，这些都是问题。但是，沟通充分比不沟通要好很多。

其实基层的主管有老板心态，才能够更深刻理解沟通的意义。如果你的一个工程师水平一般，你其实就应该站在公司的角度，给他一个C或D，沟通的时候，跟他说：去找份工作吧。而我们之前，会考虑个人情感，会考虑团队稳定性。结果我们当时团队的问题就是，皇帝轮流做，风水轮流转，找平衡，让大家都满意。最后，印证了那句话“你不让后10%的员工离开，前10%的人就会走”。

我有个同学在华为终端，当他抱怨华为的流程不能做到小米那样快速迭代，抱怨测试人员为了达到自己的测试指标，提出没有道理的问题，跟测试人员发生分歧。我劝他：“测试人员有自己的PBC和KPI，他有他的生存需求和生存法则，领导未必会认为你有道理，因为领导没有精力和耐心去分析具体的问题，看你们谁有道理；只要你们处于狗咬狗一嘴毛的状态，他就更放心一些。但是超人领导可能做得更公平，但是我们不能奢望每个领导都是超人。”

沟通也体现了徐三年提出的：“把对人的关注放在首位。”本人曾经酷爱《三国志8》，《三国志8》把策略性游戏发挥到了极致，在这款游戏中，把主公的角色玩好的窍门，就是把饭吃好——也就是把对人的关注放在首位。所以这里的沟通，并不是按照绩效管理方法的理性化的沟通，而是无处不在的沟通。沟通就是要换位思考，要贴心。

(5)绩效排名——基层主管在游戏规则下的权利。

游戏规则是这样的，公司给了每个等级的比例划分，同时给了一个每个等级之间收入、任职机会的差异。每个人处于这个曲线图的什么位置，是由主管一级级去自己定的，上一层的主管来审核。

主管就是有排序的权限，这个权利与其他的公司相比，已经很大了。公司就通过强制比例来控制，防止主管瞎搞。

作为主管，如果想得到员工的拥护，最重要的就是在工作中做到公正、公平。——任正非。

3. 没有绝对的公平，只有相对的公平

研发管理不是计件管理，不可能充分公正地衡量每个人之间的优良中差。

出路：板凳要坐十年冷。

科学家们曾做过这样的实验：对一些从三岁到六岁的儿童进行奖励糖果的测试，发给每个孩子一个果汁软糖，同时告诉孩子如果他(她)能够坚持15分钟不吃这个糖果，就会得到另一个果汁软糖，然后这两个糖果他(她)都可以吃；如果还不到15分钟时间他(她)就把发的糖果吃了，那就不会再得到另一个糖果。结果三四岁的孩子们大都受不了手中糖果的诱惑，先把它吃掉了；六岁的孩子基本上都忍受住了15分钟的等待过程，得到了双倍的糖果。这就是说，当人的神经系统发育成熟到六岁以上时，就可以产生忍受过程、指向目标的动机。

目标动机中的目标可能像上例中那么容易达到，也可能非常困难才能达成。“板凳要坐十年冷”，这是任正非安抚大家的一句话，其实非常有道理。

《异类》这本书讲的是一样的道理:“要有一万小时的基本投入。”

任何伟大的事情都是由很琐碎的、点点滴滴的事情组成的。要把事做成,就要在一个地方形成足够的压强,我们缺少的不是策划,不是点子,需要的是持之以恒地把一个事情做得非常深入。什么是持之以恒?简单地说就是重复。我建议没读过《异类》的都买一本看看。这本书提出了“一万小时定律”,它分析了很多有名的成功人士,发现无论是比尔·盖茨,还是打高尔夫的泰德·伍兹,要想成为高手中的高手,在某个领域成为杰出的专家,一万小时是最基本的投入。

虽说,我们原来也觉得“板凳要坐十年冷”,是在忽悠员工不要离职,不要为了一次、两次的考评不公正就离职。但是平心而论,任何人都不应该因考评不好而离职,而应该分析清楚考评不好的原因,不管换不换工作,都应该去思考和改变,在工作方法、工作态度、工作习惯上做出相对应的调整。

4. 再完善的制度都有漏洞,怎么办?

(1)先僵化,后优化,再固化。

管理进步的基本手段最简单讲有两个方面:一是向他人学习,二是自我反思。对于致力于成为世界级领先企业的华为公司,向西方有着优秀管理模式的企业学习尤其重要。

公司的管理进步过去主要是在自己的经验中摸索出来的,但近几年开始下大的决心和投入资金引进国际先进管理体系,虚心学习,广泛合作,站在巨人的肩膀上,是华为的一贯方针。“百分之百自己做,那就是农民。”《华为公司基本法》第三条提出,公司要“广泛吸收世界电子信息领域的最新研究成果,虚心向国内外优秀企业学习,在独立自主的基础上,开放合作地发展领先的核心技术体系,用我们卓越的产品自立于世界通信列强之林”。技术是如此,管理上亦是如此。

但是,我们学习国外管理和学习国外技术时的心态往往是不一样的,学技术容易虚心,学管理却容易产生抵触情绪。因此,“如何学”就成为一个重要问题。

为此,华为提出,在学习西方先进管理方面的方针是先僵化,后优化,再固化(IPD流程是这样,绩效管理也是这样)。

僵化就是学习初期阶段的“削足适履”。任正非说:“我们引入HAY公司的薪酬和绩效管理,是因为我们已经看到,继续沿用过去的土办法,尽管眼前还能活着,但不能保证我们今后继续活下去。现在我们需要脱下‘草鞋’,换上一双‘美国鞋’。”穿新鞋走老路当然不行,我们要走的是世界上领先企业所走过的路。这些企业已经活了很长时间,他们走过的路被证明是一条企业生存之路,这就是我们先僵化和机械地引入系统的唯一理由。

任正非是从发展的角度和东方人的特性来看待先僵化的:“现阶段还不具备条件搞中国版本,要先僵化,现阶段的核心是教条、机械地落实体系。”“我们向西方学习的过程中,要防止东方人好于幻想的习惯,否则不可能真正学习到管理的真谛。”

(2)灰度。

任正非的关于灰度的文章,个人理解还是有一定的哲学深度的。灰度是管理者在充分理解公司战略意图和具体执行时的管理艺术。能够把握好灰度，正是真正的有效管理。

(3)知识管理。

电子硬件知识是极其庞杂的，每一个细分领域都可以钻研很深，可以成为某一个人一辈子的工作，例如EMC工程师、互连工程师、电源工程师、可编程逻辑工程师……电源工程师又可以细分为一次电源、二次电源……分别作为职业。

在硬件领域，由于大量的知识是隐性知识，如果只知道书上写的那些东西，是不能成为一个合格的硬件工程师的。就是因为知识体系的庞大，加上隐性知识众多，所以硬件工程师的知识体系是庞大的，是需要管理的。

知识多了还是要整理的，光靠搜索不可行；如果你收录到本地的一些知识而不整理的话，那么不能建立起你的知识体系，也就是说你对哪一块需要重点掌握，哪块只需要了解，没有概念。而你常用的工具或知识跟你不常用的工具和知识，查找需要的时间是相同的。当你学习某一项知识时，这个知识点与其他知识点之间是没有关联的，因为你没有把知识系列化，或者没有做整合。

如同你的硬盘一样，经常看的影片，你应该有快速找到它的途径；而不常看的，你是不是只需要保留个种子；而从来不看的，或者只会看一遍的，难看的、不清晰的，你其实都可以删除。

以前我经常说，硬件工程师如同一个装修工程的木工兼包工头，是整个装修的灵魂，决定了项目的水平高低。所以做硬件工程师，除了在自身电子领域的知识积累之外，还需要积累一些其他领域的知识，所以这块外围的知识掌握的程度是需要跟核心知识体系进行区分的。因为一个人的时间和精力有限，不可能掌握所有的知识，但也不能完全不懂。

知识管理不只是知识分类和整理。

首先，知识管理不只是罗列目录，它必须是有内容的，也就是大家常常说的，必须有“干货”。一个再完善和再完整的知识框架的目录，都是没有用的，一个列得非常完整的文件夹分类是没有用的，因为你只需要找到你最需要的那个文件。如果文件夹都是空的，那就更没用了。

而且我也觉得知识管理，必须是目标为导向，不能为了整理而整理。所以这个知识体系的目录，应先有问题点或知识点，积累到一定数量之后，形成你最需要的一个知识体系。如同你先有N部你经常观赏的电影，然后再进行分类整理，而不是你先去建立一堆空的文件夹。

我再说说《硬件十万个为什么》的由来，我当年刚进入华为时，导师是一个项目经理，也就是我主管的主管。他很忙，但是他也很有责任心，没太多时间辅导我，他想出了一个办法：让我每周给他提3个问题，他一定会安排在周五给我解答。我有时为了给他提问也费尽脑筋，因为不可能提一些太低级的问题；因为我提问也不是那么好回答，他也要花一些时间去学习，并仔细答复。我觉得试用期间，这个“每周三问”对我深入掌握一些单点知识非常有效。等我带新员工的时候，正值华为大发展，我一个项目组里面17个人，有4个老员工，其他都是新员工，根本没法一对一辅导。我当时就用了“每周三问”这个办法，这个办法很有效：第一，强迫新员工思考问题；第二，新员工碰到障碍，有地方可以提问；第三，面对新员工各式各样的问题，老员工为了回答也需要提高和学习。

慢慢的,新员工成长起来了,问题也没有那么好回答。我就不再区分新员工和老员工,大家都可以问问题,轮流来回答问题,自然轮到回答问题的那位同学非常痛苦,于是工作上进行调整,预留一些时间。

后来我发现,为什么不能把我们的问题都整理到一起?当我把每周的问题整理到一起,17个人,每人一周3个问题,总共是51个问题。我们坚持了半年(后来我调到市场部门去锻炼,所以没有坚持下来)。总共大约1000个问题积累下来,知识领域涵盖硬件的各种领域:电源、时钟、处理器、逻辑、电平标准、接口协议……

当我把问题分门别类整理出来时,反向生成目录,一个大惊喜:一个完整的硬件工程师的知识体系完整地呈现在我的面前。

一个很有意思的情况,就是在华为内部的技术论坛搜索硬件问题,往往就会搜索到我们整理的这个文档,因为大家碰到的问题往往都是类似的。

所以一句广告词说明了知识管理的真谛:“重要的不是拥有一切,而是需要的就在手边。”我们不只是需要一个完整的知识框架的概念,我们最需要能解决我们现实的问题。

《硬件十万个为什么》虽然积累了相当多的问题,但是这些问题哪怕再全,仍然是碎片化的。它虽然能解决一些具体的问题,但是不能形成知识框架。经典教材和原理知识,需要系统化。

还在华为时,我曾经尝试过整理出《硬件的十八般武艺》,涵盖硬件工程师必备技能,分别由大家一起参与,完成基础知识的一些系统化的培训材料:电源、时钟、处理器、高速互连、分立器件、JTAG、内存……基础知识的系统化和完备的掌握,是必须做的功课,否则你无法完成你的工作,更不用法说出色完成工作了。

这些材料,当时完成了一部分,后来也因为工作变化,直到我离开华为时,还没有全部完成。后续我希望能通过线下活动,把这一块逐步完善,能够把系统化的基础知识培训逐步社会化。

另外说一句,培训和教材要分“入门”和“提高”,要分别针对不同层次的需求。我现在有时搞一些“硬件十万个为什么”的线下活动,因为是社会化的,所以有时为了照顾各个层次的诉求,往往也很纠结。

9.4 新员工培养

如何快速地把一群散兵游勇组合成有战斗力的团队,而不是团伙,是很多发展迅速的公司急需解决的问题。我结合自己的三段经历谈谈对这件事的感触。

第一部分:报到初体验

我去华为报到时,在马蹄山村对面的华为“百草园”需要凭身份证进入,我下了大巴,看到百米长的队伍，我就觉得这一窝蜂报到的公司，还值得去吗？还有机会吗？

因为大老远从杭州到深圳，我还是报到了。带着这样的疑问，我参加了华为的“大队培训”。在入职培训之后，有一个总裁级别的领导见面会，我向华为供应链的总裁问了两个问题：

“第一个问题，我的工号是14万多号，我如何在众多员工中出类拔萃？感觉淹没在人海；第二个问题，华为的文化是很好，但是这么多新员工入职，是否会冲淡甚至冲垮原有组织里面的文化？”

这位领导的回答是：

“第一个问题，我入职的时候工号是3000多号，你加入一个3000多人的企业时候，你也会觉得淹没在人海中，论资排辈轮不到你。但是你看，现在已经14万号，只要公司是成长型的，你就会有机会，更重要的是公司是否提供一个让有能力有贡献的人的机会和平台。（所以从这点上，我也理解找工作要看公司的发展和个人的发展，而不只是看现在的收入。）

第二个问题，正是因为华为在高速发展，所以不得不吸纳更多的人员，投入新项目里面去。所以这种情况，第一就是对新入职的员工要搞好培训，同时一边开车，一边修车，因为华为这辆车高速运转，不可能停下发展，所以只能加强新员工入职的培训，帮助快速融入华为文化。”

大队培训的主要内容：公司文化介绍（六大核心价值观，即成就客户、艰苦奋斗、自我批判、开放进取、至诚守信、团队合作）、高层领导/金牌员工交流、观看主题电影、团队合作模拟演练（户外活动体验）。

每天早上集合跑步，晚上看各种成功、团结的电影，比如《放牛班的春天》《光辉岁月》《阿甘正传》等正能量的电影。

最重要的是“洗脑”：很多人把华为的大队培训称作洗脑，我一开始不是很喜欢这种说法。第一，有主见的人，怎么可能被洗脑？第二，不让雷锋吃亏、天道酬勤、执行力，这些不需要洗脑。但是若干年过去了，我觉得这个入职培训对一个企业非常重要，这既是融入一个新环境的过渡，同时也是每个公司都有一个基因，这个是由大头头决定的。这个过程也是相互理解和认同的过程，如同一个新球员加入一个新球队，不管这个球员原来是什么风格和战术，他必须融入这个新球队，要适应新打法，必须做出适应和改变。如果他能量大，也需要相互磨合的过程，需要相互了解。所以企业，特别是一些新企业，一定要把“洗脑”这件事情做好。

“我们崇尚雷锋、焦裕禄精神，并在公司的价值评价及价值分配体系中体现：决不让雷锋们、焦裕禄们吃亏，奉献者定当得到合理的回报。

我们呼唤英雄。不让雷锋吃亏，本身就是创造让各路英雄脱颖而出的条件。雷锋精神与英雄行为的核心本质就是奉献。在华为，一丝不苟地做好本职工作就是奉献，就是英雄行为，就是雷锋精神。实践改造了，也造就了一代华为人。‘您想做专家吗？一律从基层做起’已经在公司深入人心。进入公司一周以后，博士、硕士、学士及在原工作单位取得的地位均消失，一切凭实际能力与责任心定位，对您个人的评价及应得到的回报主要取决于您在实干中体现出来的贡献度。在华为，您给公司添上一块砖，公司给您提供走向成功的阶梯。希望您接受命运的挑战，不屈不挠地前进，您也许会碰得头破血流。但不经磨难，何以成才！在华为改变自己命运的方法，只有两个：一、努力奋斗；二、做出良好的贡献。”

那么对于一个从国有企业出来的我，最看重的就是：“博士、硕士、学士及在原工作单位取得的地位均消失，一切凭实际能力与责任心定位，对您个人的评价及应得到的回报主要取决于您在实干中体现出来的贡献度。”那么我知道了公司的这个指导思想之后，我是非常喜欢华为这种公平、公正、公开的绩效评价环境的。

注：很多创业者在公司内部，一开始就面临如何做绩效考核，如何做员工激励，如何发放奖金期权的问题。评判的标准应该也就是这两条：“贡献和努力。”当然很多企业有不同的基因，会有不同的很好的制度，通过“入职培训”告诉每个新加入的伙伴是非常重要的。而很多创业型公司忽视了这点，来了直接干活，很快很多新加入者也就离职了。我之前在的深圳轻某科技公司，在很短时间内，入职又离开的人数比现有在职人数还要多，关键是大多数人是主动离职，而非淘汰。这也是初创型公司经常犯的错误。也许是觉得花高薪水一定能请来更多的人，所以无所谓人员的稳定性。

第二部分：思想导师

因为我刚进入华为的时候，就碰到了2008年全球金融危机，所以整个华为从一个大招聘的状态，立马进入一个招聘紧缩的状态，还没有转正的员工全部执行末位淘汰。所以，我很想实践一下思想导师，直到2011年，华为划分三大BG，开始扩张企业通信和终端市场的时候，部门才慢慢注入新鲜血液，我才开始做思想导师。我当年被评为产品线的思想导师，并不是说我带徒弟有多好，或者说我徒弟有多好，而是我项目组新员工最多，还算井井有条，也就是边修车边打仗，并没有乱了阵脚。

思想导师制度是经过实践证明行之有效的人才培养方式。它一方面帮助新员工尽快融入华为文化氛围、熟悉工作环境和工作流程，顺利接手工作、进入角色；另一方面也为公司培养一批训练有素，既是业务骨干，又具备组织领导才能的后备干部队伍。

当时有一句话，“好的主管都是从优秀思想导师做起的”，能带好一个徒弟，自然可以带好一群徒弟，然后可以带好一个团队。

培训做完之后就要上岗，而最关键的动作就是“思想导师”的安排。华为设立“思想导师”非常早，也很规范。华为对“思想导师”的选拔有明确要求，第一绩效必须好，第二要充分认可华为文化。同时，一个“思想导师”名下不能超过两个学生，以保证传承的质量。

“思想导师”在带学生期间，公司会单独给他发一笔钱，连续发半年，这笔钱做什么用？首先是“思想导师”定期请员工吃饭、喝茶，增加沟通；其次是帮助外地员工解决吃住安排，甚至解决情感等问题。总之，“思想导师”要在员工入职之初，给予他工作和生活上全方位的辅导和帮助。

公司对“思想导师”的激励，也有相应措施，如果没有带过新员工是不允许晋升的。所以，这一方面保证了“思想导师”不吃亏，也会使员工踊跃承担这件事，主动带出合格的新员工。在每年公司年会上，还有“一对红”（导师和员工都出色）评选，这也是一种企业文化的宣传。

总结一下新员工培养的要点：

① 每个新员工都有明确的人带，哪怕技术不能指导也能有人问技术以外的事情，中午去哪吃饭，文具去哪领，领导什么脾气之类的。

② 每个新员工的绩效，需要导师对其负责，不能蒙混过关。

③ 导师其实是有一些费用的，300元。

我简单说一下300元的事情，300元其实是一个很小的数目。但是为什么要有这个费用呢？这里面有个精神：不让雷锋吃亏。我之前待的一家公司，每天晚上为加班的同事提供一顿晚餐，但是公司没有行政，于是让一个积极主动的实习生帮大家订餐，结果每次如果有错误或遗漏大家都找这个实习生埋怨。长久之后，大家都不在公司吃这顿饭了。如果一个公司中，积极主动地为大家服务的人，不但没有得到任何认可，还不断地遭到抱怨和批评，那以后谁还愿意为公司服务呢？

前文提到，我刚入职华为时，我导师让我每周给他提三个问题。除了每周三问题外，我觉得导师给新员工的动手练习也很重要，我当时刚入职的时候，就开始做看门狗的练习，就是用逻辑修改看门狗喂狗的时间。虽然是一个很简单的逻辑练习，但是却能提高逻辑代码规范，同时也通过小练习，强化新员工对工作中经常碰到的小模块的认知。列出新员工应该学习的内容，成为其自检学习成果的一个检验，表9.1写出了一些要求。

表9.1　自检学习成果表

内容	掌握程度
逻辑电平知识	熟练掌握常用电平的种类及其特点和应用场合； 熟练掌握各种电平之间的互连原理和方法
时钟知识	掌握锁相环设计原理、单板时钟设计，各项参数指标的含义和测试方法
存储器件基本理论	了解存储器的基本原理、分类和应用场合； 掌握SDRAM和DDR的原理和种类及其特点； 能够熟练说出并理解常用SDRAM和DDR的接口信号； 能够根据时序图描述出相应读写操作
	掌握FLASH的工作原理、分类和应用场合； 能正确说出FLASH操作的步聚； 能够根据时序图描述出相应读写操作
通用处理器基础	了解通用处理器的种类和应用场合； 重点掌握X86、MPC、MIPS系列处理器的分类、特点、应用场合； 重点掌握××系列CPU的各种接口的信号，并且熟练掌握各接口的时序及CPU小系统的作用、组成和一般启动过程

第三部分:所有的对新员工的培养都是点,如何形成组合拳?

有些企业会安排新员工的考试和培训,但是效果都不是很好。脱离工作的考试、讲解、培训,其实都效果不好。

我们应该从工作中挖掘我们真正的痛点和困难点,而且是共性的。针对问题点,制定一系列的"学""听""测""讲""用"的循环,这样才能达到价值最大化的技能提升。

从工作中来,到工作中去的培养,才是有用的培养。我当时就是这么实践的,大家的提升还是很明显的,供大家借鉴。

最后部分,一篇很好的文章分享给大家。以下是我的主管当年给我们部门的新员工小伙子们写的指导,不管在哪个公司的新员工,我觉得都可以从这几个方面有收获。我觉得非常棒,分享给大家,在生活、工作与发展这三方面都给大家一些建议。

享受生活:让工作不是我们的全部。

① 把握工作与生活的平衡:工作的时候集中精力全力以赴完成工作任务,下班时放下工作,尽情享受生活。发掘并培养自己的几项兴趣爱好,尤其要坚持体育锻炼,健康的身体才是自己的本钱,久坐不动会让我们的身体加速走下坡路。因此每周2次的体育锻炼一定不能少,不然挣钱是为啥呢?

② 与身边的同事成为好朋友:我们的好朋友有同学、前同事,但是由于现在不在一个地方,会慢慢疏远,现在天天能够与我们相处的是我们现在的同事,与身边的同事成为好朋友后,我们能够倾诉烦恼、结伴锻炼,同时也有利于工作开展,所以主动与你周边的同事成为朋友吧。

适应工作:工作中如何才能得到认可呢?

答案是积极主动、执行有力、技术扎实、端到端地完成交付。

① 积极主动,要有全流程意识:积极主动是一种我们倡导的态度,它要求我们目标感强,为了达到最终的目标,遇到困难要迎难而上,我们要不停地去想办法,一条路不通时要寻找其他通向目标的道路,直到最终达成目标。网站开发是要端到端地交付产品,从概念设计到产品的上线、维护我们都要负责,前期一个小的错误和粗心都可能在后期造成严重的影响。因此我们任何一个开发和测试活动都必须严谨和谨慎,需要关注全流程的影响。

② 领悟团队开发文化:多讨论,用白板,勤跟踪,要闭环。我们如何才能做到快速、高质量地交付?因为我们不是一个人在努力,而是一个团队在战斗,大家要利用好团队的力量来完成工作,提升自己的技能。通过不停地讨论,获得灵感,解决疑问,快速搞定难题。就算讨论时只有两个人,也请走到白板前,让其他有兴趣和时间的人能够参与进来。用好个人跟踪表,千万别遗漏掉问题,不然后面它会再回来找你麻烦!

③ 管理自己的时间,做好计划的事情,强化执行力:效率要高,就要做你自己时间的主人。尝试着通过时间管理工具(我们在个人跟踪表中提供了个人时间管理表给大家参考),逐步规划好自己的时间。计划的及时完成率是我们重点关注的,合理地制订计划,制订后就当成自己的承诺,完成它!

④ 培养对技术和问题的敏感性：有时灵感是灵光一现、转瞬即逝的，及时地记录它们是不让它们跑远的好办法（笔记本和个人跟踪表都是记录的好地方）。另外提出疑问对于发现问题和解决问题是极其重要的。创造力高的人，都具有善于提问题的能力，众所周知，提出一个好的问题，就意味着问题解决了一半，经常阅读技术论坛，想着别人遇到的问题我们是否也会遇上？任何事情，多问自己为什么。

把握发展至关重要。

① 技术能力是在任何公司发展的必要条件，在后续的发展有两个方向：技术线和管理线，大家完全能够自己把握的是技术线的发展，管理线的发展除了要有过硬的技术能力之外还要有一定的机遇。在机遇还未到来之前大家扎扎实实地打好技术基础，就能两个发展都不误。我们做网站开发的需要更多的技术积累，后面才有更好的发展机会。如果只停留在自己当前会的一点内容的话，那只能在原地踏步了。

② 为自己设定长期发展方向：经过新员工的忙碌时期后，有人迷茫了，每天机械地来上班、下班，迷失了提升的方向，迷惑这么忙碌的工作是为了什么。这个问题需要你自己来回答了。我们大老远地跑到深圳来工作是为了什么？为了钞票，为了自己的提升，为了实现自我，应该上面三点都有吧。不会让我们迷失的方法是，为自己制定SMART化的长、中、短期目标，并在过程中不断地修正自己的目标和方向。

这是我在《天道酬勤》中最喜欢的一段话：

华为由于幼稚不幸地进入了信息产业，我们又不幸学习了电子工程，随着潮流的波逐，被逼上了不归路。创业者和继承者都在销蚀着自己，为企业生存与发展顽强奋斗，丝毫不敢懈怠！一天不进步，就可能出局；三天不学习，就赶不上业界巨头，这是严酷的事实。

华为不战则亡，没有退路，只有奋斗才能改变自己的命运。

9.5 思想导师

怎样让员工正确对待刚到公司面对一个陌生环境的境况？如何让新员工快速上手，熟悉工作需要？如何减少新员工在陌生环境的恐惧感，减少新工作中不顺利带来的挫折感？华为很早就在施行“思想导师制”。其实很多公司都在采用“师傅带徒弟”的方法，但是像华为这样制度化，而且执行得这么好的，非常少见。

“全员导师制”是一项非常好的员工培养制度，不仅可以有效缩短员工进入新环境的“磨合”期，使员工尽快适应新的工作岗位，而且可以密切员工之间、上下级之间的关系。

1. 背景

20世纪80年代末，华为“由于无知”（华为创始人任正非语）进入通信行业时，中国通信市场被国际巨头分割，处在所谓“七国八制”的局面。任正非认为，一支队伍要有战斗力，就必须有抱负和进取心。因此很早就提出，华为要做到在通信行业三分天下有其一，成为世界级企业。但在通信行业，华为的竞争对手几乎都已经是世界级企业，华为靠什么激励员工？肯定不是一朝一夕能够建成罗马帝国的，所以在企业的每个角落都有着其成功的积累。

但是，任正非只能够传道，当遭遇工作与生活中的具体困难时，员工需要有人给他们"解惑"，而任正非自然不能一一解惑。例如，在20世纪90年代初，职业终身制乃至世袭制还没有完全退出历史的舞台时，任正非希望能够遵循现代企业治理规则，实施干部能上能下、末位淘汰等一系列管理制度。既让员工努力工作，又让他们平静面对末位淘汰的结果，显然不是一件容易的事。主管要面对太多人，往往照顾不到每个人的每个问题，需要一些技术骨干成长为"思想导师"，帮助建设团队。

能够成为思想导师，一般都是从骨干员工中挑选的优秀员工，同时也是后备Project Leader的有力候选者。因为如果能够带好一个人，那么就具备带好一群人的必要条件。

2."思想导师制"作用和功能

思想导师由于人数有限，主要是在特殊场景下拾遗补漏，而不是取代日常管理，比如当员工不愿意和自己的直接主管交流时。

思想导师的作用：一方面是深层次了解员工的心理状态，另一方面也是了解团队的组织氛围及主要领导人的管理状态（注：在华为这一项被列入对管理者的考核），在解决员工思想问题的过程中，帮助华为的干部成长。很多人只知道做员工思想工作的价值，不知道在这个过程中怎样发现干部的问题并解决。

随着华为干部领导力培训体系的成熟，华为要求所有干部能够做员工的思想导师，能够根据部下的业务成熟度和思想成熟度给予工作的支持或心灵的支持。2007年后，华为又逐渐培养出了自己的思想导师队伍。

3.华为"全员导师制"的基本做法和特点

华为的"全员导师制"和国有企业过去实行的"师徒制"既有相同的地方，又有不同的地方。在华为内部，这一做法最早来自中研部党支部设立的以党员为主的"思想导师"制度，对新员工进行帮助指导，后来被推广到了整个公司。

华为的这一做法，是全员性、全方位的。不仅新员工有导师，所有员工都有导师；不仅生产系统实行这一做法，营销、客服、行政、后勤等所有系统也都实行这一做法。华为认为，所有的员工都需要导师的具体指导，通过"导师制"实现"一帮一，一对红"。

华为对于调整到新的工作岗位的"老员工"，不管资历多长、级别多高，在进入新的岗位后，公司也给安排导师。这个导师也许比你的工龄短，比你的资历低，但在这个岗位上他比你强，那么他就是你的导师。所以，在华为，也许刚刚毕业进入华为一两年的员工，照样可以成为导师。

华为的导师职责比较宽泛，不仅仅在于业务、技术上的"传、帮、带"，还有思想上的指引、生活细节上的帮助等。

为了保证“导师制”落实到位，华为对导师实行物质激励，以补助的形式，每月给导师300元的“导师费”，并且定期评选“优秀导师”，被评为“优秀导师”的可得到公司更多的奖励。更为重要的是，华为把“导师制”上升到培养接班人的高度来认识，并以制度的形式作出严格规定：没有担任过导师的员工，不得提拔为行政干部；不能继续担任导师的，不能再晋升。

华为这一做法的意义有三点：一是可以增强员工的荣誉感，尤其是对于入职时间不长就成为导师的员工，在工作上更加地严格要求自己，在新员工面前更加发挥模范带头作用；二是对于新员工来讲，可以使他们迅速地融入企业的大家庭中来，从思想上、感情上尽快地认可企业的制度和文化；三是通过全系统、全方位、全员性的“导师制”的推行，可以形成企业内部良好的环境氛围，层级的执行力必然会大大增强。

从操作层面上说：

① 思想导师，每周需要给新员工布置每周工作任务和学习任务，同时监控新员工的学习成果和工作绩效。

② 每个月会对新员工进行辅导和总结，然后帮助新员工月度答辩。

③ 三个月或六个月后，帮助新员工转正，做转正总结和转正答辩。

④ 传递公司的价值观和规章制度、绩效考核制度等关键信息。

⑤ 工作和生活上给予新员工以帮助，传道授业解惑。

从更深层次上说：

① 在各个阶段观察和帮助新员工，避免工作不饱和、工作目标不明确。

② 避免新员工不理解或不了解公司的规章制度，导致不良影响。

③ 帮助新员工融入新的集体，快速换脑，快速融入华为的“律动”节奏。

④ 及时发现新员工是否满足工作要求，做出及时的调整。

9.6 问题跟踪

所有企业都有问题，每个项目都会有各种问题，但是如何确保出现的问题都能够得到及时彻底的解决，很多公司为此伤脑筋。

为了解决问题，大家都知道问题要跟踪，但是如何跟踪、如何闭环、如何按计划闭环，这里面有很多技巧和方法。

“团队开发文化”，我们前面已经介绍了“白板讲解”。其实，在华为内部的口号“用白板，多讲解”，后面还有一句是“勤跟踪，要闭环”。

首先，澄清一个观点，问题跟踪不是一种工具，而是一种文化。问题的跟踪的方法有很多种，在华为内部支持问题跟踪的工具也有很多，如“Jira系统”“PPM系统”“RM系统”“产品缺陷库”等。在社会上，有开源的系统“redmine”，还有很多新兴的互联网公司，做了一些多人协作问题跟踪的系统。所以大家对问题跟踪其实不陌生。但是,有工具不代表问题就能跟踪得住,问题记录了,不代表都能解决。

在华为内部,一个重要的模板就是"遗留问题跟踪表",这是一个神表,几乎每个人都有,每个项目组都用这个表格来布置任务,跟踪问题,开例行会议。也有Excel高人,对这个表格进行改造,用Excel插件做了很多自动化的功能。

其实Excel也只是一种工具,我们曾经只用一个白板,不用Excel,照样做项目管理。所以问题跟踪做得好不好,跟用什么工具其实没有关系。华为内部的问题跟踪的工具可能没有社会上那么多和丰富,但是问题跟踪的全员意识、执行的技巧、执行力的优势,这才是其能跟踪问题的核心价值。

管理、管理,重在"理",而不是"管"。

我见过最奇葩的项目管理者,让研发人员制订15分钟的项目计划,每15分钟监控一次进展。我们中学时,学习"政治"课,知道人类社会的低级阶段是奴隶社会。有些管理者,是把员工当奴隶对待的,认为管理就是把人看住,不行就让员工收拾办公桌离开。于是这家公司就像公共汽车一样,天天都有人入职、离职,做个功能极其简单的网站,憋了1年半了,网站还是不能用。

那么我们的所有工具并不是给管理者用来"管着"研发人员的,而是用于研发人员自我整理、自我提升、自我梳理、提高效率、自我控制进度、排列人物优先级的重要工具。对于管理者来说,是一种帮助员工梳理工作优先级,帮助员工更好地完成自己的绩效的一个重要工具。

如何让员工自发自动地进行问题跟踪记录,让员工自发自动地确保任务完成,追求产品的完美交付,而不是被动地接收任务,这是永恒不变的话题。以前余世维的讲座说过:"如果到一家企业,卫生间一张纸掉在地上都会捡起来的,一定是企业的主人。"这句话也许有点偏激,但是如果让所有的员工成为这个企业的重要组成部分,成为企业的主人,他自然会去思考如何帮助这个企业共同成长。华为把股权分配给员工,让员工选择跟企业共同成长,跟企业的长期利益进行绑定,那么员工自然会思考企业的利益。

我叔叔曾经在GE公司的一个化工厂工作,那个时候,他跟我说了一个案例:由于员工的工资被压到很低,而且管理非常严格,工作时间非常长,上厕所时间都要监控。于是员工就憎恶企业,竟然经常发生这样的事情,一锅化工原料会被工人丢一些类似于螺丝钉的杂物,导致整锅的化工原料报废,而这一锅原料的成本顶多个工人一年工资。这就是企业主与员工形成对立,员工应付任务,憎恶管理、憎恶企业的典型案例。

为什么造成这个局面?因为员工被各种要求,但是员工的付出和努力与公司的收益没有关系。

我之前就职的公司,就有这样的意味。老板每天工作到夜里3点发朋友圈,表示自己很辛苦,而有的员工,每天上班时间逛淘宝,早上十点才来上班,甚至有人下午四点才来上班。是这些员工不优秀吗?其实还是管理出了问题。

所以问题跟踪表的使用逻辑才是重中之重,"对员工的监管"应该转变为"员工的自我实现,与绩效辅导"。任务跟踪只是员工自我实现与绩效辅导的工具。

特别是"研发管理"，研发人员多数是有文化，追求自我价值实现、追求自我提升、感情细腻复杂的一个群体。如何让研发群体发挥自我能动性，这才是一个研发型企业的关键。

问题跟踪的具体操作技巧分享。

(1)攻坚战，善用"燃尽图"，一个山头、一个山头攻克，对进展进行公示。在敏捷开发的理念中，强调我们要用"燃尽图""要用看板""要有早晨站会"。其实强调的仍然是"勤跟踪、要闭环""沟通有效、执行有力"。燃尽图是阶段性攻坚战非常有效的问题跟踪工具。

燃尽图(burn down chart)是在项目完成之前，对需要完成的工作的一种可视化表示。燃尽图有一个*Y*轴（工作）和*X*轴（时间）。理想情况下，该图表是一个向下的曲线，随着剩余工作的完成，"烧尽"至零。燃尽图向项目组成员和企业主提供工作进展的一个公共视图。

(2)强调计划执行的严谨性，以前我在国有企业，很明显计划是没有严谨性的。老专家教育我说："航空设备的计划都是空的，拖曳设备的计划都是拖的。"

之前我们搞网站的时候，研发的项目管理者也会有看板，花了不少钱，做了一个四平方米大的甘特图，挂在墙上。只是执行的时候，没有几个节点是按照墙上的甘特图去执行完成的。所以很快，大家就对墙上的计划熟视无睹，反正管理者无所谓，执行者自然就会觉得无所谓。

(3)任务的制定要符合SMART原则。对于每个员工需要其自己会规划自己的工作，然后由管理者进行梳理和调整。其实计划的制订，是有一定的技巧的。首先是颗粒度的把握，例如一个员工需要完成一个任务，总周期可能是1个月，如果你需要他每天写进展，他直接把月目标写在每天的进展里，每天的进展都写一样内容，那么这个跟踪就是无效跟踪。当月底发现进度已经发生偏差，或者质量有严重隐患的时候，为时已晚。

SMART原则：

目标管理是使管理者的工作由被动变为主动的一个很好的管理手段，实施目标管理不仅是为了利于员工更加明确高效地工作，更是为了管理者将来对员工实施绩效考核提供考核目标和考核标准，使考核更加科学化、规范化，更能保证考核的公正、公开与公平。

任务目标必须是具体的(Specific)。

任务目标必须是可以衡量的(Measurable)。

任务目标必须是可以达到的(Attainable)。

任务目标要与总的目标具有一定的相关性(Relevant)。

任务目标必须具有明确的截止期限(Time-bound)。

无论是制订团队的工作目标还是员工的任务目标都必须符合上述原则，五个原则缺一不可。

制定的过程也是自身能力不断增长的过程，管理者必须和员工一起在不断制定高绩效目标的过程中共同提高绩效能力。

(4)勤跟踪，既然刚刚说了"管理是重在'理'""任务跟踪表是绩效辅导工具"，那么管理者就需要时刻关注执行者的方向和进展，而不是坐享其成，等待丰收。管理者需要在研发者的进展过程中去识别能力GAP、技术短板，有的放矢地进行技术辅导，安排讨论，组织培训……管理者勤勉，才能保证项目的进展，才能帮助员工提升。

（5）要闭环，所有已经制订的计划，都需要完成闭环。不能随意关闭问题。例如，有一些网上问题，或者一些实验室问题，都需要记录下来，对问题进行复现和分析。而有些低概率事件，往往就不容易复现。如果每个人都可以随意关闭问题，那么很快任务跟踪就变成虚假摆设了。所以整个团队、研发管理者，需要对团队和自己有高标准严要求，才能不轻易放过问题，才能持续改进。

（6）要注意问题跟踪的频度，管理成本。每15分钟的奇葩管理方式应该还是很少的，因为大多数管理者还是有常识的。但是我们的管理频度设置为多少才合理呢？

这里呢，我觉得没有一定的标准。但是我给一个建议：平时，每天自动发布日报，每周组织例会。按需求组织技术讨论，员工自发组织讲解。攻关阶段，每天组织晨会，每天下班前汇报进展。

员工自动自发地进行汇报，自行组织讲解，不是一朝一夕能够达成的，这个需要很长时间的磨合和训练。很多很多的动作，形成一个习惯，很多很多的习惯，形成一种传统，很多很多的传统，形成一种文化。一个组织的文化，需要领导者带头，全体人员共同努力。

个人建议普通员工任务跟踪表的组成部分：周例会，关注TOP问题，每天只做重要的事情。任务跟踪记录，要符合SMART原则。

（7）优质的绩效管理方法是以上所说的基石。也就是团队需要对不能按时完成任务进行评估原因，识别是客观原因，还是主观能动性的问题，还是技术短板，然后给予客观评价。一个企业对员工对于企业的贡献的大小，能够客观评价，并能够体现到收入回报中，则我们的任务跟踪才能落实，才能有效给基层主管授权。

10

第10章

流程与研发管理

10.1 IPD在华为为什么能成功?

近些年,随着业务的成功,华为的管理体系也备受推崇,成为各行各业学习的对象,特别是IPD(Integrated Product Development,产品集成开发)流程,但凡有产品的公司都想学。其实IPD并不是华为首创的,也不是华为独创的,只是因为华为的产品获得了较大的成功,所以IPD也跟着功成名就。

IPD的思想来源于美国PRTM咨询公司出版的《培思的力量》,该书详细描述了如何通过改善产品项目管理的四个要素:阶段评审流程、核心小组、结构化开发流程、开发工具和技术提高研发效率,缩短产品上市的周期,提升产品在市场上的成功概率。

将IPD付诸实践并重新获得成功的公司首先是IBM公司,1992年IBM在激烈的市场竞争下,遭遇到了严重的财政困难,公司销售收入停止增长,利润急剧下降。经过分析,IBM发现他们在研发费用、研发损失费用和产品上市时间等几个方面远远落后于业界最佳。为了重新获得市场竞争优势,IBM提出了将产品上市时间压缩一半,在不影响产品开发结果的情况下,将研发费用减少一半的目标。为了达到这个目标,IBM公司应用了IPD的方法,从流程重整和产品重整两个方面来达到缩短产品上市时间、提高产品利润、有效地进行产品开发、为顾客和股东提供更大价值的目标。

IPD在IBM这个巨人身上的实践成果让任正非怦然心动,华为斥巨资请来了IBM的专家顾问团,并在公司内部结集了优势兵力,用"照葫芦画瓢"的强硬方式推行IPD。任正非说:"先僵化,再固化、再优化。"这句话听起来容易,实际执行则非常困难,特别是僵化的初期,思想、行动都要转变,还需要来自不同的部门的团队共同磨合,所以对业务还是会产生影响,也难免会有各种反对的声音。这个时间段非常需要管理层的坚定。有一段时间,任正非说:"不换思想就换人。"靠着任正非的坚定与坚持,以及一大批种子选手的培养,IPD逐渐在华为生根了。

僵化的目的是自我认知,优化是自我修正的过程,固化则是夯实已有成功。任何企业都有自己的基因,必须找到适合自己的道路。没有什么流程是可以生搬硬套的,也没有流程能够一劳永逸地用一辈子。之所以IPD现在跟华为紧密相连,跟华为这二十来年持续不断地优化IPD有非常大的关系。

华为自1999年启动IPD变革,到2005年才逐步走向成熟,一直到今天,都在持续变革和优化。

(1)华为将IPD与MM(市场管理)、OR(需求管理)对接,实现了IPD端到端流程的衔接。解决了需求驱动不够、客户需求响应不够的问题;将客户需求信息直通到产品开发人员手中,实现需求驱动产品开发。此优化改进,让华为10万人规模开发团队与中小企业开发团队一样轻盈,快速、低成本地满足客户需求。

(2)研发在产品开发过程中占了很大的比重,而研发又分了很多领域,系统、硬件、软件、结构、测试等,为了更好地支撑IPD,系统地梳理了研发领域的各个流程。同时,华为针对软件研发业务工作量大且相对独立特点,对IPD流程进行软件开发适配,推出集成IPD-CMMI流程。2007—2010年,华为继续在各产品线试点敏捷开发方法；吸收敏捷方法在软件开发中优点，考虑电信嵌入式系统庞大而又复杂的差异；形成适合华为的IPD+敏捷开发流程，将软件从重型过程管理转向轻量过程管理。

（3）华为针对电信市场整体解决方案特点，创造性全新地提出“IPD解决方案流程”，提出解决方案IPD开发模型，为客户提供产品、服务、全球培训、客户支持解决方案。IBM-IPD流程体系解决的是如何开发一个盈利的产品，而“IPD解决方案流程”提出让华为从卖产品的公司迈向卖解决方案与服务的公司，推动华为进入一个更大市场范围，让华为销售稳步迈向2000亿以上台阶。

（4）随着业务范围的拓展，华为又不断推出新的IPD，如适用于云的、适用于芯片开发的、适用于汽车相关产品的……业务在发展，流程也在发展。二十多年来，华为并没有一直僵化地使用IBM-IPD，而是在掌握IPD精髓之后，投入大量的人力物力优化IPD流程，让流程运行得更具可操作性且有效率，成为华为不断发展的助推器，所以华为的产品成功了，华为的IPD也成功了。

10.2 流程到底是什么？

引用哈默的话：流程是一套完整的贯彻始终的共同为顾客创造价值的活动。把这句话延伸下：一系列可重复、有逻辑顺序的活动，将一个或多个输入转化成明确的、可衡量的、创造客户价值的输出。我觉得可以理解为有层次的、详细的业务书面化表达，如图10.1所示。

图10.1　流程是业务的书面表达方式

从定义上可以看出，流程是对业务的描述，但这不代表任意业务的执行方式都能成为流程。更准确地讲，流程是业务最佳实践的描述。也就是说，我们要从业务的各种操作方法中找到最佳方法，并用流程描述出来，以便所有的业务人员都能按照同样的方式执行流程，从而保持业务完成的一致性、稳定性，提高成功概率。

流程和我们常说的制度有什么区别呢？

制度一般指要求大家共同遵守的办事规程或行动准则，也指在一定历史条件下形成的法令、礼俗等规范或一定的规则。在不同行业不同部门的不同岗位都有其具体的做事准则，目的都是使各项工作按计划按要求达到预计目标。

制度和流程都可以理解为规则、规范，要求员工在工作中按照规则执行，但两者的表达形式、运用却存在一定的差异。我们用表10.1所示的内容来对比说明。

表 10.1　制度和流程对比

制度	流程
制度侧重于能做什么、不能做什么,更多是表达要求	流程侧重于做什么及怎么做的过程,以及做的过程中的活动之间的逻辑关系,是业务运作方式的表达。同时,流程也能承载管理要求
制度可能覆盖了一个或几个流程的内容,也可能只是一些管理规定、行为规范而不构成任何业务流程	一个业务流程可能包含一个或几个制度的内容,也可能不包括制度的内容,仅是业务活动的逻辑呈现
制度多是纯文字的表述方式	流程的表达方式更多样,流程图、流程视图、流程接口图都属于流程文件

还有一个更重要的区别:流程有框架,有架构,能够帮助我们理顺整个公司的价值链,这是流程非常重要的一个作用。所以,我们建议简单明了的要求用制度,比如考勤规定;复杂的业务用流程,比如IPD,就是产品开发流程的合集,形成了一个流程体系。实际上,越来越多的企业都开始采用流程的方式来管理业务。

流程就是我们用的电子流吗?

这个说法不准确。随着信息化的推进,很多企业都用上了各种办公系统,也会在系统中走各种各样的电子流。但电子流是否就是流程呢?这还是要回到流程的本质去看,看电子流到底承载了多少内容,有可能是整体业务流程都实现了信息化,那么走一条电子流就等于走完了一个业务流程。但现实中更多的情况是,电子流只是整个业务流程的很小一部分内容,多见于审批、评审、发布等环节,这个时候,就千万不要把电子流等同于流程了。

表 10.2 也列出了一些常见的其他指导类文件,需要和流程做区分。

表 10.2　文件类别及作用

文件类别	作用
作业指导书	告诉你怎样通过使用工具、仪器,规范、顺利完成“操作”这项“活动”
技术文件	告诉你产品是怎么样的、质量技术标准如何,但却不是告诉你如何通过各种活动达到这个标准
岗位职责	告诉你要做什么,而不是告诉你“事情怎么做”及“事情的来龙去脉”

10.3 流程的价值在哪里?

流程的价值在哪里?其实如果大家认真地看完了前面的几章,并且仔细思考,就不会再问这个问题。因为在产品开发的每一个环节里,都少不了流程的影子,更不要说广义的流程文件还包括了指导书、模版、Checklist,流程对工作的指导意义显而易见,这里再给大家看几个怎样用流程的办法解决业务问题的案例。

案例一：物料采购

某公司的研发物料申购周期特别长，研发人员无法知晓物料进展。大家抱怨的焦点是IT系统还不完善，研发物料申购的过程无法信息化呈现，项目助理需要时时跟采购员沟通，才能知道物料购买的进展，甚至出现项目助理填写的纸件物料申请单被采购员遗失的情况。这种情况下，项目助理还不能第一时间发现，造成了整个物料进度的延迟。确实，IT系统能提高信息的透明度，但没有IT系统，这个问题是不是就一定没法解决甚至无法优化？答案是否定的，只要把物料申购的整个流程做一些规范，就可以大大降低申购方和采购方的沟通成本。

那这个流程要如何优化呢？第一步，采购做一个物料申购单的模板，Excel就可以搞定，里面包括申购人、物料种类、数量、厂家、申购日期、采购指令发出日期、交期等相关信息（这个模板的内容可由申购者和采购共同完成）；第二步，所有申购人都必须按照模板填写申购信息，通过电子邮件的方式发送给采购（连纸都省了）；第三步，采购在收到申购人的信息后，必须回复邮件，确保信息已经传递到位（避免丢单还不能及时发现的情况）；第四步，采购在发出采购指令得到供应商的回复后，完善物料申购单相关信息（采购指令发出日期，交期等）。在这个基础上，还可以做第二步和第三步的优化，设置一个共享文件夹，给相关人员开通权限，物料申购表单就放在共享文件夹中，供申请人员、采购人员编辑和查阅。

上面是一些粗略的建议，有一些细节还可以在实施的过程中完善。但是不难看出，我们在流程上去下一些功夫，做一些改善，是可以提高工作效率，避免失误的。

案例二：知识共享

很多企业都意识到了知识共享、经验传承的重要性，但是有的企业做得好，有的企业做得差，这是为什么呢？有人说，是因为我们公司的工程师能力差，没东西可以共享。有人说，我们公司的工程师不会讲课。有人说，我们太忙了，天天做项目还来不及，哪里有时间共享。有人说，我们公司是矩阵组织，人都去产品线了，职能部门管不着，没法共享。

这些听上去好像是原因，其实都是借口。想靠人的自觉性在做共享，能实现这点的公司寥寥无几吧？那应该怎么去做？我们就几种典型场景提供一些专题知识共享的思路。

所有发生的质量问题，必须做质量回溯，并且在部门内部做宣讲，同时回溯报告发送给所有相关的研发工程师学习；质量回溯报告要归档；技术探讨，首先确定技术探讨的命题、讲解人、讲解日期；不用太频繁，一个人讲一个课题，一个礼拜讲一次，如果一个部门20个人的话，转一圈也需要4到5个月了，也留下了20个知识分享的内容；简单的课题排前面，安排给资历浅的工程师，难的课题排后面，提供更多的准备时间；设置考核，在职业发展通道中，明确规定一定级别的工程师需要分享的课程数目；设置激励，提高大家分享的积极性。上面这几点是讲的几个大方面，但是如果把这些措施都放到相关的流程中（质量管理流程，任职资格管理流程），甚至建立专门的知识分享流程，整个公司的知识分享，经验传递的效果会好很多。流程管理的第一步,先要有流程。执行不力,再去执行上想办法。例如,用一些激励的手段鼓励大家多分享,但是为了避免大家追求激励随意分享,可以在分享前加一个内容审核的环节。这些都是可以用流程解决的问题。

案例三:项目结算

一个做IT系统的公司,采用的是项目结算制度。一个项目有多少费用、多少工作量,需要多少个实施顾问,基本是明确的。在这种情况下项目多增加一个人,大家能分到的奖金就少了一份,所以除非是现有人员实在完不成项目,否则项目经理是不愿意多要人的。但是公司为了扩展业务,又不能不进行人才储备,所以经常出现项目所需人数与公司实际顾问数目不匹配的问题。其实这事的本质是如何保证公司人才有储备但又兼顾项目团队利益的问题,也可以通过流程来解决。首先是新顾问的费用,公司和项目组如何分摊得明确,比如完全没有工作经验的毕业生,前3个项目,奖金都由公司承担;其次是项目经理对顾问要有面试权、考核权,确定顾问是否适合当前项目,如果岗位能力无法匹配,对项目和新顾问而言都得不到好的效果。

案例四:器件选型

有一个产品开发项目,计划总是延期,项目经理在组织大家复盘的时候,发现是因为一个新引入的器件到货时间延误,所以耽误了单板的加工和测试。同时,在复盘的过程中,项目经理对这个器件的成本也产生了疑问,最终认为该器件的成本和交期均不能满足项目的需求,所以要对器件重新选型。我问项目经理,当时DCDC(电源芯片)是怎么选进来的?他告诉我是硬件经理选的,他没有参与,这次他准备自己主导。当场我就跟他讲,这次他主导没问题,但是技术上的把关需要硬件经理支持,而且在选型的前期一定要找多家供应商,让采购前期介入寻源,尽量避免独家供货。这样的事情是不是常发生在硬件开发的过程中?那新器件选型流程又需要怎么优化呢?首先,新器件的引入绝对不只和技术有关系,成本、交期、商务上的条款都需要一并考虑,因此技术部门要通知采购部门尽早介入。器件选型要在设计方案完成之前完成,等到单板都做出来了再换器件,相当于重新做设计,时间、资源都是浪费。

其实这样的案例比比皆是,大家可以在工作中留心观察和总结。我们回到流程的价值这个主题,总结起来,我觉得有以下几点。

(1)统一业务语言,提供操作指导:公司在发展过程中,一定会不断吸收人才,人才又来自四面八方,有不同企业的不同工作经验的人,有高校的应届毕业生。大家都有不同的业务语言,看上去是同样的文字,可实质可能有不同的含义。因此流程的基础作用就是统一语言,让大家在一致的语言环境中工作,降低沟通成本。同时,能为还不熟悉的新人提供标准的操作指导。有时候,流程这位师父比真人师父靠谱。

(2)确定业务规则、划清职责:前面我们提到过流程是业务的最佳实践,因此在成熟的业务中,哪些活动由谁做，做到什么程度，岗位职责的边界都是相对清晰的。但对于一些新业务，有可能业务模式、业务规则都没有搞清楚，流程如何发挥作用？可以根据业务场景先尝试划界限（明确活动及责任主体）。首先是从责任主体来讲，哪个活动应该由谁来完成，活动与活动之间的交接条件，问题的处理与上升机制，这些都可以通过流程来划分的。然后按照流程执行一段时间，看看是否顺畅，或者出现了什么问题，再次进行梳理。这样就能避免业务一锅粥。

(3)形成组织能力的基线：流程是业务的最佳实践，最佳实践获得了普遍执行，那就意味着大家都是按照目前的最佳路径在做事，这样对业务结果能有保证，同时也会形成能力基线。比如复杂度不同的项目，需要什么样构成的团队，需要多少时间能完成，都更容易估计。同时，也更利于在同一个事情上沉淀经验，不断将个人能力转变为组织能力。比如研发设计上的坑，可能今天张三犯错误，明天李四犯错误，如果把这些错误的规避方法都写到流程中，慢慢就可以避免后面的人再犯错误了，组织的能力得到了提升。

10.4 流程的基本要素

既然流程的作用有这么大，那为什么很多公司的流程不起作用？这个问题问得很好，也是很多企业面临的实际困扰，这要从三方面看，一方面是流程本身的质量，另一方面是流程落地过程中的各种因素，最后一方面是管理流程的机制是不是健全。这几方面都属于流程管理的范畴，这里我们先看看什么是好的流程。

基本要求：流程要基于实际业务，流程完整、顺畅，易于执行。高一点的要求：流程是最佳实践的提炼和总结，按照流程能够快速地、低成本地完成业务活动。再高一点的要求：流程架构简单，不同层级之间容易承接、遵循，流程容易记忆，流程接口容易鉴别，接口清晰。

除了以上这几个层次的要求外，流程其实有自己的一套表现形式和规范，以便于统一流程自己的语言。下面就给大家介绍下流程的一些基本要素。

单个流程常用泳道图来表达，一个合格的流程应该包含以下几方面的要素：名称、描述、目的、起点、终点、活动、角色、输入、输出。更严格一点，还应有流程绩效指标和关键控制点等要素。

流程名称：是赋予流程的一个称谓，要求流程名称是明确的、清晰的、简短的，能体现流程所描述的业务运作主题，例如《单板硬件开发流程》《瀑布式软件开发流程》《订单履行流程》。

流程描述：是对流程涉及主要内容的概括性说明，基于流程的主要活动顺序来描述，描述要简洁、明确。例如《单板硬件开发流程》的流程描述，包括硬件需求分析、方案设计、详细设计、原理图、PCB设计、单板加工、单板测试全过程。

流程目的：描述流程对所涉及业务的使命、目标有哪些贡献；关注流程的客户需求；关注流程的输出。主要包括提高准确性、时效性和降低运作成本等方面的贡献。例如，《单板硬件开发流程》的流程目的是指导、规范单板硬件开发业务，确保开发过程的规范性，提升研发效率和质量，控制单板成本，提高单板的直通率。

流程起点(Start Point)：是触发流程第一个活动的开始事件。事件是描述与相关业务信息的状态，这种状态可能控制或影响业务的运作。触发流程开始的事件可以是单一事件，也可以是多个事件；任何流程都至少有一个开始事件。触发流程开始的事件可以是单一事件，也可以是多个事件；任何流程都至少有一个开始事件。例如，《单板硬件开发流程》流程起点是"收到单板硬件开发需求"，也有可能是"收到产品需求"。

流程终点(End Point)：是流程最后一个活动所产生的结束事件。流程结束的事件可能是单一事件，也可能是多个事件，但要选择其中对流程目标达成有意义的事件作为流程的终点。任何流程都至少有一个结束事件。例如，《单板硬件开发流程》的流程终点是"单板硬件设计归档"。

活动(Activity)：是一组相互联系的、有一致成果的任务或行动。每个活动都由一个角色来负责执行；每个活动都有明确的输入、输出；每个活动都可用时间来度量；一般以动宾结构来命名(根据语言习惯确定)。例如，制定单板硬件开发计划、设计原理图、PCB布局。

角色(Role)：已定义好的活动的标准执行者，负责流程活动的执行及输出，有明确的职责及技能要求。例如硬件工程师、系统工程师、结构工程师。

流程输入/输出(BI- Business Item)：是指流程中各环节业务活动的输入/输出对象，包括实体及承载数据的信息、数据等；BI是构成流程间和流程中活动间的信息链，每一个流程活动都会有输入和输出，每个BI有且只由一个流程活动创建，可在多个流程活动中使用或更新。具有唯一性，流程文件中多次出现的同一个BI，其名称必须保持一致。例如硬件需求表、单板设计规格书等。

关键控制点(Key Control Point，KCP)：对实现业务流程目标、降低风险、保证质量的一项或一系列重要活动。识别所有控制点后，流程Owner会从中选择最高风险的控制点并给予特别关注，如执行遵从性测试、测评等。基于审计报告、公司指引等识别出的高风险控制点称为关键控制点。其主要特点是只有重要的高风险控制点才是关键控制点；必须清晰定义在流程文件当中；必须正确、有效地执行；必须定期进行遵从性测试及报告；必须由流程Owner定期回顾。

关键绩效指标(Key Performance Indication，KPI)：衡量流程运作绩效的量化管理指标 。衡量业务流程目标是否达成；有明确的数据收集、分析渠道和计算公式；流程绩效指标可能有多个，一般选1~3个作为关键指标。例如单板综合直通率、需求交付周期等。

以上要素都针对单个流程而言。对于流程体系来说，我们还需要了解流程架构、流程视图、流程接口等概念，这些对于在复杂的业务中构建流程体系都是非常重要的。如果暂时没有这个需要，大家也可以跳过后面这一段。

流程架构（Business Process Architecture，BPA）：流程架构是企业架构的组成部分，反映企业的战略使命及目标，描述了企业的流程分类、层级关系。流程级模型如图 10.2 所示。

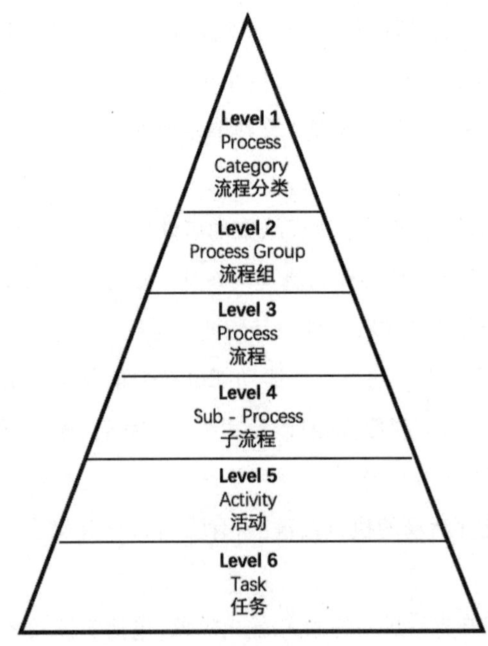

层级	定义
Level1 流程分类	由流程组组成的企业总体业务框架，用以支持业务目标，体现公司业务模型并覆盖公司全部的业务活动 例如：IPD、LTC、IFS
Level 2 流程组	企业的流程分组或流程领域，展示业务流程以及核心业务领域内流程的关联关系
Level 3 流程	单个业务流程：一系列可重复的、有逻辑顺序的活动，它将一个或多个输入转化成明确的、可衡量的，对客户有价值的输出。如流程较复杂，可以分解为若干子流程
Level 4 子流程	一系列可重复的、有逻辑顺序的活动，它将一个或多个输入转化成明确的、可衡量的、对客户有价值的输出
Level 5 活动	构成流程的一组相互联系的、有一致成果的任务或行动
Level 6 任务	为获得预期结果的一组子任务

图 10.2　流程级模型示例图

每个企业的流程层级可能有小的差异，但整体遵循流程分类→流程组→流程→子流程→活动→任务这种架构模型。Level1、level2 用于流程管理，回答“why to do” 的问题；Level3、level4 用于落实方针政策和管控要求，回答“what to do”的问题；Level5、Level6 用于将流程要求落实到人，使之可执行，回答“how to do”的问题。

我们再看一个企业的流程架构示例，帮助下理解，每一个层级的内容大家可以自行阅读，无须展开，就有两点跟上面的流程层级模型示例图有所区别，单独说明以免混淆概念：第一点是图 10.3 中的 Level3 还是一个流程组的概念，不是流程，因为研发领域有很多差异非常大的子领域，都需要单独一个流程去描述业务；第二点是单板硬件开发流程没有子流程。因此遵循流程→活动→任务的展开顺序，而不是前面提到的流程→子流程→活动→任务的顺序。大家可以根据实际的业务情况梳理流程架构，不用拘泥于到底有几个层级。

流程视图（Process View）：表示业务流程信息的一个集合，向某一特定情形或特定用户群提供一个业务总览图，展示各个流程之间的逻辑关系。图 10.4 是某公司项目 E2E 流程图。

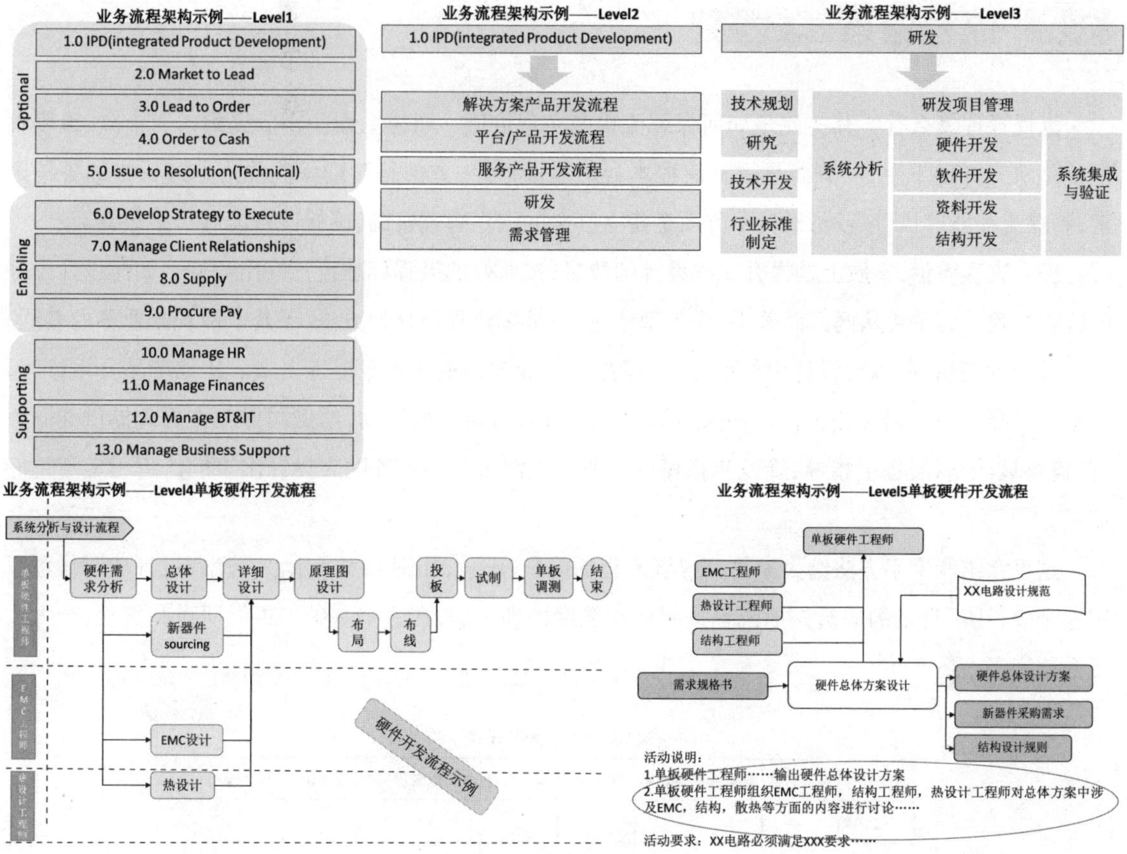

业务流程架构示例——Level1
1.0 IPD(integrated Product Development)
2.0 Market to Lead
3.0 Lead to Order
4.0 Order to Cash
5.0 Issue to Resolution(Technical)
Optional
6.0 Develop Strategy to Execute
7.0 Manage Client Relationships
8.0 Supply
9.0 Procure Pay
Enabling
10.0 Manage HR
11.0 Manage Finances
12.0 Manage BT&IT
13.0 Manage Business Support
Supporting
业务流程架构示例——Level2
1.0 IPD(integrated Product Development)
解决方案产品开发流程
平台/产品开发流程
服务产品开发流程
研发
需求管理
业务流程架构示例——Level3
研发
技术规划
研究
技术开发
行业标准制定
研发项目管理
系统分析
硬件开发
软件开发
资料开发
结构开发
系统集成与验证
业务流程架构示例——Level4单板硬件开发流程
系统分析与设计流程
硬件需求分析
总体设计
详细设计
原理图设计
投板
试制
单板调测
结束
新器件sourcing
布局
布线
EMC设计
热设计
硬件开发流程示例
业务流程架构示例——Level5单板硬件开发流程
单板硬件工程师
EMC工程师
热设计工程师
结构工程师
XX电路设计规范
需求规格书
硬件总体方案设计
硬件总体设计方案
新器件采购需求
结构设计规则
活动说明：
1.单板硬件工程师……输出硬件总体设计方案
2.单板硬件工程师组织EMC工程师，结构工程师，热设计工程师对总体方案中涉及EMC，结构，散热等方面的内容进行讨论……
活动要求：XX电路必须满足XXX要求……

图 10.3　流程组概念

示例
客户
战略到执行
战略规划
年度业务计划
战略执行与监控
战略评估
产品规划
解决方案/产品/配方开发
配方调整
产品生命周期管理
需求管理
从需求到产品
联动
营销计划
质量管理
市场分析
营销策略
渠道管理
客户管理
订单获取
采购
订单到交付
订单管理
计划
制造
物流
问题处理
营销与服务
主动服务
客户

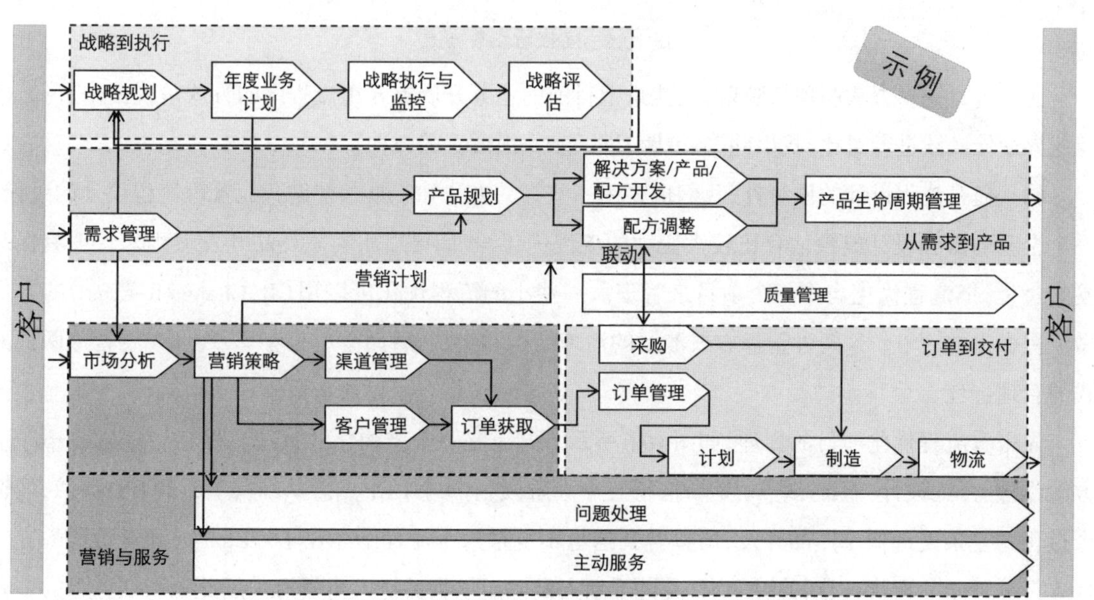

图 10.4　某公司 E2E 流程图

10.5 流程管理怎么管?

流程管理怎么管？其实就是如何保证流程能实现价值。回应上面一小节提到的三个点，流程管理就是从三方面下手，一方面是提升流程本身的质量；另一方面是管理好流程落地过程中的各种因素，确保流程能够执行落地；最后一方面是建立健全的流程管理机制，确保流程能够持续改善。

提升流程质量，本质上是提升流程设计的质量，按照好的流程标准设计好出流程。如何设计出好的流程？我认为主要从两方面着手：深入理解业务；掌握流程设计的方法、工具。流程是业务的表达，核心是业务逻辑，所以要设计出好的流程，就是要把业务的最佳实践提炼出来。比如产品开发流程，就是将产品开发的最优路径提取出来，形成一组有序、可重复的活动，给做同样工作的人提供共同语言，提供最佳路径，提供指导，降低犯错概率。所以不深入了解业务的人设计出来的流程一定不是好流程。

这里介绍两个小方法给大家，一个是《流程功能展开表》，如图10.5所示。在流程设计的时候可以用这个表，让项目组的成员先把流程按照活动维度梳理一遍，在这个基础上再做研讨和优化，会大大提升速度。

××流程功能展开表

序号	活动名称	活动的主要内容	责任人	参与角色	与其他流程接口	活动输入	活动输出
1							
2							
3							

图10.5　流程功能展开表

还有进行一个方法叫项目映射，也就是把目前的业务开展方式用流程图的方式呈现出来，再通过与业界最佳实践进行对比，找出问题、差距，进一步找出改善的方向。

除了提升流程设计的质量外，我们也要用一些好的方法和工具来帮助我们管理流程设计的过程。一个全新的流程设计或预估有比较大变动的流程优化，我们可以用类似产品开发流程来管理流程开发的过程，把流程优化当作一个项目来管理。一些小的流程优化可以用CR（Change Request）的方式做流程优化的评审。这两种管理方式涉及的治理结构和组织，后面会单独分享，现在先看看这两种方式的管理过程。

先来看流程优化项目的管理，如图10.6所示。这也是一个结构化的管理流程，分为Charter开发、方案设计、详细设计、验证/试点、发布/推行五个大阶段，有4个DCP点。从结构上看和IPD类似，但整个过程的复杂度远低于产品开发，所以看到这里不要被这个流程给吓住了。Charter开发阶段的主要任务是分析业务现状，识别关键需求、关键干系人及确定项目关键人力资源。因此项目任务书的主要内容就是描述项目的背景（业务现状与问题）、关键的优化需求、可行性分析、项目范围及所需资源、关键交付件及关键的利益干系人、项目里程碑。

图10.6 开发项目流程

方案设计阶段，首先是组建项目组并确定项目计划，在这个阶段，项目组的主要任务是分析并完善项目需求，完成流程优化方案及验证的策略；详细设计阶段的主要任务是根据流程优化方案进行详细设计，完成所有交付件(流程图、模板、指导书、检查单、流程培训材料等)，选择试点项目进行试点准备；验证和试点阶段的任务是引导试点，并解决试点中发现的问题，优化交付件内容，最后要进行试点总结并做推行准备；发布/推行阶段的主要任务是全面推行，并且解决推行过程中遇到的问题，如有必要，需要再次优化交付件内容，最后进行推行总结，进行结项汇报。

这样的管理流程设计过程有两个好处，一个是流程的优化方案得到充分评审，包括试点阶段，都能查漏补缺；另一个好处是团队作战，能够弥补个人能力不足，团队成员里有熟悉业务的成员，也有熟悉流程设计方法的人员，配合得当的话，流程设计的速度会大大提高。

流程建设的难点并不只是在流程设计上，流程推行的强度和力度在很大程度上才是决定流程是否能真正运行的重要因素。流程推行的过程，并不是随意为之，也有一些关键的动作，换句话说，流程推行也有流程，如图10.7所示。

图10.7 流程的流程

成立推行小组：无论做什么事，一定要先有人，流程推行也不例外，所以首先要成立推行小组。推行组组长一般由流程owner指定的代表担任，小组成员则由涉及的部门领导指定成员担任。在华为，推行组的成员一般来源于三个方面：流程部门的流程管理工程师，各产品线质量部质量工程师，各产品线业务部门的业务代表。三者角色不同，看待流程的角度不同，更能全方位客观地去评价流程及推行过程中遇到的问题。

制订推行计划：制订推行计划这个过程至关重要，除了要确定推行的整体时间计划(包括后续跟各级领导的汇报沟通时间)、试点项目、推行的范围等以外，这个阶段最重要的工作是要为推行准备好所有的材料。这些材料包括培训材料、汇报材料、FAQ、流程变更清单、流程适配表等。从流程活动的划分上来说，应该增加一个活动，可称为推行准备。

培训：无论是试点还是推行以前，都必须对相关人员进行培训。培训包括整个流程的讲解，流程中重点和难点的说明。培训的时候多给一些场景化的案例，帮助业务人员理解。

试点：无论是新鲜出炉的新流程，还是优化后的流程，我们都建议先试点，再推行。试点项目往往会选择有代表性的项目进行，更能找出问题。试点分为两种方式，走读和试行。走读就是让业务人员通读一遍流程，假设各种场景，看看流程是否能跑通，会不会有什么问题。试行则是直接按照流程来跑业务。选择哪种方式，要根据流程的不同类别、试行项目是否容易选取、试行可能带来的问题等因素综合考虑。

流程优化：试点的过程中，必然会遇到各种问题，有的是流程设计上的缺陷，有的是试点项目对流程的理解不到位，这些问题都需要推行小组组织讨论，该优化流程的地方就要优化流程，该在培训中加强讲解的地方就要在培训材料中加强。总体来说，这是一个反复讨论、反复修改、反复试点的过程。

推行发文：公司的正式发文，××流程发布了，要在××范围内推行。这一步的作用就是昭告天下，同时将流程文件正式纳入流程文件体系。

适配（这条特别针对研发流程等灵活性较大的流程，标准化流程不在此列）：对于灵活性比较大的流程，适配是确定流程是否能顺利推行的关键环节。比如研发流程，一般是基于典型业务场景的标准化动作，而我们的研发项目确实千差万别。所以在推行流程之前，我们一定要进行适配，看看项目的特点是什么，流程中哪些活动是必须做的，哪些活动对于这个项目来说是不需要的，一定要量体裁衣，才能把流程推得好。

推行：在流程适用的范围内，全面推行，这个不用多讲。

流程执行审核：在制订流程推行计划的时候，就要确定流程执行检查的时间点。一般会在流程发布后的三个月或半年进行检查（检查的时间和频次根据流程的不同会有所不同）。检查的方式一般是访谈结合查看证据同时进行。流程的执行检查，一般是抽查，不会检查所有的项目（根据公司的规模、流程推行的范围灵活确定），但检查哪个项目，什么时间检查，不会提前太多公布。审查也是为了改进，所以一定要公布流程的审查情况，哪些项目做得好，哪些项目做得不好，什么原因，都会在审查报告里得到体现。至于流程执行情况的奖惩制度，可以根据公司的具体情况进行设置。

流程推行的理论知识基本上就讲到这里了，我们再看看知识外的关键因素，有且仅有一个：管理层特别是大领导对流程的重视程度。同样的推行方法，同样的流程，不同的领导重视程度就会出来不同的效果。

流程管理三板斧的最后一板斧是管理流程的流程，也就是说，如果把流程作为一个职能，那这个职能本身该如何管理？职能管理的逻辑其实都是类似的，简单来讲，首先根据公司战略规划职能战略，做年度计划，然后按照计划执行，同时做好过程的监控与管理，最后要进行绩效评估。

最后提一点，流程管理的工作要想做得好，确实需要投入大量的人力物力来做保障工作，所以流程组织必不可少，要做到以下几点。

● 有专门的部门，退一万步讲，有专门的职位做流程管理的工作。这个部门的职责：(1)看护企业的流程架构；(2)建设流程管理能力；(3)组织各领域流程的梳理工作。

● 把流程管理的职责落实到各业务领域一把手的头上。流程建设只能是自上而下的工作，自下而上是无法开展的。那如何自上而下？从领导的职责、重点工作入手。流程推行落地的第一责任人必须是部门一把手，所以必须把这点强化到部门职责里。要形成公司+领域的多层推行组织，要有独立的团队对流程的执行做审查。

最后我们看看两个案例，体会流程管理的成败因素。一个是标杆企业的研发流程管理，一个是流程优化项目以失败告终的案例。

案例一：以版本管理的方式来管理流程

提到流程的版本管理，可能很多人都会讲，我们的流程文件也有版本，修订记录也记得很详细，流程文件也都是经过了评审才发布的……但我想跟大家讲的是整个流程体系的版本管理，我们先通过华为研发流程版本管理的案例，让大家感受下什么是流程的版本管理。研发流程作为IPD流程的重要组成部分，每年都要发布一个版本，以保证流程的先进性与实用性。

研发流程版本的生命周期大致分为图10.8的5个部分。

图10.8　生命周期5个部分

具体讲每个阶段之前，我们先介绍下研发流程管理体系的治理架构，这里有两个虚拟组织对研发流程负责，一个是研发流程改进委员会，主要负责研发流程版本及研发流程变革项目的全生命周期的审核和批准，研发流程改进委员会由各产品线研发部部长、研发流程部部长、研发流程部5级专家组成。另一个是研发流程CCB（控制变更委员会），主要负责对研发流程CR进行评审。CCB由研发流程部部长、研发流程部5级专家、各产品线研发质量部部长组成。

版本规划：一般在每年的11月、12月进行，由研发流程部部长和5级流程专家主导，研发流程各个领域的负责人参与。规划主要是根据目前业务的需求、流程的现状来规划研发流程变革项目，还有一些研发流程领域的探索性业务。举个例子，在某一年做规划的时候，大家对研发外包管理做了探讨：(1)研发外包是目前普遍的业务现状，特别是软件外包，频率非常高；(2)公司有了一些外包的管理要求，主要是对供应商的选择，法律条款方面的内容进行了约束，但是缺少针对研发外包项目的项目管理的内容。这样一来，方向就有了，成立一个研发外包管理的流程变革项目，对业务进行梳理，并发布相应的流程。

另外一个例子，随着开源软件成熟度的提高，以及企业本身降低研发成本的需求，将会有越来越多的项目用到开源软件，那么企业应该如何参与到开源社区的建设，如何规范开源软件的使用过程，规避风险？这些都是需要探讨的内容，所以在某一次的规划会议中，研发流程部也将开源软件的使用作为了一个研究方向，由流程专家与业务专家一起，成立项目做相关的研究。

在做流程项目规划的时候，要考虑项目的范围和难易程度，项目是一期就能完成还是需要分期完成，项目由哪个产品线牵头比较合适，这些都是做规划的时候需要考虑的内容。

研发流程版本规划需得到研发流程改进委员会的批准。

版本实施与监控：研发流程版本主要由两大部分组成，除了规划的流程变革项目以外，另一类主要来源是变更申请(Change Request)，以下简称CR，所以研发流程版本的实施与监控，实际上就是各个研发流程变革项目和CR的实施与监控。

研发流程变革项目的管理方式与前面讲的流程设计过程项目管理过程类似，不再复述，只强调标杆的几个关键点。

立项：变革项目不仅涉及资源的投入，而且它的项目过程、项目结果很有可能带来业务规则的变化、组织的调整，影响的范围也特别广，所以变革项目的立项过程更应谨慎和严谨。

研发流程变革项目成员一般会由流程专家和产品线业务、质量人员组成。流程专家会把握整个流程项目的进度节点，协调各产品线的意见，从流程的角度给出建议及流程文件的修改意见。产品线的业务人员和QA根据业务的现状和趋势，对于流程现状提出更改建议。最终项目组输出项目材料及流程CR在获得研发流程改进委员会和CCB的同意后，项目成果会跟随研发流程版本发布。

华为的变革项目也不是一帆风顺的，也有几个困难的地方：不是所有产品线都重视流程，所以参与项目的人员的能力和责任性参差不齐；各产品线产品形态各异，要在中间找到平衡点，发布公司级的流程，是一个权衡和拉锯的过程；寻找合适的试点项目。华为的项目进度是出名的紧张，在大家都恨不得一天当作两天用的时候，能找到项目愿意在忙碌中试点新的流程，也不是容易的事。所以也要依托变更项目的推进，在研发流程改进委员会层面来解决这些问题。

再看CR的管理，CR的来源主要有这几部分：日常CR，研发流程变革项目CR，其他领域变革项目CR。

日常CR：华为公司的任何员工发现流程文件中有问题的地方，或与业务不相符的地方，都可以提交CR申请，提交改进建议。

研发流程变革项目CR：流程变革项目可能会发布新的流程，同时也有可能对现有流程有一些改进的地方，涉及现有流程修改的具体内容，都需要提交CR申请。

其他流程变革项目CR：非研发领域的流程项目，但涉及研发流程配套修改的内容，也需要提交CR申请。

每年研发领域的CR数量大概有50条左右，涉及更改的流程文件的上百份(包括流程图、模板、指导书、Checklist等)，所以CR的管理是非常重要的。在华为，我们通过研发流程CCB的运作对研发流程领域所有的CR进行管理。CCB有固定的运作秘书，一般由研发流程部的流程管理工程师担任。运作秘书一般会在前一年的12月制定会议日历，将第二年全年的会议日期确定下来(一般是每月一次，一次半天)，然后按照月度会议时间召集会议。

CR的管理过程：CR的发起者通过CR电子流提交材料，材料中说明CR的原因、涉及的流程文件、与相关人的沟通记录等。运作秘书收到电子流以后，会对材料进行初审，初审通过后与相关流程的责任人进行沟通，然后安排议题，组织评审会议。通过CCB会议评审的CR,由运作秘书记录在CR清单中，在流程版本发布前，集中更改涉及的流程文件，随版本发布。CR管理流程如图10.9所示。

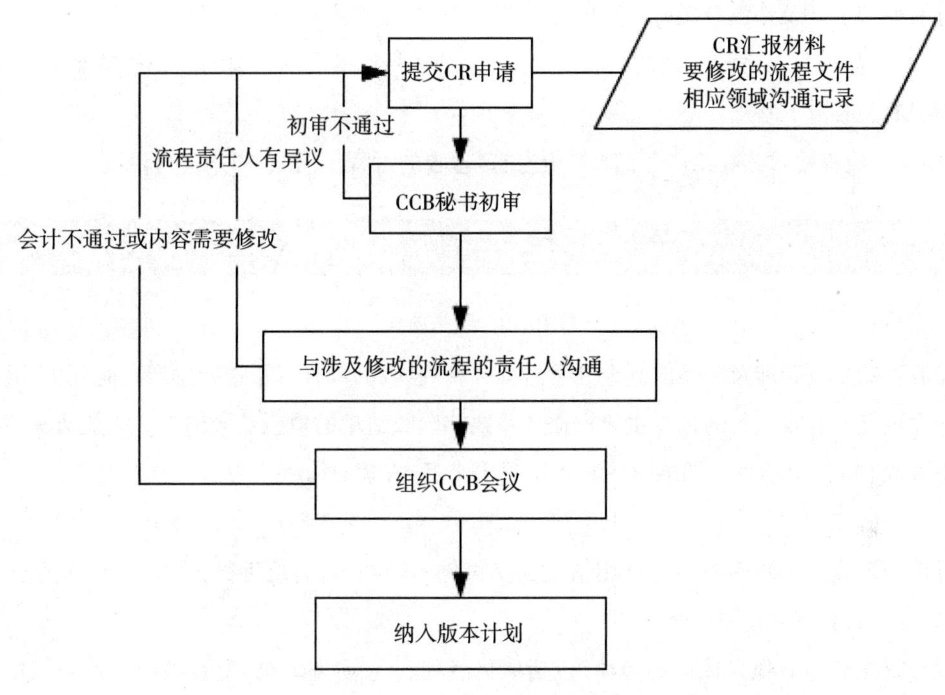

图10.9　CR管理流程

研发流程版本发布：每年的7月、8月是研发流程版本发布的时间。在正式发布之前的一个月左右，是集中修改流程文件的时候。文档需要审批上传，流程图、活动图都要根据CR清单实施修改。等到所有变更都修改完毕后，研发流程部部长会汇集变更中的要点，到研发流程改进委员会和研发部部长会议上进行汇报，经过中央研发部部长同意后，研发流程正式发布。

如果有流程变革项目进度拖延了，没有赶上流程版本发布的节奏，就只能等到下一年。除非非常紧急的情况下，研发流程才会增发版本。

研发流程推行：我认为研发流程的推行是非常重要的环节，也是整个流程管理中比较难的一个环节。流程变革项目在运作的过程中虽然有试点项目，但试点项目毕竟是少数几个项目，不可能覆盖公司所有的项目类型，而推行却是在整个公司的推行。在流程版本发布以后，与产品线接口的流程管理专家会到产品线IPMT，研发管理会议上汇报流程版本的重要变更点，以取得产品线领导的支持。同时，流程管理专家和产品线流程负责人会根据CR清单，逐条对变更进行适配。适配中最重要的两个文件，一个是流程活动，另一个是交付件模板，这两个是关系到流程是否能够正确执行、产品交付是否合格最重要的内容。如果某个变更对某个产品来说确实不需要推行或部分推行，都得在适配的时候提出来，并且给出适配的具体方案。个人认为适配是推行环节中非常重要的一个前奏环节，适配做得好不好，关系到流程推行的难易程度，同时，适配也是对流程管理专家和产品线流程负责人一个非常重大的考验。必须对流程的变更和产品线产品非常熟悉，才能做出正确的适配。如果流程的推行过程，被认为一定是自上而下的，或研发人员认为流程的变更对于业务没有帮助还必须推行，那我认为，这是推行的前期适配工作没有做好。适配也分层级：首先是产品线一级的适配，然后是SPDT，PDT的适配，最后是产品项目的适配。在产品项目的质量策划中，就得明确相关的流程活动及交付件，这也为后续流程的验收打下基础。

流程验收：流程验收是在第二年的5月份左右，验收的过程用图10.10来进行说明。

图10.10 验收流程

研发流程的变更会涉及产品的整个开发过程，所以验收的项目尽量选择进展时间长的，可以验收到更多的变更点。验收项目的多少也要根据产品线和验收清单的覆盖点来确定。一般情况下一个产品线差不多验收4、5个项目。如果整体验收结果出来后，发现有一些变更点都没有验收到，可以再补抽查。

交付件的审查主要看新模板的使用情况及交付件的归档，密集是否符合要求。目前对于有特殊市场要求的产品，会审查得更严格一些。

验收会议主要是对项目成员的访谈，包括项目经理、QA、研发人员、配置经理等各领域角色。验收会议的目的主要是对项目过程的规范性和流程遵从性做一个调查和了解，同时对流程变革的内容做一个了解，变革内容是否合适，产品在执行的过程中有没有遇到什么问题和困难，对于流程还有哪些建议，这些都是对流程改进的一个很好的输入。所以，如果你是产品线的研发人员，如果你的项目正在被验收，不要拒绝也不要应付了事，这是一个很好的机会，让流程能离你们更近。

验收报告也分几层：单个项目的验收报告，产品线的验收报告，以及整个研发流程的验收报告。整个研发流程的验收报告需要在研发流程改进委员会汇报，各个产品线的验收情况会拉通，所以哪个产品线对流程的执行度是什么情况就一目了然了。

研发流程版本管理的过程大致就介绍到此了，大家是否有领悟到把一个领域的流程整体进行版本管理的好处？总结如下。

从全局出发进行统筹规划，有利于抓重点，集中优势兵力攻克最重要的内容；也有利于理清项目之间的关联性，避免为了做项目而做项目的情况。

版本中的项目管理：对项目质量把关，也对项目进度进行管控，把握了版本的整体节奏。统一发布，集中推行，集中验收，有利于业务一线全面了解流程的变更点，更利于流程的推行和验收。

案例二:永远有多远?就像as-is和to-be的距离。

这个案例是我亲身参与的流程优化咨询项目的故事,给正在做流程建设的朋友们提供一点思考的方向。

这个项目还在商务接洽的时候,老板就跟我们说:“你们不需要和员工接触,就跟我谈就好了,我是这个公司最懂业务的人。”尽管我们强调了让员工参与项目的好处及后续落地的可行性,但是老板坚持说:“他们都不理解我的想法,你们按照我的想法来做,就行了。流程做好后让他们照着执行,不行的话就全部换人。”流程的验收也是老板自己看完就行。整个项目周期要短,一个月内要全部做完。于是,一个奇怪的项目组就诞生了:

项目经理:对方公司副总兼总裁办G小姐,刚到公司1个月,几乎不懂公司业务。

项目助理:对方公司M小姐,刚到公司2个月,主要负责公司的项目管理,也不懂公司主业务。

项目成员:对方公司老板,三个顾问(无行业经验)。

也就是说,6人组的项目成员中,真正熟悉业务的有且仅有一个人。从这里,是不是就可以看到风险了?我们当时有意识到这是一个风险,但没有完全重视,因为从前期和老板的谈话中,确实可以看出来他非常懂业务,也看到了他想彻底改变业务的想法,所以对于我们来说,就是用我们的专业知识,加上他对业务的理解,把流程架构、核心业务流程梳理出来。

事实上,前期进展得也很迅速,在跟老板谈了两次以后,我们就梳理出了整个的流程架构及这次要梳理的主要业务流程范围(4个主流程),也得到了老板的认可。那问题是怎么发生的呢?

流程的要素有哪些,大家还记得吗?责任人、输入、输出、活动描述,这几个是最基本的要素,而且要理清楚这几个要素其实也不是太难的事情,那问题出在哪里呢?出现在流程细化的过程中。

也许是老板太久没有跟下属沟通过他对业务的畅想了,所以在讨论业务流程的时候,老板畅所欲言,跟我们描绘了很多他对未来业务的想法,包括业务模式的改变、整个业务流的改变,以及整个组织的调整,同时,也要求这些构想都融入流程中,也就是说,我们根据他的描述,整理出来一个to-be的业务流程架构。光有流程的架构、流程的主要活动是不够的,必须细化活动内容,也需要梳理文件模板,就在这个阶段,问题得到了充分的暴露。首先,老板对于业务的细节,已经不再了解,毕竟有些业务他已经不需要亲自动手了,在脱离一线的过程中,也就脱离了业务。其次,对于行业来说,我们是彻底的外行,判断不出来老板的to-be中,有多少是与as-is差距巨大的,有多少是可以跳跳就能够得着的,所以只能在老板和一线业务中来回寻找平衡。来来回回的过程中,老板也意识到了,过于激进的改变可能不是最好的处理方式,最终同意大逻辑架构以他的构想为准,但具体业务活动的细节,以业务部门为准,验收也以业务部门的意见为准。这也算是老板对业务部分的妥协,他还无法真正下定决心,让所有事情重新开始。

其实到这个点上,就可以判断项目已经离失败不远了,因为项目的时间已经过半,任务却又回到了起点。只能再次反思,如何做才能让流程优化成功。

(1)从项目构成来说，项目成员中必须包括一线业务人员，也就是离实际业务最近的人。只有他们了解业务操作过程中的细节，对各种业务场景的处理方式最熟悉。项目成员中也必须包含懂流程的人，能够帮助大家从细节中解脱出来，看到整个业务流程的大架构，看到流程的层次，看到流程与流程的交界。

(2)从项目的流程来讲，第一步永远是现状分析。不了解现状，不足以谈未来，至少我是这样认为的。如果真的是一个新公司，全新的商业模式，另当别论。公司有流程或没有流程，现状分析的方法也有差异。在有流程的情况下，要看流程的执行度，也就是说要看看现在业务是不是按照流程在跑，如果没有按照流程跑，现在真实的业务情况是什么样的？和流程的差异有多大？造成这些差异的原因在哪里？ 针对没有流程的公司，就需要根据业务情况，把as-is的流程描述出来。也就是说，在现状分析的阶段，我们要得到as-is流程，以及流程和实际业务的差距分析。

(3)描述to-be。to-be不是空想，而是根据一系列的事实依据提出的优化、改进方向，也就是说，to-be是有论据来支撑的，to-be能给业务带来的好处，是可以清晰描绘的。对于to-be的构想，要在整个项目的范围内进行充分讨论，看看对于一些典型的业务场景，是否能够走得通。在流程建设项目中，我认为“蓝军”的角色很关键，可以对to-be提出各种假设，进行攻击，看看to-be是否真的比as-is更优。

(4)将as-is和to-be差异明确的地方拉出来，同时考虑to-be落地的计划。识别to-be在实施过程中可能会受到的阻力以及应对措施，包括识别干系人、与干系人进行沟通等等，都是为将来to-be的有效落地做准备。

(5)业务试点。根据to-be的长度和难度，选择试点方式。最好能在典型业务中进行to-be的试点，直接根据流程来跑业务，看看会遇到什么样的问题。再来看如何解决问题，或者进行to-be的调整和优化。

套路其实也就这些，只是我们面临不同对象的时候，所需要做的“技巧性”工作会有各种差别，这需要我们在实际项目中灵活的运用了。弯路不能完全避免，只希望我们边走边思考，能少走一点弯路，也能将to-be和as-is的距离缩短一点。

10.6 流程不是万能的

前面讲这么多，是怕大家不重视流程，也希望能够通过有效的流程管理办法帮助大家提升流程能力。但又担心有的管理者对流程的期望过高，导致在看到流程验收报告后，会有失望和失落的感觉，觉得辛辛苦苦做出来的流程辜负了他，甚至对流程、对自己的方向又有产生了怀疑。我只能说，当出现这种情况的时候，也是正常现象，因为流程不是万能的。问题来源于方方面面，我们需要去分辨，哪些属于流程能解决的问题，哪些属于流程解决不了的问题，再去寻找根因，找到对应的解决办法。这才是管理的终极。

仍然结合案例来讲。一个结构开发流程推行半年后进行了验收，在验收过程中暴露出来一些问题：

(1)流程活动看起来很完整了，但实际上在进行开发的过程中，有些活动很难执行落地。

(2)计划和实际的项目进度偏差大。

(3)有的环节等待时间太长。

下面开始抽丝剥茧，对每个问题进行深入访谈、分析。

首先看第一个问题，有些活动难以执行落地。分析以后发现，难以落地的活动主要有两类，一类是计算分析类的活动，一类是与供应商有关的活动。在整个开发过程中，涉及很多需要计算、分析的内容，但是工程师做不出来。模板里定了框架，但没有具体的计算步骤和案例，所以还是不会做。为什么没有案例？因为公司几乎都没有项目从头到尾计算过，完全没有积累。所以这个问题实际上是人员结构、员工能力、公司经验积累、培训力度等几方面的问题。这个结构开发团队里的新人占比67%，能力不足可以理解。那针对能力不足、项目没有积累的现状，怎么做？成立专项小组，挑选有经验的工程师进组，通过师父带徒弟的方式，将这个项目需要分析和计算的内容完善，同时形成培训材料和案例。实际的业务过程，就跟带兵打仗一样，光有兵法不够，得一仗一仗地打，打赢，才能真的形成战斗力。结构件涉及很多和供应商打交道的内容，比如样机制作、开模等，我们设计的东西能不能做出来，有很大部分依赖于供应商，所以如果供应商出现了问题，是比较难处理的。这点首先要保证双方对业务形成共识，同时在关键节点，我们不能局限于我方的流程，必要的时候要深入了解供应商的加工环节，看看是否能对加工过程进行干预，确保对供应商的要求传递到位。实际上，对供应商的管理能否有效，取决于业务量，所以对于初创企业来说，这本身就是一个难点，只能多协调多沟通，但无法保障流程完全有效。

第二个问题是计划和实际的项目进度偏差大，访谈结果如下。

项目计划是项目经理主导在做，虽然流程中写了结构工程师要参与结构计划的制订，但组内结构工程师没有经验，不知道在做具体设计的时候，多久能做好，也没有向部门内的老工程师请教。较长时间才能完成的任务，中间没有进行阶段检查，所以实际进展不及预期的时候，也未进行干预。工程师遇到难点后，不主动反馈，自己死磕，但是最终也没有磕出来。

这几点说明什么问题？首先还是能力问题，无论是项目管理还是结构工程师，对于项目的难度、需要的时间和资源的估计是不足的，也就是说连适配的能力都欠缺，对自己的认识也不够充分，无法判断完成什么任务需要多少时间。其次是工作方式方法问题，没有形成主动反馈的工作氛围，大家都等着项目管理来催作用，不会提出风险预警。

第三个问题是有的环节等待时间太长。仔细分析下来，等待时间较长的环节是审核环节。新员工较多，骨干员工太少，本来审核就变成了一个瓶颈，再加上前期的设计工作审核工程师参与得少，对工程师的设计思路不清楚，需要花时间去看整个设计的来龙去脉，时间当然就长了。另外IT系统的key太少，经常登录不上去，无法处理图纸的签核流程。这个问题主要是团队人员结构的问题，从结构上来说，新老搭配是比较好的，一来老人可以带新人，另外也可以对项目产出把关，就不要额外的外援审核团队了。另一个是IT系统的问题，公司整体发展了，规模变大了，IT系统还维持老样子，这确实对业务也是一种制约。

总结前面几个问题其实不难发现，流程真不是万能的，千万不要认为制订出一套流程后，研发效率马上就提高了，质量问题马上就减少了，整个工作都顺畅无比。只有当流程、组织、能力、文化、IT工具都同步发展了，才能支撑企业的快速发展。

最后想强调一下，流程化的东西都是长期积累下来的。比如硬件开发经常遇到的器件选型，我们需要考虑器件的可靠性、可生产性、可供应性等因素，那么这些因素的考虑，是把之前产品积累的内容，在器件选型的阶段就融入过来，而这些融入的因素不是简单一些思考维度，而是长时间的案例和经验、人员的积累。小公司在没有经验积累的时候，快速迭代变得尤为重要，一个版本的总结和积累非常重要。否则，每个版本都没有进步的话，就不断地原地踏步，做多少个版本，还是一样BUG一堆。

10.7 流程的核心方法论

其实很多公司都对研发流程感兴趣，甚至很多公司花重金找咨询公司咨询华为的研发流程。但是如果没有以下几个关键点，很难去复制华为在IPD流程上推广的成功：

（1）从上到下变革的决心。新城容易建设，旧城改造难度大。

（2）有足够多的角色承载在整个流程中。小公司没有那么多人力和角色分配，很难实现IPD流程执行。

（3）有IT系统去承载一些关键内容。如果没有电子流，很多流程完全依赖人的自觉，或者依赖人的管理有时是很难执行的。

（4）掌握流程的精髓、核心方法论，不要生搬硬套，不然画虎不成反类犬。

所以硬十团队根据自身经历，包括在大公司工作的经历，以及自己创业的经历，总结了适合小公司管理硬件开发流程的核心方法论，包括以下四个方面。

1. 先僵化、后优化、再固化

华为自身没有生搬硬套IPD流程，所以成功了。

除华为外，中国企业最早引入IPD项目咨询的时间是2002年，之后在国内有很多企业引入IPD。大部分企业IPD流程仍停留在如何“低成本、高效、高质量地开发产品”，产品开发流程上并无变化，导致以下问题。

没有建立需求驱动产品开发过程，没有建立需求端到端流程，将会出现以下两种情况：一是IPD流程成为研发搪塞市场需求和推诿责任的工具；二是在市场冲击下，由于IPD建设不合理，僵化无法面对市场，企业无奈地启用以前流程，以前怎么走还是怎么走，IPD成为历史。

企业建立的IPD流程复杂，流程效率极低，IPD流程与公司运营流程脱节，加上市场在变，业务在变，IPD流程一直僵化在1.0版本。没有优化，认为好东西就不用变化。IPD流程实施后并没有带来显著的竞争力提升，IPD流程成为痛心之点。

高科技企业软件开发工作量占绝大多数，而多数企业仍以IPD流程模型支撑软件开发，软件开发效率与效果均不理想，软件质量差。企业没有想到可以使用“IPD+CMM”或“IPD+敏捷开发流程”解决软件管理问题。

所以，任正非的不败之谜在于“变化”，在于不断地“自我反省与自我修正”。

2. 统筹方法

“关键路径”之所以关键，就是因为这些事务或工作中耦合关系多、执行难度大、延期风险高，对项目达成目标影响较大的，也因为关键，所以值得项目经理集中精力管理。在拟定计划的过程中，寻找关键路径，合理安排和统筹，并固化下来形成“流程”，这就是统筹方法。

3. 阶段性评审

IPD流程设置了很多技术评审点，小公司可能不需要这多评审点，但是每个环节都应该有个检查点，而不是等东西出来了，做个四不像，最后傻眼了。

但是如果主管水平不够，或者不懂技术，那就麻烦了，因为没法细致到每个细节去把握。每个开发人员都可以造成一种虚假繁荣的景象。

例如华为的度量表、单板返还率、直通率的考核指标，其实都是可以通过人为操作，造成一种虚假繁荣的景象，所以经常不深入细节的主管很容易被蒙蔽。

下面介绍两种评审机制DCP和TR。

DCP是Decision Check Point（业务决策评审点）的缩写，业务决策评审是集成产品开发管理团队（Integrated Product Management Team，IPMT）管理产品投资的重要手段，在决策评审中，IPMT始终站在投资商的角度来进行评审。整个开发流程包括5个决策评审点，如图10.11所示。

Charter：立项评审。

CDCP（Concept DCP）：概念决策评审。

PDCP（Plan DCP）：计划决策评审。

ADCP（Availability DCP）：可获得性决策评审。

EDCP（EOL DCP）：生命周期终止决策评审。

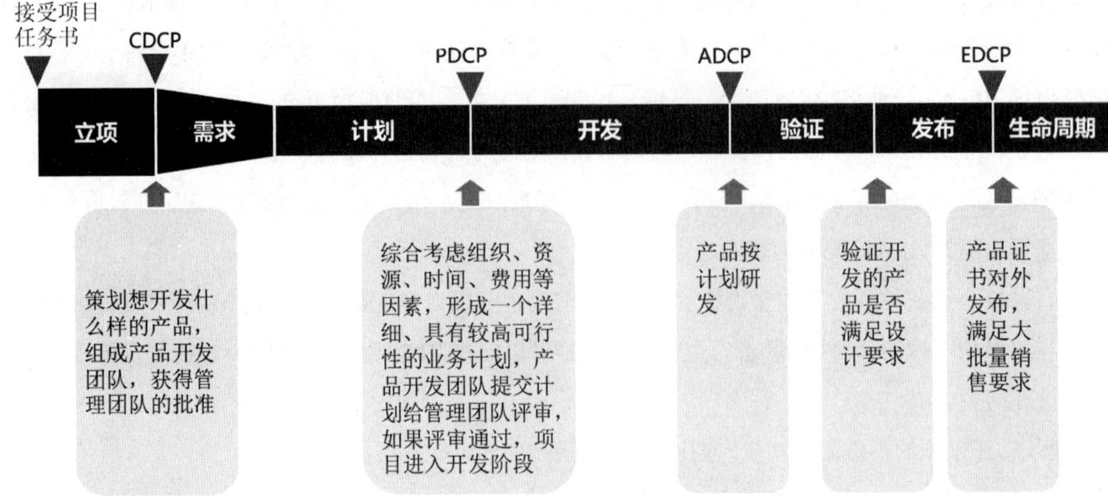

图 10.11　开发流程中的决策评审点

TR是Technical Review(技术评审)的缩写。通过技术评审,帮助产品开发团队尽早发现产品开发中存在的问题和风险,及时采取相应的解决方案和行动计划,保证产品开发质量,减少浪费。整个开发流程包括以下6个技术评审点,如图10.12所示。

TR1:产品需求和概念评审。

TR2:需求分解和规格评审。

TR3:总体方案评审。

TR4:模块/系统评审。

TR4A:集成测试评审。

TR5:样机评审。

TR6:小批量评审。

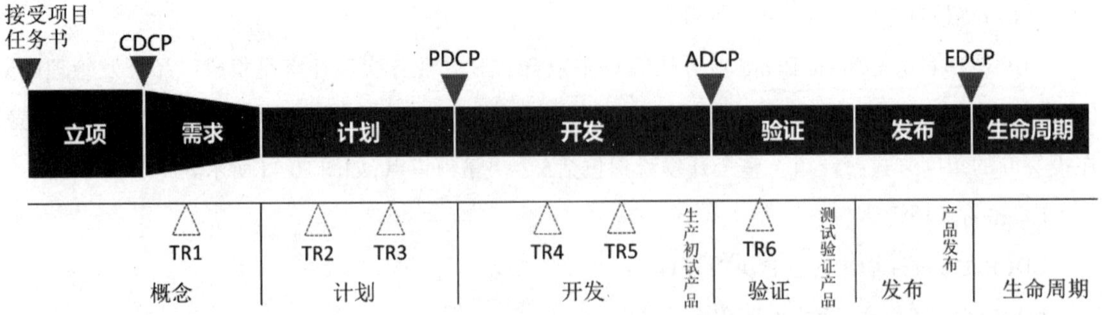

图 10.12　开发流程中的技术评审点

个人认为IPD流程的一些评审点没有涵盖硬件开发的所有关键点,所以我们不用照搬IPD流程的评审点，而是抓住硬件的关键评审点。可以借鉴硬十的开发流程框架，如图10.13所示。

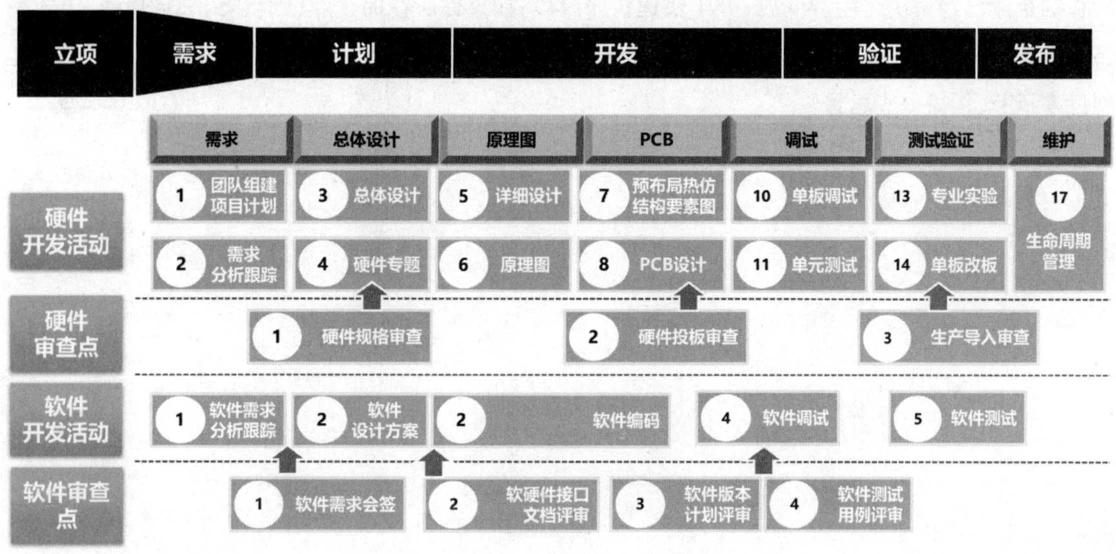

图10.13 硬十的开发流程框架

在上述框架中，需要抓3个硬件关键评审点：需求、投板、生产导入。

4. 严格把控从上一个环节进入下一个环节的条件

这点我特别有感触，如果华为的某些指标达不成公司设定的要求，那么是不允许进入下一个环节的。例如，华为的直通率要求在95%以上，如果达不成这个指标，产品是不让发货的。需要反复地验证和优化设计、工艺等，直到小批量试制达成指标了，才允许过点，进入下一个环节。

但是一些小公司，并不在乎这个指标。一旦产品海量发货了，就是给自己找麻烦。曾经在一个小公司待过，那个公司直通率还不到50%时，就开始发货。导致整个硬件团队深陷泥潭，中标如中箭。

最后总结一下，我个人理解的华为研发管理的10个模块，大致上分为"法制"和"人治"两个维度。个人建议，在学习华为方面，先把"人治"做到，否则也只是邯郸学步，最后弄巧成拙。

20世纪90年代初期，随着迈克尔·哈默接连推出《企业再造》《超越再造》，管理界掀起了一股流程再造的风潮，流程管理也逐渐被大家熟知；20世纪90年代末期，华为引入IBM，开始了漫长的产品管理体系的变革，随着华为在商业上取得巨大的成功，华为的管理体系也逐渐被业界熟悉，IPD体系成为被科技制造业争相学习的典范，如今更是辐射到很多其他的行业，甚至金融、互联网都在学。然而，学得好的企业凤毛麟角，学得不怎么好的企业多如牛毛，于是渐渐又出现了另外一些声音，"搞IPD就是建流程""流程无用""华为是军事化管理，所以才能执行流程"……在我看来，流程是一种基础管理手段，没有必要神话，业务没搞清楚，流程做得再好也没有用，但也没有必要贬低，因为我们也确实看到了在很多的企业中流程管理发挥的作用。所以我们单独写了本章内容，就是希望能够把流程真实地还原，希望大家能够体会流程管理的本质。

如果你所在的企业是创业公司，还在从0到1苦苦挣扎的过程中，这章内容可以先忽略。如果你所在的企业已经解决了生存问题，处于快速扩张阶段；如果你所在的企业已经达到一定规模，但效率已经出现了瓶颈；如果你所在的企业内卷特别严重，和周边部门的配合特别不顺……你都可以好好地阅读本章节，领悟一些思想。